유비쿼터스 센서 네트워크 응용

남상엽 · 하이버스(주) 공저

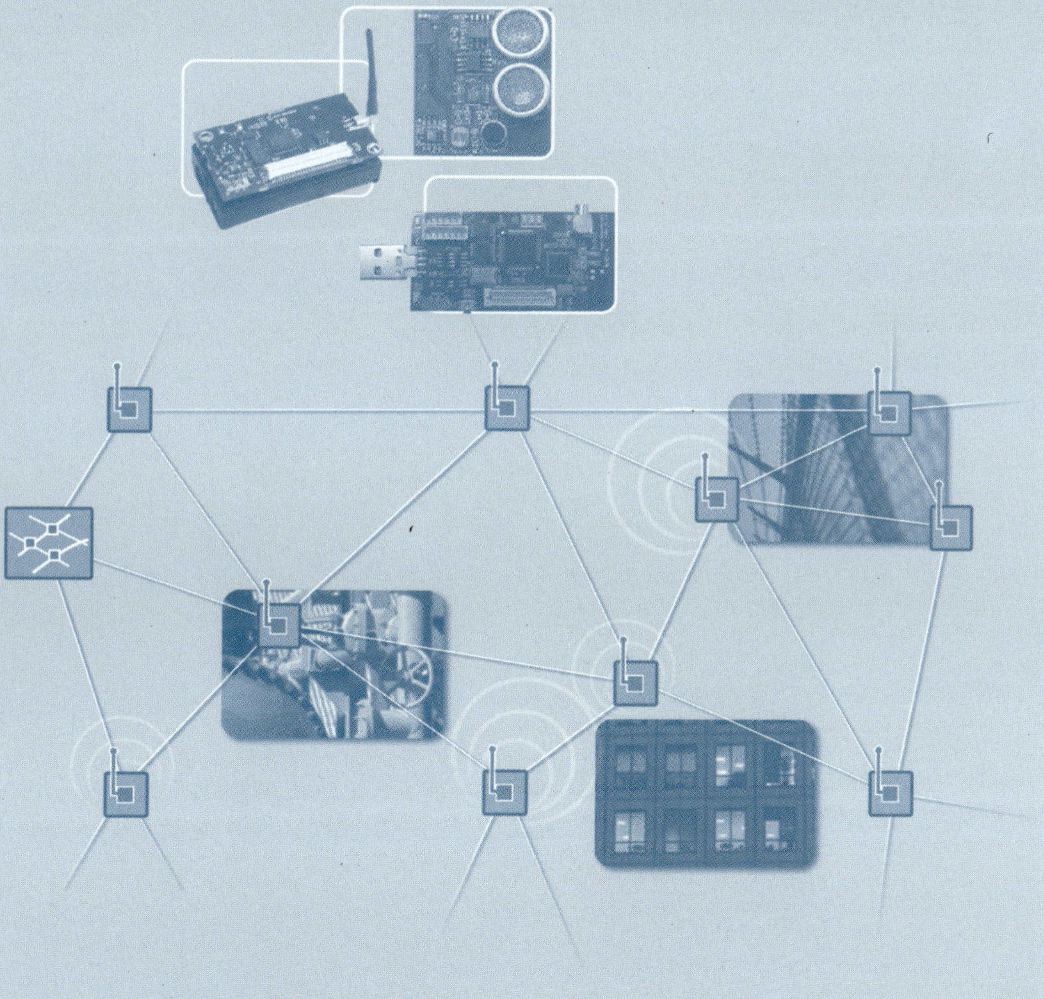

도서출판 상 학 당

머 리 말

우리나라의 IT산업 경쟁력 강화 및 세계 시장 선도를 위해 정보통신부에서 추진 중인 IT839 전략의 3대 첨단 인프라 중 하나인 RFID/USN은 미래의 유비쿼터스 사회 실현을 위한 핵심 기반 구조이다. 향후 유비쿼터스 센서 네트워크 기술은 가정, 물류/유통, 교통, 행정, 보건, 복지, 그리고 환경 등의 다양한 분야에 적용될 것이고, 다가올 미래 사회의 기반 인프라로 자리잡게 될 것이다. 유비쿼터스 센서 네트워크(USN)가 구축된 사회에서는 모든 사물의 지능화로 자율적으로 주변 환경을 센싱하여 주변 상황을 인식하고 이들을 제어할 수 있는 정보 네트워크가 형성되는데, 이처럼 다양한 응용 분야에서 활용되는 센서 노드는 대부분 사물에 내장되기 때문에, 일반적으로 배터리로 동작하며 그 크기가 작고 전력 소모가 적은 시스템으로 구현할 수 있다.

그리고 외부의 환경 변화에도 가능한 영향을 받지 않아야 하며, 센서 노드에 탑재되는 임베디드 센서 노드 운영체제 및 협업을 위한 미들웨어는 제한된 메모리와 CPU 자원을 최대한 활용할 수 있어야 하며, 노드에 할당된 작업들을 처리하고 네트워크 내에서의 통신이 원활하게 수행될 수 있도록 보장한다.

센서 노드는 마이크로 컨트롤러를 내장한 소형 컴퓨터 시스템으로 센싱 응용처리와 노드 간 통신 등을 위한 운영체제를 필수적으로 요구한다. 이같은 센서 운영체제는 자원이 제한적인 센서 노드 하드웨어에서 수행되어야 하므로 크기가 작고 전력 소모가 적어야 하며, 센서 노드간에 저전력 통신을 제공하면서도 프로세스와 메모리를 효율적으로 관리하도록 설계되어야 한다.

이 교재에서 사용하는 센서 운영체제인 TinyOS는 미국 버클리대학에서 개발한 현재 가장 널리 쓰이고 있는 컴포넌트 기반, 이벤트 구동 방식의 센서 네트워크 운영체제로서, 제한된 자원을 가진 작은 크기의 센서 노드에서 효율적인 자원의 사용과 프로세싱 동시성을 지원해 주고 TinyOS 2.X 버전으로 발전해 가고 있다.

무선 센서 네트워크 시스템을 강의하고 연구과정에서 보다 많은 초심자나 연구단계에 있는 학생이나 연구원들이 방대한 자료를 통하여 많은 시간과 정열을 보다 실질적으로 실습을 통해 구현하거나 응용 타깃 보드인 H-Mote를 통해서 자체 센서네트워크를 구축할 수 있는 발판이 되도록 이 교재를 편찬하게 되었다. 따라서 이 교재는 중급자 관점에서 제작되었고 투틀리얼의 일부를 도입하여 이론과 함께 응용 실습의 흐름과 이해를 돕고 차후 자체개발을 위한 밑거름이 될 수 있도록 하였다.

이 교재의 1장은 유비쿼터스 센서 네트워크, 2장은 유비쿼터스 환경에서의 센서 데이터베이스 기술, 3장은 USN 시스템 소개 및 개발환경 구축, 4장은 TinyOS와 nesC 프로그래밍으로 기술되어 있다. 그리고 5장부터는 프로그램 분석과 응용 실습에 대하여 서술하였다. 즉 5장은 T모스 부호 프로그램, 6장은 이벤트 기반의 센서 데이터 수집, 7장은 응용 데이터 프로세싱을 위한 Task 소개, 8장은 무선통신 프로그램, 9장은 TOSSIM을 이용한 TinyOS응용 시뮬레이션, 10장은 PC의 데이터 출력 응용, 11장은 패킷 응용, 12장은 데이터 저장 프로그램이다.

그리고 13장부터는 Mote kit와 H-mote를 사용한 응용을 각 레벨별로 점차적으로 구현하고 그 구현을 임베디드 시스템과 홈네트워크 시스템과 연동한 응용 시스템에 대한 응용 실습에 관한 내용을 예제 및 풀이로 정리하였다. 즉, 13장은 Blink를 이용한 응용을 각 컴포넌트별로 구현하여 실습할 수 있도록 하였고, 14장은 오실로스코프와 멀티홉 응용 프로그램에 대한 응용 및 실습에 관한 내용을 구현, 15장은 임베디드 시스템과 연동한 응용 시스템의 구현과정을 실습을 통하여 구현하였다. 16장은 무선 홈네트워크 시스템을 통하여 무선 센서 홈네트워크 응용 시스템에 대한 구현과정을 설명하였다.

이번 교재는 이론과 실습을 병행하고 학생 및 기업의 연구원들이 자체적으로 센서 네트워크를 구현할 수 있도록 다양한 기능과 특징을 실습을 통해 확인해봄으로써 센서 네트워크의 응용에 많은 이해를 얻을 수 있다.

끝으로 이 교재를 집필하는 데 많은 도움을 주신 하이버스(주)의 임직원 여러분 및 관계자 여러분께 감사의 말씀을 전하고, 특히 정보통신진흥원 주간기술동향 관계자 및 한국정보통신대학교의 김대영 교수님과 ETRI의 김민수 선임, 이은규 연구원께 감사드리며, 도서출판 상학당의 관계자 여러분에게 감사의 마음을 전한다.

저자 씀

CONTENTS | 차례 |

제 1 장

유비쿼터스 센서 네트워크

1.1 유비쿼터스 센서 네트워크의 개요

1.2 센서 OS 기술 동향

1.3 센서 네트워크 미들웨어 기술 동향

이 장에서는 USN 구축을 위한 임베디드 S/W 기술의 핵심이 되는 센서 노드의 운영체제와 미들웨어의 기술 개발 동향을 다룬다.

1.1 유비쿼터스 센서 네트워크의 개요

우리나라의 IT산업 경쟁력 강화 및 세계 시장 선도를 위해 정보통신부에서 추진중인 IT839 전략의 3대 첨단 인프라 중 하나인 RFID/USN(Ubiquitous Sensor Network)은 미래의 유비쿼터스 사회 실현을 위한 핵심 기반 구조이다. 향후 USN 기술은 가정, 물류/유통, 교통, 행정, 보건, 복지, 그리고 환경 등의 다양한 분야에 적용될 것이고, 다가올 미래 사회의 기반 인프라로 자리잡게 될 것이다.

USN이 구축된 사회에서는 모든 사물의 지능화로 자율적으로 주변 환경을 센싱하여 주변 상황을 인식하고 이들을 제어할 수 있는 정보 네트워크가 형성되는데, 이처럼 다양한 응용 분야에서 활용되는 센서 노드는 대부분 사물에 내장되기 때문에, 일반적으로 배터리로 동작하며 그 크기가 작고 전력 소모가 적어야 한다. 그리고 외부의 환경 변화에도 가능한 영향을 받지 않아야 하고, 센서 노드에 탑재되는 임베디드 센서 노드 운영체제 및 협업을 위한 미들웨어는 제한된 메모리와 CPU 자원을 최대한 활용할 수 있어야 하며, 노드에 할당된 작업들을 처리하고 네트워크 내에서의 통신이 원활하게 수행될 수 있도록 보장해야 한다.

1.2 센서 OS 기술 동향

센서 노드는 마이크로 컨트롤러를 내장한 소형 컴퓨터 시스템으로 센싱 응용처리와 노드간 통신 등을 위한 운영체제를 필수적으로 요구한다. 이 같은 센서 운영체제는 자원이 제한적인 센서 노드 하드웨어에서 수행되어야 하므로 크기가 작고 전력 소모가 적어야 하며, 센서 노드간에 저전력 통신을 제공하면서도 프로세스와 메모리를 효율적으로 관리하도록 설계되어야 한다. 또한 다수의 하위 레벨 이벤트 발생과 상위 레벨의 프로세싱이 상존하므로 이들을 동시에 처리할 수 있는 정밀한 프로세싱 동시성 기능이 요구된다.

센서 노드는 일반적으로 제한된 병렬처리 능력과 하드웨어 제어구조를 가지며, 센서와 같은 하드웨어 I/O 장치를 지능형 제어기가 아닌 원시적인 직접 접근 방식에 의해 제어하므로 이러한 I/O 제약 사항 역시 운영체제 설계에 고려되어야 한다. 그리고 다양한 응용 분야를 가지는 센서 네트워크에서는 범용 하드웨어와 소프트웨어가 존재하는 것이 아니라 응용 분야에 따라 크게 달라질 수 있으므로 운영체제가 어떠한 하드웨어 구조에서도 효과적으로 사용할 수 있도록 유연성과 모듈성을 갖추고 있어야 한다. 센서 노드들은 한번 배치가 이루어지면 유지보수가 어려우며 운용 환경 또한 열악할 수 있으므로 이들을 고려해 강인한 구조로 설계되어야 한다. 마지막으로 센서 네트워크의 핵심 프로토콜인 Ad-hoc 라우팅 프로토콜과 프로그래밍 용이성도 고려되어야 한다. 이 장에서는 해외 사례로 각각 미국 버클리대학(UC Berkeley)과 UCLA에서 개발 중인 TinyOS와 SOS에 대해서 알아보고, 국내 사례로 한국정보통신대학교에서 개발 중인 ANTS 플랫폼에 대해서 알아보고자 한다.

1) TinyOS

TinyOS는 미국 버클리대학에서 개발한 현재 가장 널리 쓰이고 있는 컴포넌트 기반, 이벤트 구동 방식의 센서 네트워크 운영체제로서, 제한된 자원을 가진 작은 크기의 센서 노드에서 효율적인 자원의 사용과 프로세싱 동시성을 지원해 준다. 센서 네트워크의 제약 사항과 새로운 요구 사항을 만족시키기 위해서 TinyOS는 다음 3가지 큰 특징들을 가지고 있다.

첫째, 하드웨어 추상화(hardware abstraction)부터 고수준(high level) 소프트웨어까지 모두 재사용 가능한 컴포넌트들로 구성되어 있다. [그림 1-1]에 나타난 메시징 컴포넌트에서와 같이 각 컴포넌트는 입/출력 커맨드(command)와 입/출력 이벤트(event)로 구성된 인터페이스(interface)를 통해 다른 컴포넌트들과 상호 작용한다.

하위 컴포넌트가 제공하는 서비스를 이용하기 위해 상위 컴포넌트는 자신의 출력 커맨드를 통해서 해당 함수를 호출하면, 하위 컴포넌트는 자신의 입력 커맨드를 통해 호출된 함수의 기능을 수행한다. 하위 컴포넌트는 자신의 출력 이벤트를 통해 신호를 전달하면, 상위 컴포넌트는 자신의 입력 이벤트를 통해 신호를 전달받는다. 또는 입력 이벤트를 통해서 특정 이벤트의 발생이 알려지면 해당 컴포넌트의 이벤트 핸들러에 의해 처리된다. 이러한 컴포넌트들의 인터페이스를 연결함으로써 하나의 응용 프로그램을 구현할 수 있다. 이때, 이미 구현된 컴포넌트는 재사용이 가능하며 기존에 없는 새로운 컴포넌트들만 구현하게 되는데, 경우에 따라서는 기존의 컴포넌트들

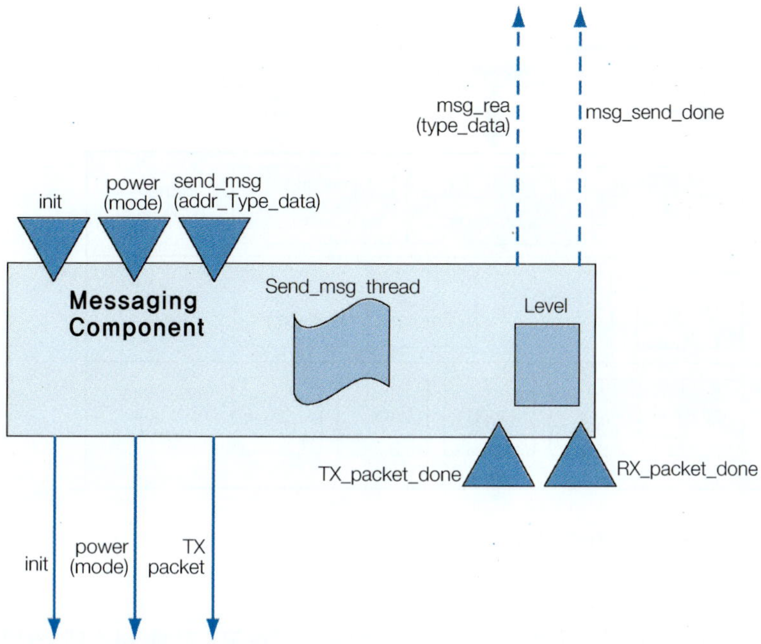

[그림 1-1] 메시징 컴포넌트

만을 사용해서 손쉽게 새로운 응용 프로그램을 구현할 수도 있다.

둘째, 상태 머신 프로그래밍 모델을 기반으로 함으로써 전체 시스템은 여러 상태 머신들로 구성되어 있다. 여기서, 각각의 컴포넌트가 해당 상태를 나타내며, 컴포넌트의 커맨드 또는 이벤트 핸들러들은 한 상태에서 다른 상태로 빠르게, 그리고 적은 부가처리와 논-블로킹의 특성을 가지며 전이시킨다.

셋째, 제한된 자원만을 가진 노드들로 구성된 센서 네트워크의 가장 큰 문제인 저전력 소모를 위해서 TinyOS는 CPU가 사용되지 않을 동안 휴지 상태로 들어가게 함으로써 불필요한 전력 소모를 줄인다.

실제 센서 네트워크의 설치 및 유지, 관리를 고려해 볼 때, 변화하는 요구 사항을 반영하기 위해서 무선 인터페이스를 이용해 응용 프로그램을 교체하는 네트워크 프로그래밍이 센서 네트워크 운영체제 연구에 있어 최근 이슈 중의 하나이다.

2) SOS

SOS는 미국 UCLA에서 개발된 시스템으로 런타임시에 응용 프로그램은 물론 커널 모듈까지 업그레이드가 가능하도록 설계되었다. 이는 TinyOS의 시스템 업그레이드

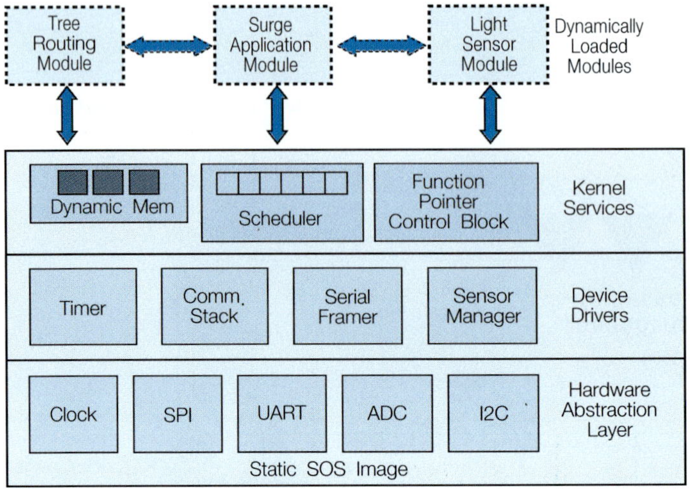

[그림 1-2] SOS 커널 구조

구조가 아주 적은 양의 코드 수정임에도 불구하고, 전체 시스템 커널 이미지를 변경해야 하는 구조적 한계에 비해 진보적인 방법으로 수정된 응용 프로그램 혹은 커널 모듈만을 변경할 수 있는 프레임워크를 제공한다. 실행시간 중의 시스템 업그레이드를 위해 SOS는 마이크로 커널의 Small kernel 구조를 취하였으며, 그에 따라 시스템 커널을 크게 Static Kernel Image와 Dynamically Loaded Module로 나누었다. [그림 1-2]는 SOS 커널의 전체 구조를 나타낸다.

Static Kernel Image는 커널의 하부 서비스가 되는 HAL과 디바이스 드라이버를 포함하며, 모듈 형상정보 관리를 위한 자료구조와 모듈간 통신을 위한 커뮤니케이션 인터페이스를 제공한다. Dynamic module은 동적 탑재가 가능한 위치 독립적인 실행코드를 지칭하는 것으로, 위치 독립적인 실행코드라는 것은 다시 말해 각각의 모듈이 임의의 커널 메모리 영역에 로드된 메모리 주소와 상관없이 실행 가능하다는 것을 의미한다.

SOS에서는 사용자 응용 프로그램 또한 모듈로 정의하고 있으며, 하나의 응용 프로그램은 여러 개 모듈간의 상호 협력을 통한 공동 작업이라고 할 수 있다. [그림 1-3]은 SOS 커널에서의 모듈 인터액션을 보여준다.

모듈–모듈간, 커널–모듈간의 통신을 위하여 SOS에서는 〈표 1-1〉과 같이 모두 2가지 형태의 총 4가지 통신방법을 제공한다.

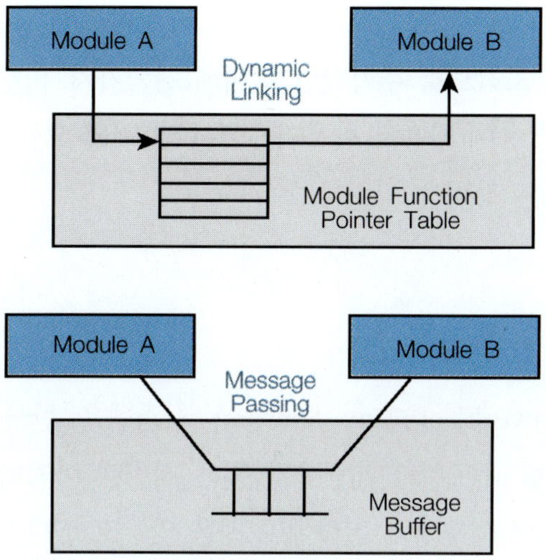

[그림 1-3] SOS에서의 모듈 인터액션

〈표 1-1〉 SOS의 통신 메커니즘

	다이내믹 링킹	메시지 패싱
Module-Kernel	Jump Table	High-priority Message Queue
Module-Module	Function Control Block	Low-priority Message Queue

SOS 커널은 동기형 통신 방법(synchronous communication method)으로 dynamic linking을 지원하는데, 이는 해당 함수에 대한 function pointer를 시스템이 보관, 유지하면서 해당 함수 변경 시에 함수 포인터의 대상 값만을 변경하여 시스템 중단 없이 시스템 모듈을 업그레이드할 수 있는 방법을 제공한다. dynamic linking을 위해 SOS는 module-kernel 통신을 위한 jump table, 모듈간 통신을 위한 FCB(Function Control Block)을 가지고 있다.

비동기형 통신 방법(asynchronous communication method)을 위해서 SOS는 메시지 전달 기능을 제공하는데, 이를 위해 다중 우선순위 큐(multiple priority queue)를 사용한다. 우선순위가 높은 하드웨어 이벤트는 module-kernel간 고순위 메시지로 전달되며, 모듈간 메시지는 저순위의 메시지로 변환되어 스케줄러 내에 있는 메시지 큐에 저장된다. 저장된 메시지는 스케줄러에 의해 메시지 핸들러를 호출하게 됨으로써 전달된다.

SOS는 TinyOS에 비해 구조적으로 추가적인 오버헤드를 가지지만, 더욱 범용적인 OS 구조를 통해서 실행시간 중에 사용자 애플리케이션 및 커널 모듈을 업그레이드할 수 있다는 것 이외에도 많은 장점을 가진다.

3) ANTS

ANTS(An evolvable Network of Tiny Sensors) 시스템은 한국정보통신대학교(ICU)에서 개발 중인 진화형 네트워크 개념을 가지는 시스템 아키텍처로서, 시스템의 실행시간 중 소프트웨어의 재구성과 진화에 초점을 맞추고 있다. 진화형 센서 네트워크의 개념은 미래의 센서 네트워크가 어떤 용도로 이용되는가에 따라 그 구조가 다를 수 있고 상황이나 환경 변화에 효율적으로 대처해야 한다는 요구 사항에서 대두되었으며, ANTS는 센서 네트워크 응용이 실행 환경에 필요한 구성 요소들을 자동으로 디자인하여 소프트웨어 구조를 재구성할 수 있다. ANTS 플랫폼은 일본의 TRON 프로젝트와 유사하게 H/W 및 S/W 구조에 대한 표준을 지향하며, 센서 네트워크에 최적화된 시스템 제공을 목표로 한다.

ANTS 플랫폼은 기본적으로 4가지의 H/W표준 플랫폼을 지원하는 이기종 시스템으로, 다양한 RF 모듈을 지원하는 MAC 계층과 ZigBee를 포함한 네트워크 계층으로 구성된 네트워크 스택, 효율적 전력관리, 시각동기, Localization, Security 모듈, 미들웨어, 망관리 그리고 진화성을 지원하는 EOS(Evolvable Operating System) 운영체제로 구성된 시스템 프레임워크이다.

ANTS 아키텍처의 핵심인 ANTS EOS운영체제는 SOS와 마찬가지로 마이크로 커널 기반의 경량 코어 커널 위에, 여러 개의 모듈들이 서로 통신하여 하나의 OS를 이루는 구조를 가지고 있으나 이중 스레드 모델을 지원한다는 점에서 TinyOS나 SOS와는 차별성을 가진다. ANTS EOS는 센서 네트워크에서 필요한 능력을 효율적으로 제공하기 위해서 두 종류의 스레드(공유 스택 스레드와 개별 스택 스레드)를 제공하는 이중 스레드 방식의 운영체제이며, 또한 강력한 병행처리(strong concurrency) 모델, 적은 메모리 풋프린트, 저전력, fault tolerant 구조, 그리고 협력 및 분산 처리 능력을 포함하고 있다.

ANTS EOS는 이 외에도 여러 종류의 서로 다른 하드웨어 타입을 가진 센서 노드를 지원하기 위한 유동적 하드웨어 추상화 계층, POSIX와 같은 포괄적인 API, 그리고 로컬과 원격 통신 모두를 지원하는 효율적인 메시지 핸들링 엔진 등의 진보된 기능을 제공한다. [그림 1-4]는 ANTS 시스템의 전체 구조를 나타내고 있다.

ANTS OS 진화성의 기본은 업그레이드 과정을 편리하게 해주는 인터페이스를 제공하는 잘 정의된 모듈로 이루어진 모듈 기반 설계인데, 커널과 유저 레벨 업그레이드를 제공하고 미들웨어, 모니터링, 다이내믹 업데이트 등을 지원하는 강인한 운영체제이다.

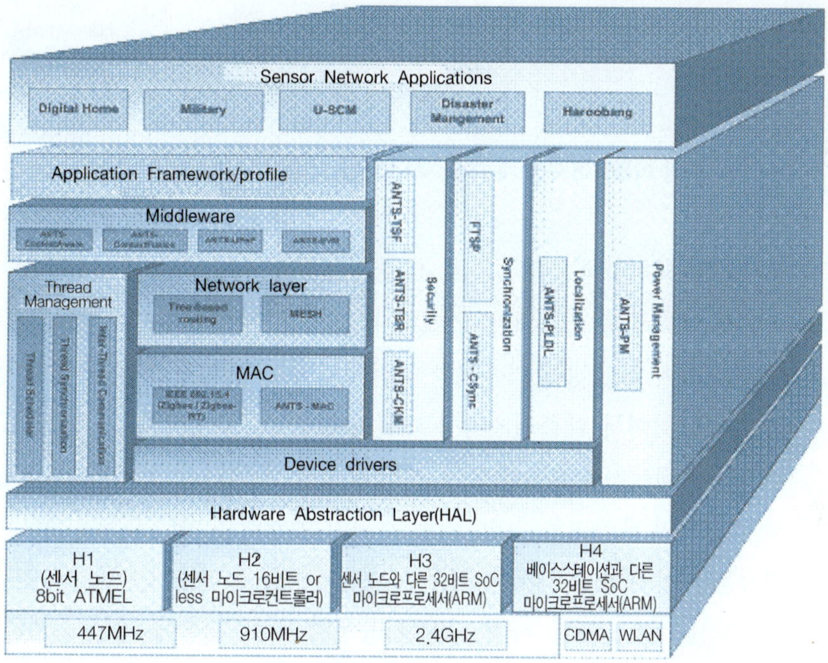

[그림 1-4] ANTS 시스템 구조

1.3 센서 네트워크 미들웨어 기술 동향

센서 네트워크 애플리케이션은 센서 네트워크의 제한된 능력(프로세싱 파워, 저장 공간, 데이터 전송)과 제한된 전원 그리고 라디오 채널의 불완전성 때문에 일반 응용 개발과는 다른 개발 특성을 지니게 된다.

센서 네트워크에서 각 응용에 따라 요구되는 기능은 모두 다르며 따라서 응용에 대한 의존도가 일반적인 응용 프로그래밍보다 크고 이는 응용 개발 과정의 복잡도가

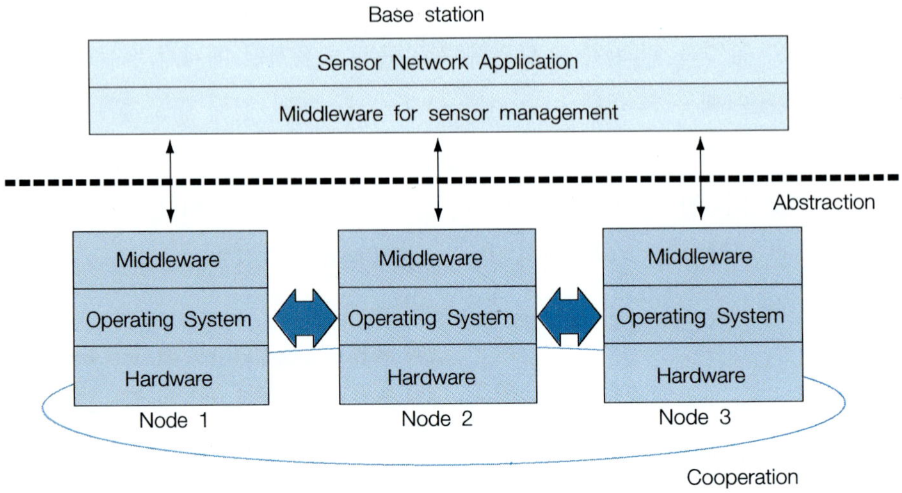

[그림 1-5] 미들웨어 관점에서의 센서 네트워크 구조

증가함을 의미한다.

센서 네트워크 미들웨어는 [그림 1-5]와 같이 센서 운영체제와 애플리케이션 사이에 존재하며 하드웨어 의존적인 구현에서 오는 복잡함과 하위 레벨 종속적인 특징들을 추상화하여서 애플리케이션 개발자에게 API를 제공하는 계층으로 정의할 수 있다. 센서 네트워크 미들웨어의 가장 주요한 개념인 추상화는 센서 네트워크를 위해서 필수적인 데이터의 수집, 이벤트 처리 메커니즘, 전력 관리 그리고 네트워킹 등의 기능을 사용자에게 숨겨서 최종적으로는 센싱 결과들이 마치 하나의 블랙박스와 같이 인식될 수 있도록 하며 다양한 응용이 하위 계층에 대한 고려없이 쉽게 개발할 수 있도록 도와준다.

이러한 다양한 미들웨어 도입은 센서 네트워크 응용이 개발, 배포되고 운영되는 전체 센서 네트워크 구현 흐름의 변화를 의미한다. 예를 들어, 스마트 홈과 같은 특정 환경을 위한 센서 네트워크 응용 개발은 개개의 노드와 하위 레벨 프로그래밍이 아닌 시스템 추상화를 통한 절차적인 쿼리 언어 등을 이용하게 되며, 미들웨어는 센서 네트워크의 다양한 기능을 상위 레벨에게 제공해서 마치 센서 네트워크 전체가 하나의 데이터베이스나 스프레드시트와 같이 인식될 수 있도록 한다.

애플리케이션에 대한 의존도가 높고 하위 레벨 프로그래밍과 애플리케이션 사이의 경계가 명확하지 않은 센서 네트워크에서의 미들웨어 연구는 주로 특정 기능의 구현에 초점을 맞추어서 수행되어 왔으며, 이에 따라서 여러 가지 기능이 복합적으로 수행되기도 한다.

이 장에서는 센서 네트워크 미들웨어의 기능별 분류에 따라서 대표적인 센서 네트워크 미들웨어를 설명한다.

1) 데이터 처리 중심 센서 네트워크 미들웨어

센서 네트워크의 주된 목적은 센싱 데이터를 수집하는 것으로, 센싱 데이터의 효율적인 수집(aggregation)과 in-network processing을 지원하는 것이 센서 네트워크 미들웨어의 가장 기본적인 역할이라고 할 수 있다. 하지만 센서 네트워크에서 각각의 노드를 식별하고 데이터를 이용하는 것은 일반적으로 어렵기 때문에, 센서 네트워크 미들웨어는 이들 각각 센서 노드들의 입력을 추상화하여 센서 네트워크 전체가 마치 데이터베이스와 같이 인식되도록 한다.

이러한 추상화의 내부에는 각각의 센서 노드로부터 데이터를 수집하기 위한 인터페이스 언어가 사용되게 되며, 이를 위해서 SQL과 같은 질의가 미들웨어 레벨에서 제공된다.

Cougar와 SINA는 센서 네트워크를 하나의 분산된 데이터베이스로 정의하고, 쿼리 형식을 사용하여 센서 네트워크의 정보에 접근한다. Cougar에서는 베이스 스테이션의 query optimiser가 데이터를 수집하고 쿼리 결과의 계산에 소모되는 에너지를 작게 하도록 쿼리를 센서 노드에 분산시킴으로써 전력 소모를 줄인다. 이러한 쿼리는 센서 노드들 사이에서의 데이터의 흐름과 각각의 센서에서의 프로세싱에 대한 정의를 포함한다.

SINA에서는 지리적으로 근접하게 분포하는 센서 노드들로부터의 유사한 정보의 재전송을 제한하고 효율적인 데이터 융합을 위하여 센서들의 계층적인 클러스터링과 속성(attribute) 기반의 센서 노드 네이밍 관리 기법을 이용한다. 또한, 센서 네트워크의 데이터 수집과정에서 사용자의 쿼리 질의에 대한 해당 노드들의 응답이 중앙의 베이스 스테이션으로 일시에 집중되면 베이스 스테이션 근접 센서 노드의 일시적인 네트워크 장애나 데이터의 누락 등과 같은 network response implosion 문제가 발생하게 된다.

SINA에서는 이를 해결하기 위한 3가지 메커니즘을 제안하였다. 이들 방법은 노드에서의 응답을 확률적인 방법으로 제한하는 sampling operation, 응답 시간의 스케

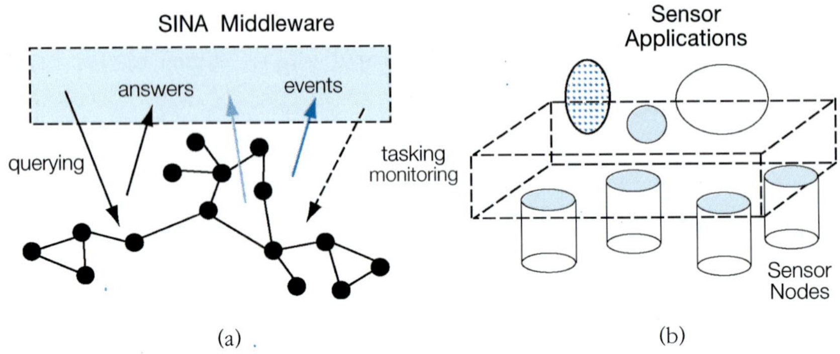

[그림 1-6] 센서 네트워크 미들웨어(a)와 SINA모델(b)

줄링을 이용하는 self orchestrated operation, 그리고 센서 노드의 데이터를 인접 중간 노드에서 수집 계산하여 재전송하는 diffused computation operation이다.

SINA에서 센싱 데이터의 수집은 SQTL(Sensor Query and Tasking Language)을 이용해서 이루어지며 내부적으로 센서 노드들에 대한 스크립트로 변경되고 실행 엔진인 SEE(Sensor Execution Environment)에서 처리된다. [그림 1-6]은 센서 네트워크 미들웨어와 SINA 모델을 보여준다.

2) 이벤트 처리 센서 네트워크 미들웨어

센서 네트워크의 주된 기능은 데이터의 센싱을 통해서 산불 탐지와 같이 특정 상황에 대해서 적절한 판단을 하고 그에 반응할 수 있도록 물리적 상황을 인식하기 위한 정보를 제공하는 것이다. 따라서 센서 네트워크에서는 각 노드를 통해서 수집되는 정상적인 정보보다는 비정상적이거나 탐지 조건을 만족하는 상황을 인지하고 경보 등의 시그널을 제공하는 기능이 필요하다는 것을 알 수 있다.

일반적으로 인터넷에서 사용되는 요청/응답 방식으로 동작하는 메커니즘은 데이터의 폴링(polling)을 위해서 프로세싱을 지속적으로 사용해야 하며 불필요한 데이터의 전송을 필요로 하기 때문에 특정 상황에 반응하는 센서 네트워크의 속성에는 적합하지 않다. 따라서 센서 네트워크에서는 이벤트 중심의 메커니즘이 필요하며 이는 센서 네트워크 미들웨어의 중요한 기능 중 하나이다.

시간 기반(time trigger)의 센싱 데이터 처리 메커니즘은 주요 이벤트의 발생 빈도가 낮을 경우 전체적으로 낮은 효율을 보이게 되지만, 상황 이벤트 기반의 센싱 데이

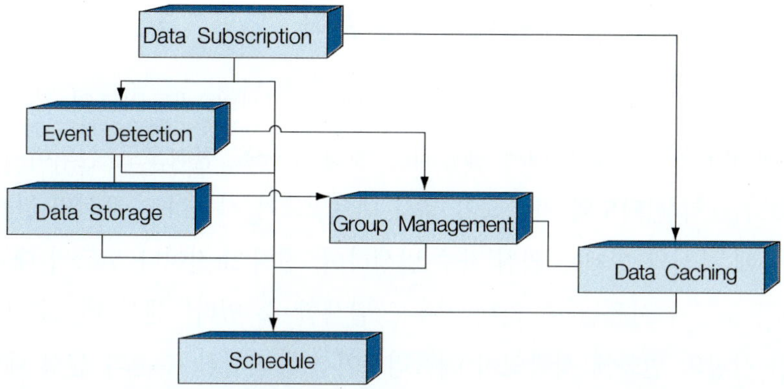

[그림 1-7] DSWare 프레임워크

터 처리 메커니즘은 수신자와 전송자를 분리하고 비동기적으로 동작하게 함으로써 전체적으로 데이터 처리의 효율을 높일 수 있게 된다. 이벤트 기반 방식의 센서 네트워크는 데이터를 가진 노드가 데이터를 publish하고 특정 센싱 데이터를 필요로 하는 베이스 스테이션이 해당 노드에 subscribe를 하는 publish/subscribe 방법이 사용된다. 이러한 publish/subscribe 방식은 비동기적인 특성과 멀티포인트 커뮤니케이션 속성을 지닌다.

DSWare는 다양한 센서 네트워크를 위한 실시간 데이터 서비스의 통합을 제공하는 데이터 서비스 미들웨어이다. 센서 네트워크 응용은 이벤트 서브스크립션 작성, 이벤트 탐지, 데이터 저장, 노드와 노드그룹 관리, 스케줄링 등의 여러 서비스를 지원해야 하지만 기존의 센서 네트워크는 응용에 의존적인 방법으로 제한적인 데이터 서비스만을 지원하는 한계가 있다.

DSWare는 여러 센서 응용에서 공통적으로 필요한 서비스를 추상화하여 데이터 서비스로 제공하기 때문에 응용은 센서 네트워크의 저수준의 복잡한 오퍼레이션과 상관없이 표준 SQL을 사용하여 센서 네트워크로부터 원하는 데이터를 얻을 수 있다.

DSWare layer는 네트워크 계층과 응용 계층 사이에 위치하며 여러 응용에 필요한 공통적인 데이터 서비스를 제공함으로써 이들 기능이 중복되는 것을 방지한다. DSWare는 [그림 1-7]과 같이 DSWare 프레임워크 데이터 서브스크립션 컴포넌트, 이벤트 탐지 컴포넌트, 데이터 스토리지 컴포넌트, 데이터 캐싱 컴포넌트, 그룹관리 컴포넌트, 스케줄링 컴포넌트로 구성된다.

3) Qos 기반 센서 네트워크 미들웨어

센서 네트워크에서는 제한된 기능을 가지는 센서와 네트워크의 불확실성 등으로 인해 개개의 노드들에 의해서 제공되는 센싱 값들을 전적으로 신뢰하기 어렵다. 또한 네트워크의 신뢰도와 가용성이 센서 네트워크가 사용하는 무선의 환경보다 더 낮기 때문에 통신의 실패는 훨씬 자주 발생하며, 전력 소진이나 노드의 대체 등으로 일부 센서 노드가 사용될 수 없는 경우도 발생할 수 있다. 센서 네트워크 미들웨어는 이러한 상황의 변화에 상관없이 애플리케이션에 적합한 수준의 센싱 데이터의 품질을 보장할 수 있는 메커니즘을 제공한다.

센서 네트워크에서의 서비스 품질과 관련된 가장 대표적인 미들웨어로는 MiLAN이 있다. MiLAN에서는 응용이 어느 센서들이 센싱된 데이터를 보낼 것인지, 각각의 센서들은 어떤 라우팅 기법으로 통신을 할 것인지 등의 내용을 사전에 기술하고 응용이 원하는 서비스 품질(Quality of Service : QoS)을 만족시키기 위해, 동적으로 네트워크를 구성한다.

이를 위해 MiLAN은 응용, 시스템 그리고 센서 네트워크로부터 발생하는 3가지의 정보를 사용한다. 우선은 응용으로부터 원하는 QoS를 기술한 정보와 해당 요구 사항을 만족시키기 위해 어느 센서들을 이용해야 할지에 대한 정보를 얻는다. 또한 미들웨어에서 동작하는 응용들의 중요도 및 상호 작용을 기술한 정보를 시스템으로부터

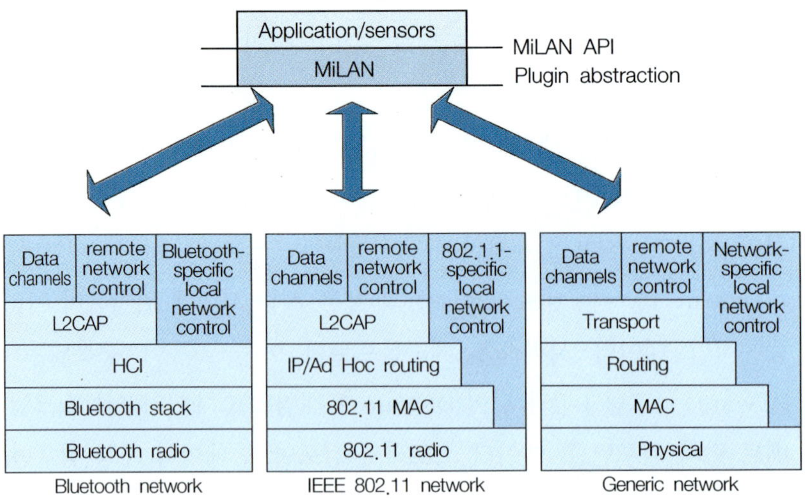

[그림 1-8] MiLAN 컴포넌트

얻는다. 마지막으로 센서 네트워크에 속하는 각 센서는 에너지 및 채널 대역폭 등 자원(resource)에 관한 정보를 이용한다.

MiLAN은 응용이 보낸 요구 사항을 받은 다음 각각의 센서 네트워크의 상황을 모니터링하면서, 요구 사항을 만족시키기 위해 동적으로 센서 네트워크의 구성을 최적화하는 역할을 한다. 또한 MiLAN은 기존의 센서 네트워크 미들웨어가 응용과 운영체제 사이에 위치하는 것과는 달리 네트워크 프로토콜 스택을 확장한 구조를 가진다.

[그림 1-8]과 같이 MiLAN은 응용이 필요로 하는 서비스의 퀄리티를 표현하기 위해서 사용하는 API와 MiLAN의 명령을 특정 네트워크 프로토콜의 명령으로 변경함으로써 여러 가지의 물리 네트워크를 연결해줄 수 있는 추상화 계층으로 구성된다.

무선 센서 네트워크 기술은 다양한 산업 응용 및 유비쿼터스 컴퓨팅 서비스를 실현시키는 핵심 기술로써, 대부분의 세부 기술들이 제한된 자원을 가지는 컴퓨팅 환경에서 동작하며 저전력 요구 사항 등의 특수한 특징을 만족시켜야 하는 임베디드 소프트웨어의 형태로 구현이 된다.

센서 네트워크 운영체제는 이러한 제한된 환경의 센서 노드를 위한 운영체제로써 기존의 많은 운영체제뿐만 아니라 임베디드 시스템의 운영체제와도 구별되는 여러가지 특징들을 가진다. 반면에, 센서 네트워크 미들웨어는 하위 시스템의 복잡도와 하드웨어에 따라 발생하는 여러 가지 제한을 추상화하며 실제 센서 네트워크 응용의 개발과 배포 그리고 관리에 필수적인 많은 기능들을 포함한다.

지금까지의 많은 센서 네트워크 연구는 단편적이고 응용에 종속적인 기술을 사용하여 센서 네트워크 자체의 가능성을 보여주었지만 실제 센서 네트워크를 개발하고 적용하기 위해서는 훨씬 다양한 기술들이 고려되어야 하며 이를 지원하며 통합할 수 있는 운영체제와 미들웨어의 개발이 필수적이다.

제 2 장

유비쿼터스 환경에서의 센서 데이터베이스 기술

주변의 모든 사물에 센서를 부착하고 인터넷과 연결하여 다양한 정보를 관리 및 서비스할 수 있는 유비쿼터스 컴퓨팅(ubiquitous computing) 기술에 대한 관심이 하드웨어, 통신, 데이터베이스 등의 다양한 분야에서 매우 높게 나타나고 있다. 특히 유비쿼터스 환경 구현을 위한 기반구조로서 WSN(Wireless Sensor Network) 기술개발에 대한 관심이 크게 고조되고 있다.

같은 맥락으로 2003년 2월 MIT의 'TECHNOLOGY REVIEW'지에서는 세상을 바꿀 10가지 미래 기술 중의 하나로 'WSN'을 제시하였으며, 국내에서도 정보통신부를 중심으로 국가 IT산업 경쟁력 강화를 위한 'IT839 전략'에서 'USN(Ubiquitous Sensor Network)'을 BcN, IPv6와 더불어 미래 IT 산업을 위한 3대 첨단 인프라로 규정하여 기술개발을 적극 추진하고 있다. 이 장에서는 WSN 기술발전에 있어서 통신 및 하드웨어 분야에 비하여 상대적으로 뒤늦은 WSN 미들웨어 기술인 센서 데이터베이스 기술개발 동향을 다룬다.

2.1 개 요

미래의 유비쿼터스 사회에서 사람들은 어느 장소에서나 모바일 폰, PDA, 텔레매틱스 단말기 등의 임의의 단말 장치를 이용하고 유무선 통신망을 접속하여 그들이 원하는 모든 정보를 쉽게 접근할 수 있게 될 것이다. 이러한 유비쿼터스 사회가 성공적으로 실현되기 위해서는 사람들이 'Any Place'에서 'Any Device'를 이용하여 'Any Information'에 대한 접근을 할 수 있어야 한다.

'Any Place'는 유무선 통신기술의 진보를 통하여 사람들이 속해 있는 공간적인 제약으로 인하여 야기될 수 있는 문제들을 해결해야 함을 의미한다. 다시 말하면, 유무선 통합 통신망을 구축하기 위한 기술과 셀룰러 망, 무선 랜, DMB, DSRC 등의 다양한 무선망들을 통합하기 위한 기술이 개발되어야 함을 의미한다. 사람들은 이러한 유무선 통신 통합기술을 이용함으로써 사무실, 가정, 차량과 같이 자신이 속한 장소에 관계없이 그리고 고속주행 차량, 지하도와 같이 어려운 통신여건에 관계없이 단절 없는(seamless) 무선통신을 이용할 수 있게 되는데, 이러한 단절 없는 무선통신 기술은 유비쿼터스 컴퓨팅 환경 구축의 기본이라고 할 수 있다.

WSN기반 네트워크 기술은 WPAN(Wireless Personal Area Network)에 관한 표준 내용을 정의하고 있는 IEEE 802.15 사양을 기반으로 센서 네트워크 구현을 위하여 가장 적합한 통신기술에 대한 연구가 현재 진행되고 있다.

Any Device 분야는 다양한 형태의 정보를 자유로이 접근하기 위한 사용자 단말기 플랫폼 기술과 주변 사물에 설치되어 새로운 차원의 정보를 제공하기 위한 센서 노드 플랫폼 기술의 성공적인 개발을 의미한다.

WSN 환경에서 사용자는 기존의 모바일 폰, PDA 및 텔레매틱스 단말기 등의 다양한 단말기를 이용하여 센서 노드와의 정보교환을 수행할 것으로 예측된다. 여기서 WSN 환경에서의 단말기들은 검색, 쇼핑, 엔터테인먼트, 텔레매틱스 등 그 고유 목적에서는 조금씩 차이가 있다 하더라도 무선통신을 이용하여 표준화된 방식으로 다양한 센서 노드들과의 접속이 가능해야 한다. 즉, 표준 단말 플랫폼 기술의 개발이 필요함을 의미한다. 이외에도 Any Device 분야는 전원 유닛, 무선통신 유닛, 센싱 유닛, 그리고 컴퓨팅 유닛으로 구성된 센서 노드 하드웨어와 이를 운영하기 위한 운영체제 등의 소프트웨어 플랫폼 기술개발을 포함하고 있다.

Any Information은 지금까지의 웹 서버와 같은 대용량의 정보센터뿐만 아니라 주변 사물에 부착된 다양한 센서 노드들로부터 실시간으로 정보를 효율적으로 수집할 수 있는 기술이 개발되어야 함을 의미한다. 다시 말하면, RFID, CCD 카메라, 속도 감지기와 같은 현재의 센서보다 발전된 형태로 정보수집(센싱), 정보분석(컴퓨팅), 정보제공(무선통신) 기능을 내장하고 있는 스마트 센서 네트워크 상에서 실시간으로 수집된 정보들을 효율적으로 상호 공유하고 분석하여 제공할 수 있는 센서 데이터베이스 기술 개발이 필요함을 의미한다. 현재 센서 데이터베이스 분야에서는 스마트 센서 네트워크를 기반으로 각 센서 노드들의 에너지 소모량은 최소화하면서 수집 정보들을 색인, 분석, 저장, 제공하기 위한 연구가 활발히 추진되고 있다. 이 장에서는 유비쿼터스 컴퓨팅의 핵심이 될 센서 네트워크 환경에서 네트워크 관점이 아닌 데이터베이스 관점에서의 연구 방향 및 기술 개발 동향에 대하여 살펴보고자 한다.

2.2 무선 센서 네트워크와 데이터베이스

1) 무선 센서 네트워크의 특징

무선 센서 네트워크는 많은 수의 작고 이질적인 센서 노드들간의 네트워크를 의미하는데, 각 센서 노드들은 전원 유닛, 센싱 유닛, 컴퓨팅 유닛, 그리고 통신 유닛을

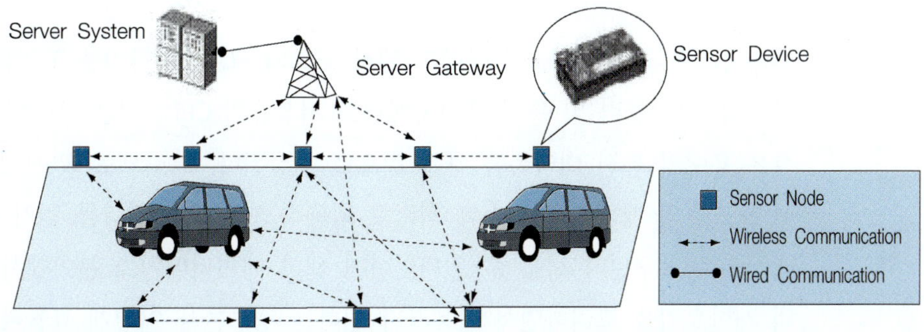

[그림 2-1] 텔레매틱스 서비스를 위한 센서 네트워크의 구성

포함하고 있다. 이질적인 노드들간의 무선 통신을 지원한다는 면에서 Ad-hoc 네트워크와 유사한 성격을 가진 센서 네트워크는 Ad-hoc 네트워크와 비교하여 각 노드들이 제한된 리소스의 단순한 구조를 가졌다는 점, 범용의 목적을 위한 네트워크가 아니라는 점, 그리고 통신에 있어서 데이터 중심(data centric)이라는 점에서 차이점을 가지고 있다. Ad-hoc 네트워크의 경우는 리소스의 제한이 없으며, 범용 목적을 위하여 구성되었으며, 통신에서 노드 중심(node centric)의 특징을 가지고 있다. [그림 2-1]은 텔레매틱스 서비스에 활용가능한 도로 변에 설치된 센서들과 차량과의 센서 네트워크의 구성 예를 보여준다.

유비쿼터스 컴퓨팅 환경에서 강력한 힘을 발휘할 것으로 예상되는 WSN 구성은 제한된 리소스, 센서 노드들의 이질성, 센서 네트워크의 확장성, 그리고 무인 운용 등의 독특한 특징들을 가지고 있다.

(1) 센서 노드의 제한된 리소스 사양

센서 노드에서의 제한된 리소스는 WSN의 가장 중요한 특징 중의 하나로서, 센서 노드들은 크기 및 가격 면에서의 경쟁력을 위하여 컴퓨팅 능력, 메인 메모리, 통신 대역폭 그리고 배터리 용량에서 제한된 성능만을 가지게 된다.

특히 배터리 용량은 센서의 동작/중지와 관련이 있으므로 매우 중요한 제한 요건이라 할 수 있다. 예를 들어, 차량의 속도를 감지하는 센서가 있다고 가정할 때 그 센서에 분당 1회의 잦은 간격으로 요구를 하게 되면 수집되는 정보의 실시간 정확도는 높아지나, 빈번한 요구와 유한한 배터리 용량을 고려할 때 센서를 장기간 사용할 수 없게 되는 문제가 발생한다. 이와 반대로, 사용자의 요구 간격을 시간당 1회로 변경하면 센서의 생명주기는 길어지나 실시간으로 수집되는 정보의 정확도는 낮아지게 되는 단점이 발생한다. 이 밖에도 센서 노드의 크기 및 가격을 고려할 때, 센서 노드들이 컴퓨팅 능력 및 통신 대역폭에서도 저성능의 CPU, 작은 용량의 메모리, 그리고 작은 용량의 통신 대역폭을 가질 것으로 예상된다. 그러므로 WSN에서는 이러한 센서 노드들의 제한된 리소스를 최소로 활용하고 최대의 결과를 얻기 위한 노력이 절대적으로 요구된다고 볼 수 있다. 현재 센서 데이터베이스 분야에서는 이러한 센서의 제한요건을 고려하면서 사용자가 원하는 정보들을 어떻게 효율적으로 제공할 것인가에 대한 많은 연구들이 진행되고 있다.

(2) 센서 네트워크의 확장성

WSN은 센서 노드들간의 다양한 네트워크 변화를 동적으로 수용할 수 있는 확장성을 보장해야 한다. 일반적으로 주변 사물에 장착된 센서 노드들은 설치 이후에는 사용자의 관리가 어려운 특징을 가지고 있다. 또한 센서 노드들의 고장, 이동, 수명 종료, 신규 설치 등과 같은 네트워크에서의 다양한 변화도 종종 발생하는 특징을 가지고 있다. 그러므로 사용자의 관리가 미치지 않는 상황에서 센서 네트워크의 변화를 동적으로 수용하기 위해서 WSN은 네트워크 토폴로지 등을 동적으로 재구성할 수 있어야 하는데, 이와 관련하여 네트워크 분야에서는 센서 네트워크에서의 라우팅, MAC(Medium-Access Control) 프로토콜 등에 관하여 이미 많은 연구를 진행해오고 있다.

(3) 센서 노드들의 이질성

WSN에서 실시간 정보를 수집하는 응용 시스템을 구성하는 데 있어서 또 다른 어려움은 센서 네트워크를 구성하는 다양한 센서 노드들의 이질성이다. 일반적으로 개별 센서들은 자신의 목적에 맞는 간단한 정보만을 수집할 수 있고, WSN 응용에서는 이러한 간단한 정보들을 수집할 수 있는 다양한 개별 센서들을 네트워크로 통합함으로써 사용자가 원하는 복잡한 정보를 수집할 수 있다.

예를 들어, 특정지역을 통과하는 무게 40톤 이상 차량에 대하여 방향, 속력, 크기 정보 등을 동시에 획득하기 위해서는 차량 무게, 방향, 속도, 크기 정보를 각각 수집하기 위한 개별 센서들이 통합된 네트워크에 사용자의 request를 보내면 된다.

그런데 이러한 이질성을 가진 센서 노드들에 대하여 통합 request를 보낼 때 반드시 고려해야 할 사항은 각 센서 노드들이 그들의 컴퓨팅 능력, 메인 메모리, 통신 대역폭 등에서 서로 많은 차이가 발생할 수 있다는 것이다. 만약 이러한 상황을 고려하지 않는다면 이질적인 센서 노드들 중에서 배터리 능력이 떨어지는 특정 노드의 수명을 단축시킬 수 있기 때문이다.

현재 이와 관련하여 센서 네트워크 미들웨어 분야에서는 미들웨어를 이용하여 우수한 성능을 보장하고 센서 노드들의 이질성을 극복하기 위한 다양한 연구들을 수행하고 있다.

2) 센서 종류와 데이터베이스

최근 들어 데이터베이스 분야에서 센서 네트워크에 대한 연구가 활기를 띠고 있는 이유는 무선통신, 센싱 장치 및 마이크로 컴퓨팅 기술이 통합된 센서 노드 기술의 발전과 관련이 깊다. 지금까지 센싱을 통하여 정보를 수집할 수 있는 센싱 장치들로는 1990년대 초반부터 활용된 원격 영상정보를 제공하기 위한 인공위성, 교통정보를 제공하기 위한 traffic controller, 비교적 간단한 identity 정보 등을 제공하기 위한 RFID 등이 있었다(그림 2-2 참조).

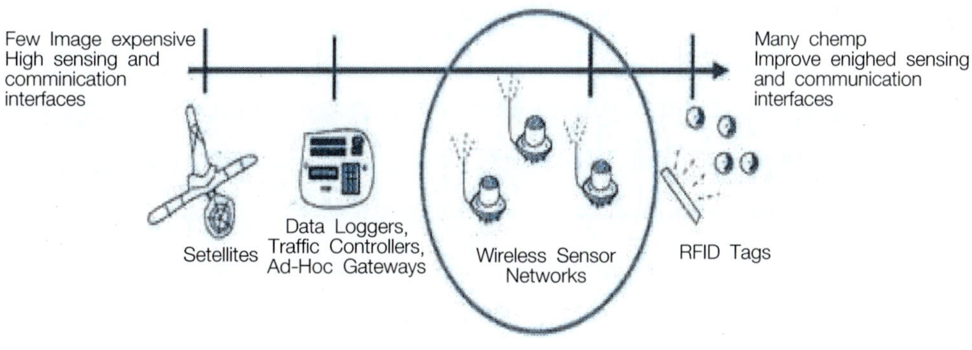

[그림 2-2] 센싱 장치의 종류와 데이터베이스

그러나 [그림 2-2]에서 보듯이 기존의 센싱 장치들은 데이터베이스 관련 이슈가 거의 없었기 때문에 데이터베이스 분야에서의 관심을 받지 못하였는데, 최근 스마트 센서 네트워크가 발표된 이후로는 데이터베이스 분야의 커다란 관심을 받고 있다. 예를 들어, 인공위성 센서는 수집되는 위성 영상정보의 볼륨이 매우 크고, 인공위성 센서들간의 네트워크를 형성하지도 않았으며, 인공위성의 에너지 효율에 있어서도 큰 문제가 없었고, 위성영상 시장 자체도 활성화 되지 않았기 때문에 데이터베이스 기술의 필요성을 느낄 수 없었다.

트래픽 제어기 또한 수집되는 정보의 복잡도가 높지 않았고, 트래픽 제어기 간에 네트워크를 형성할 필요도 없었으며, 서버와 유선으로 연결되어 있기 때문에 무선통신으로 인하여 야기되는 센서의 에너지 효율 문제 또한 없었으므로 효율적인 질의처리를 위한 데이터베이스 기술에 대한 필요성이 전혀 없었다.

RFID의 경우는 상당히 소형이면서 가격도 저렴하여 현재 많은 분야에서 활용되고 있어 데이터베이스 기술이 활용되면 효율적일 것 같지만 RFID간 무선 네트워크 형성이 없으며, RFID 자체의 컴퓨팅 능력 및 무선통신 능력이 떨어지기 때문에 센서 데이터베이스의 기술을 적용할 수가 없었다.

이에 비하여 최근에 새로 보급되는 스마트 센서들은 저렴하고 작은 크기에도 불구하고 새로운 정보를 취득하기 위한 센싱 부분, 취득한 정보를 저장하고 분석하기 위한 컴퓨팅 부분, 분석된 정보를 제공하기 위한 무선통신 부분 그리고 전원 부분으로 구성되어 각 센서 노드들이 정보를 실시간으로 수집할 수 있게 되었다. 또한 무선통신을 통하여 인접 센서 노드와 통신을 할 수 있게 되었고, 센서 노드들이 수집된 정보를 스스로 분석하고 처리할 수 있게 되었다.

이와 같이 센서 노드들의 성능이 월등히 향상되고 그들 간에 네트워크가 형성됨으로써 데이터베이스 분야에서는 기존의 분산 데이터베이스 기술 등을 활용하는 등 센서 데이터베이스에 대한 관심을 가지고 새로운 연구를 시작하게 되었다.

센서 데이터베이스 분야에서는 센서 네트워크 환경에서 각 센서들을 소규모 DB로 가정하거나 각 센서들로부터 수집되는 스트림 정보들을 가상의 데이터베이스 테이블로 가정하고 센서들의 제한된 리소스를 고려하면서 질의처리를 효율적으로 처리하기 위한 연구 등을 활발히 진행하고 있다. 데이터베이스 분야에서는 이러한 센서 데이터베이스를 임베디드와 자가 구성 데이터베이스로 부르기도 한다.

2.3 센서 데이터베이스

1) 센서 노드와 질의 처리

센서 데이터베이스 시스템의 주요 목적은 센서 네트워크 환경에 흩어져 있는 센싱 정보들에 대하여 센서 노드들의 제한된 리소스들－저성능의 CPU, 작은 용량의 메모리, 저용량의 통신 대역폭－을 고려하면서 효율적으로 사용자의 질의를 만족시켜 주는 것이다. 다시 말하면, 각 센서 노드들에서의 에너지 소모율을 최소화시키면서 질의에 대한 정확성 및 신속성을 최대화시킬 수 있는 질의 처리기(query processor)를 만드는 것이다.

센서 데이터베이스에서의 질의 처리기는 센서 네트워크 상에서 센싱 정보들이 어디에 저장되는가에 따라서 다양한 방법들이 제안되고 있는데, 센싱 정보들을 외부 저장, 내부 저장, 그리고 데이터 중앙에 저장하는 방법에 따라 구분되고 있다.

(1) 내부 저장 기반 질의 처리기

내부 저장은 각 센서 노드들이 수집한 정보들을 자신의 저장장치에 직접 저장하는 방식으로, 사용자가 원하는 질의 결과를 얻기 위해서는 질의를 각 센서 노드들에게 flooding해야 하고, 각 노드들이 질의를 처리하여 사용자에게 결과를 전송해주는 방법을 이용해야 한다.

센서 노드 레벨에서 질의가 처리되는 방식이므로 각 노드들은 작고 단순한 형태의 질의 처리기를 반드시 보유하고 있어야 한다. 이 방식에서 각 센서 노드들에서 이용되는 에너지 효율적인 질의 처리기를 구현하기 위해서는 다음의 상황을 반드시 고려해야 한다.

센서 노드들이 수집된 데이터들을 내부 장치에 저장하기 때문에 센서 노드들간에 데이터 통신에 대한 비용은 거의 문제가 되지 않지만, 질의를 모든 노드들에게 flooding하는 방식으로 인하여 야기되는 질의 전송에 대한 비용이 매우 크기 때문에 이를 줄이기 위한 노력이 필요하다. 이를 위하여 SRT(Semantic Routing Tree) 방식 등과 같이 질의를 전송해야 하는 노드의 수를 줄이기 위한 많은 연구들이 진행되고 있다.

(2) 외부 저장 기반 질의 처리기

외부 저장은 내부 저장과 반대로 각 센서 노드들이 자신의 저장을 전혀 가지지 않는 방식으로, 노드들에서의 센싱 정보가 바로 베이스 스테이션(data sink라고 부르기도 함)으로 범람되는 방식이다. 이 방식은 모든 센싱 정보가 서버 측에 저장되고, 사용자 질의가 서버 내에서 모두 처리되기 때문에 센서 노드들에게 질의를 범람해야 하는 질의 전송 오버헤드는 필요 없는 장점을 가지고 있다.

그러나 이 방식은 모든 센서 노드들의 센싱 정보들을 네트워크를 통하여 모두 서버측으로 전송해야 하는 데이터 범람의 비용이 매우 크게 증가하게 되는 단점을 가지고 있다. 즉, 서버가 모든 센싱 정보를 수집하는 데이터 범람 과정에서 각 노드들이 너무 많은 에너지를 소모함으로써 노드들의 수명이 짧아지는 단점을 가지게 되는 것이다.

외부 저장 기반 질의처리기의 경우는 서버에 수집된 정보들에 대하여 기존 데이터베이스의 질의 처리기를 이용하면 되기 때문에 센서 데이터베이스 관련 연구 이슈가 크게 없으며 현재 수행된 연구도 많지 않은 실정이다.

(3) 데이터 중심 저장 기반 질의처리기

데이터 중심 저장은 내부 저장 방식과 외부 저장 방식을 혼합한 방식으로 각 센서 노드들로부터 센싱된 정보를 분석하여 그 정보가 의미하는 값의 특징에 따라 그룹을 결정한 다음, 각 그룹을 대표하는 센서 노드(home node)에게 정보들을 전송하여 각 그룹 대표 노드가 그룹 내의 모든 정보들을 저장하는 방식이다.

이 방식은 베이스 스테이션에서 각 그룹 대표 노드에게만 질의를 보내기 때문에 질의 처리에 소요되는 비용이 획기적으로 줄어드는 장점을 가지고 있다. 그러나 각 센싱 노드들과 대표 노드 사이에 지속적인 데이터 범람에 대한 비용문제는 여전히 존재하게 되고, 대표 노드에서의 에너지 소모가 매우 커지는 단점을 가지고 있다.

현재 데이터 중심 저장 방식과 관련하여 많은 연구가 진행되고 있는데, 예를 들어 대표 노드를 상황에 따라서 주기적으로 바꾸는 방법, 센싱 정보들을 분석하여 전체 센서 네트워크를 효율적으로 그룹하는 방법, 센서 노드들과 대표 노드 사이에서의 에너지 효율적인 데이터 범람 방법 등에 대한 연구가 진행되고 있다.

2) 센서 데이터베이스 주요 연구 분야

센서 데이터베이스에서의 연구 목적은 각 센서 노드들에서 에너지 소모를 최소화하고 질의에 대한 결과의 정확성 및 신속성을 최대화할 수 있는 효율적인 질의처리기를 개발하는 것이라고 할 수 있다. 효율적인 질의처리기를 개발하기 위하여 센서 데이터베이스를 위한 질의 언어(query language) 정의, 질의 최적화(query optimization) 방법, 질의 분배(query dissemination) 방법, 그리고 질의 수행(query execution) 방법들에 대한 다양한 연구들이 수행되고 있다(그림 2-3 참조).

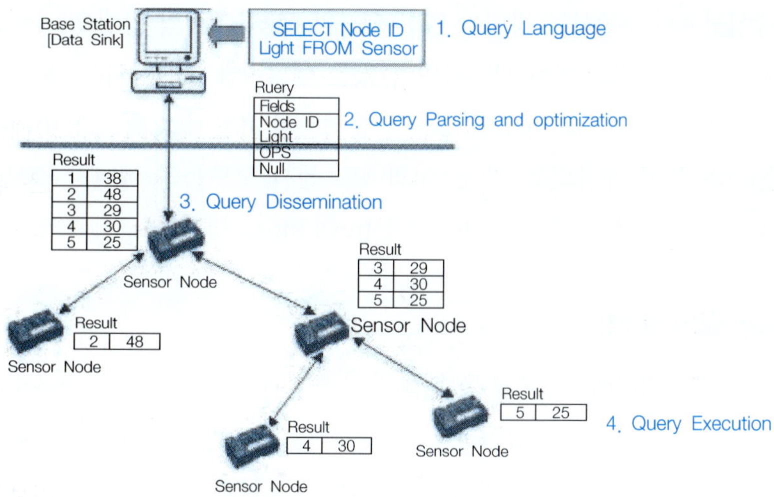

[그림 2-3] 센서 데이터베이스 주요 연구 분야

(1) 질의 언어

센서 데이터베이스에서는 온도, 속도, 빛 등의 각 센싱 정보 타입을 하나의 컬럼 정보로 간주하고, 센서들로부터 수집되는 컬럼 정보들을 통합하여 하나의 데이터베이스 테이블로 간주하여 질의처리를 수행할 수 있다. 이와 같이 센싱 정보들을 데이터베이스 테이블로 간주하는 경우에는 기존의 SQL을 단순 확장한 질의 언어를 정의하는 것이 비용 및 성능면에서 바람직한데, 센서 데이터베이스에서 사용되는 특징들을 고려하여 SQL을 확장해야 한다.

우선 센서 데이터베이스를 위한 SQL은 끊임없는 스트림 형식의 센싱 정보 테이블이 주어졌을 때 특정 관심영역만을 지정할 수 있는 윈도우 질의, 특정한 이벤트가 발생하였을 때에만 질의를 수행하는 이벤트 기반 질의, 그리고 사용자가 지정한 기간 동안 반드시 질의를 성공적으로 수행해야 하는 존재 기반 질의 등이 정의될 수 있다.

(2) 질의 최적화

센서 데이터베이스에서 질의 최적화 목적은 베이스 스테이션에서 전송된 질의를 각 센서 노드들에서 수행하고자 할 때 각 노드에서의 에너지 소모를 최소화하는 방향으로 수행할 수 있도록 질의 수행 계획(query execution plan)을 작성하는 것이다. 질의 최적화와 관련된 최근 연구를 살펴보면, 질의 파싱 및 최적화 과정은 베이스 스테이션에서 수행하는 방법이 많이 있으며, 질의 최적화 방법으로는 센서 노드가 실세계로부터 정보를 센싱하는 작업이 많은 에너지를 소모한다는 점에 착안하여 센싱되는 컬럼들과 질의의 내포된 것들을 분석하여 효율적인 센싱과 내포된 순서를 조정하는 방안들이 제안되고 있다. 이외에도 센서 노드들의 에너지 소모에서 비효율적인 질의를 효율적인 질의로 다시 쓰는(rewritting) 방안들도 제안되고 있다.

(3) 질의 분배

센서 데이터베이스에서 효율적인 질의 분배를 수행하는 목적은 베이스 스테이션에 사용자의 질의가 주어졌을 때, 라우팅 방법 등을 이용하여 가능하면 최대한도로 질의에 대한 결과를 가지고 있지 않은 센서 노드들을 모두 발견하여 여과시킴으로써 사용자 질의가 수행되어야 하는 노드의 수를 최소화시키는 것이다.

이러한 효율적인 질의 분배를 위해서는 미리 트리 또는 해싱 등의 기법들을 이용하여 각 센서 노드들에 대한 색인정보를 구축해 놓아야 하는데, 예를 들어 각 센서 노드들이 유지하고 있는 센싱 정보의 범위를 이용하여 센서 노드들간의 라우팅 트리를 구성하는 SRT(Semantic Routing Tree) 방법 등이 제시되고 있다.

(4) 질의 수행

일반적으로 센서 노드들은 컴퓨팅 능력의 제약으로 인하여 끊임없이 센싱되는 정보들을 자신이 모두 저장할 수 있는 충분한 버퍼를 가지고 있지 않다. 그러므로 각 센서들은 필요에 따라서 버퍼가 가득차기 전에 수집된 정보들을 베이스 스테이션으로 전송하기도 하는데, 만약 센서의 정보 수집 비율이 베이스 스테이션으로의 정보

전송 비율보다 커지게 되면 버퍼에서의 오버플로 문제가 발생하게 된다.

오버플로가 발생하게 되면 각 센서 노드들은 자신들이 보유한 정보와 새로이 수집되는 정보들 중에서 임의의 정보를 포기해야 하는데, 질의 수행의 목적은 이러한 오버플로 상황에서 정보들의 우선순위를 효율적으로 관리함으로써 고품질의 데이터를 베이스 스테이션에게 전달하도록 하는 것이다.

최근 연구 동향을 살펴보면, 단순히 FIFO 방식을 따르는 방식에서부터 버퍼 내 정보들의 일부에 대하여 평균을 내고 그 빈 공간에 새로운 정보들을 받아들이는 방식, 그리고 기존 버퍼 내의 정보들의 값과 새로이 수집되는 정보 값과의 비교를 통하여 차이가 가장 작은 정보를 포기하는 방식 등이 제안되고 있다.

다른 방향으로는 처음부터 이러한 버퍼에서의 오버플로가 발생하지 않도록 센서의 정보 수집 비율과 정보 전송 비율을 센서 네트워크 상황에 따라서 수시로 바꾸어 주는 방법도 제시되고 있다.

3) 센서 데이터베이스 연구 동향

센서 데이터베이스 연구는 센서 네트워크 연구에 비하여 널리 활성화되지는 못했으나 버클리, 코넬, 스탠포드 대학의 데이터베이스 연구그룹을 중심으로 많은 연구가 진행되어 오고 있다. 좀더 자세히 살펴보면, 버클리대학은 Telegraph 프로젝트, 코넬대학은 Cougar 프로젝트, 그리고 스탠포드대학은 Stream 프로젝트를 통하여 센서 데이터베이스 관련 연구를 활발히 수행하고 있다. 이외에도 센서 데이터베이스와 관련된 프로젝트로는 브라운대학과 MIT의 Aurora 프로젝트, Intel 연구소의 IrisNet 프로젝트 등이 있다.

(1) Telegraph 프로젝트

Telegraph 프로젝트의 목표는 적응력을 가진 dataflow 엔진을 만드는 것인데, 차세대 네트워크 컴퓨팅 시대에서는 이러한 적응력 있는 dataflow 엔진이 반드시 필요할 것으로 생각된다. 여기서, dataflow 엔진이란 네트워크 컴퓨터 환경에 많은 연산자들과 데이터들이 존재할 때, 데이터들이 네트워크 환경에서 이러한 연산자들에 의하여 효율적으로 처리될 수 있는 컴퓨팅 환경의 구현을 의미한다. 간단히 말하면 유비쿼터스 컴퓨팅 환경을 위한 엔진을 만드는 것이라 볼 수 있는데, 센서 네트워크 데이터베이스에서 질의 처리기도 이러한 dataflow 엔진의 하나로 볼 수 있다.

Telegraph에서 센서 데이터베이스와 관련해서는 TinyDB 프로젝트가 있는데, TinyDB는 센서 네트워크에서 사용자가 원하는 정보를 추출하기 위하여 이용되는 베이스 스테이션의 질의 처리기와 각 센서 노드에서의 질의 처리기를 의미한다.

TinyDB 프로젝트에서는 SQL과 유사한 센서기반 질의 언어를 정의하고 있으며, 질의를 효율적으로 처리하기 위한 에너지 효율적인 분산 질의처리 방법을 제안하고 있다. 구체적으로 앞에서 설명한 local storage 기반의 질의 최적화, 질의 분배, 질의 수행 방법들을 제안하고 있다.

(2) Cougar 프로젝트

Cougar 프로젝트는 기본적으로 센서 노드들로 구성된 네트워크 환경을 데이터베이스라고 가정하고 있는데, 이는 TinyDB에서 각 센서 노드들의 정보들을 데이터베이스 테이블로 보는 개념과 유사하다.

센서 네트워크를 분산 데이터베이스 시스템으로 간주하는 Cougar 프로젝트의 주요 연구 이슈는 효율적인 질의를 위하여 네트워크 상에서 센싱 정보를 어떻게 어디에 저장할 것인가, 센서 네트워크 질의를 어떻게 최적화할 것인가, 제한된 배터리 및 통신 능력을 고려하며 QoS를 보장하는 질의를 처리할 것인가 등이 있는데, 이 또한 TinyDB에서 해결하고자 하는 문제점과 유사한 면을 가지고 있다.

구체적으로 살펴보면 에너지 효율적인 데이터 분배(data dissemination) 방법, 센서 네트워크에서의 In-Network 질의 처리, 그리고 질의 최적화 등의 방법들을 제안하고 있다.

(3) Stream 프로젝트

Stream 프로젝트는 continuous 질의를 효율적으로 처리하기 위한 스트리밍 데이터 관리 시스템을 개발하는 것이 주목적으로서, 끊임없는 데이터 스트림에 대하여 많은 양의 continuous 질의가 주어졌을 때의 효율적인 처리방법을 제안하고 있다. continuous 질의를 정의하기 위한 SQL과 유사한 CQL(Continuous Query Language)을 정의하고 있으며, 특히 다중의 끊임없는, 그리고 시간에 따라 급격히 변하는 데이터 스트림들에 대한 효율적인 질의 처리 방법을 제안하고 있는데, 비용기반 질의 최적화 및 분산 데이터 스트림 처리 등의 방법들을 제안하고 있다.

이러한 스트림 데이터베이스 관련 이슈는 끊임없이 정보가 수집되는 센서 데이터베이스 분야에서 해결해야 하는 문제와 많은 면에서 유사점을 가지고 있다고 할 수 있다.

무선 센서 네트워크의 일반적인 특징, 센서 종류와 데이터베이스와의 연관관계 그리고 센서 데이터베이스 대하여 개략적으로 살펴보았다.

무선 센서 네트워크 특징에서는 각 센서 노드들이 제한된 리소스 사양을 가지고 있으며, 네트워크 확장성이 좋아야 하고 노드들간의 이질성을 고려해야 전체 효율이 좋아짐을 알게 되었다.

센서 종류와 데이터베이스의 연관관계에서는 기존의 인공위성 및 RFID 센싱 장치와 달리 스마트 센서 노드에 대하여 왜 데이터베이스 분야의 사람들이 많은 관심에 대한 이유를 살펴보았다. 끝으로, 센서 데이터베이스 연구 분야 및 최근 연구 동향에서는 센서 노드의 데이터 저장방식에 따른 내부 저장, 외부 저장, 데이터 중심 저장 방식의 질의 처리기 구현 방법과 질의처리기를 구현할 때 요구되는, 질의 언어 정의, 질의 최적화, 질의 분배 그리고 질의 수행을 대하여 살펴보았다.

국내에서 미래 IT 첨단 인프라의 하나로 규정하고 있는 USN은 가까운 미래에 우리 사회에 널리 보급되어, 다양한 센서 노드를 통하여 실시간으로 제공되는 정보를 기반하여 의사를 결정할 수 있는 인프라가 구축될 것으로 예측되고 있다. 이에 선진국에서는 안정적인 USN 인프라 구축을 위하여 센서 네트워크 및 센서 노드 하드웨어에 대한 기술개발이 이미 활발히 진행되어 왔으며, 최근에는 센서 미들웨어(데이터베이스 포함) 및 센서 기반 응용 서비스를 위한 다양한 연구가 활발히 진행되고 있다.

이에 반하여 국내의 경우는 센서 네트워크에 대한 연구는 선진국과 비슷한 시기로 활발히 추진되고 있으나, 센서 노드 하드웨어 및 센서 데이터베이스에 대한 연구는 최근에 들어서야 많은 관심을 받고 있는 실정이다.

현재 선진국과 비교하여 2~3년 정도 뒤처져 있지만, 미래 우리 생활의 모든 분야에서 접하게 될 기본 인프라인 USN 분야에 대한 정부의 강력한 의지 및 적극적인 투자를 유도하여 핵심기술을 확보하고 국제표준화를 추진함으로써 국제 경쟁력을 조속히 확보할 필요가 있다고 판단된다. 만약, USN 관련 핵심기술과 응용 서비스와 관련하여 우수한 국제 경쟁력을 보유하게 된다면, 우리나라는 IT 산업에서의 두 번째 도약을 이룰 것으로 전망되고 있다.

제 3 장

USN 시스템 소개 및 개발환경 구축

요즘 화두가 되는 유비쿼터스(Ubiqitous)는 '언제, 어디에나 있는'을 의미하는 라틴어로 사전적 의미로는 사용자가 네트워크나 컴퓨터를 의식하지 않고 장소에 상관없이 자유롭게 네트워크에 접속할 수 있는 정보통신환경을 말한다. 이런 환경을 구현하기 위한 USN(Ubiquitous Sensor Network)은 단순 인식정보를 제공하는 전자태그에 sensing 기능이 추가되고 이들 간의 네트워킹이 이루어져 실시간으로 통신이 가능하게 되는 형태를 의미한다.

즉, 필요한 모든 사물에 전자 태그를 부착하고(Ubiquitous), 이를 통하여 사물의 인식정보를 기본으로 주변의 환경정보(온도, 습도, 오염 등)를 탐지하여, 이를 실시간으로 네트워크에 연결하여 정보를 관리하는 것(network)으로 모든 사물에 computing 및 communication 기능을 부여하여 anytime, anywhere, anything 통신이 가능한 환경을 구현하는 것이다.

3.1 하드웨어의 개요

USN을 위해 개발된 Mote는 1999년 버클리대학에서 Wec라는 이름으로 첫번째 Mote가 개발되었다. 이후 매년 다양한 센서 노드 하드웨어가 버클리대학에 의해서 공개되어왔고, 이들 하드웨어 플랫폼은 미국의 Crossbow에 의해 상업화되어 시장에 공급되고 있다. 현재까지 개발된 Mote 시리즈 관련 하드웨어 플랫폼 중 MICAZ는 센서 네트워크의 표준 무선 인터페이스로 유력한 IEEE 802.15.4 저속 WPAN 표

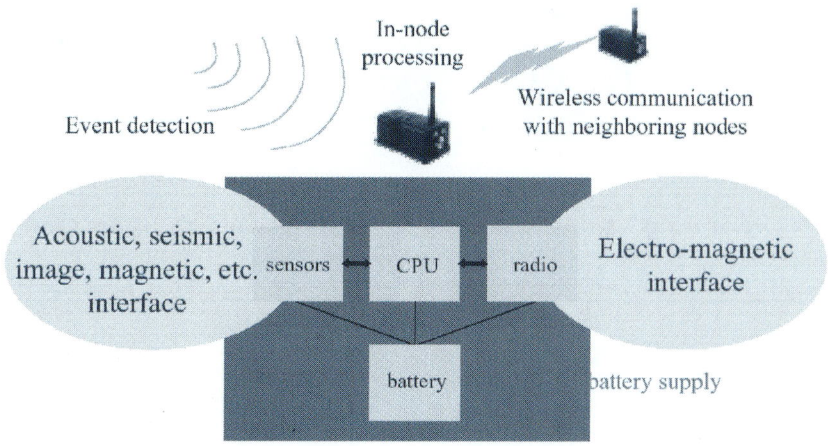

준을 지원하는 Chipcon사의 Zigbee 칩을 이용하고 있어 많은 주목을 받고 있다. 공개하드웨어인 MICA는 다양한 보드들로 구성된다. 프로세서 보드는 마이크로 컨트롤러와 무선 인터페이스를 탑재한 주 보드이고, 센서 보드는 온도, 조도, 지자기 센서 등과 같이 센서를 탑재한 보드로써 기상 센서 보드와 모터/서보 제어 보드 등 다양한 보드가 제공된다.

1) Mote 센서 시스템의 개요

Mote 센서 시스템은 로컬 호스트 PC에서 센서 네트워크 게이트웨이로 시리얼이나 이더넷 인터페이스를 통하여 Mote에 연결하여 사용하며, 센서 시스템에서 S는 센서와 데이터 획득보드이고, M은 프로세서와 무선 보드로써 일명 Mote로 칭한다. G는 게이트웨이와 네트워크 인터페이스 보드를 의미한다. 보통 다음 그림과 같은 결합으로 사용된다.

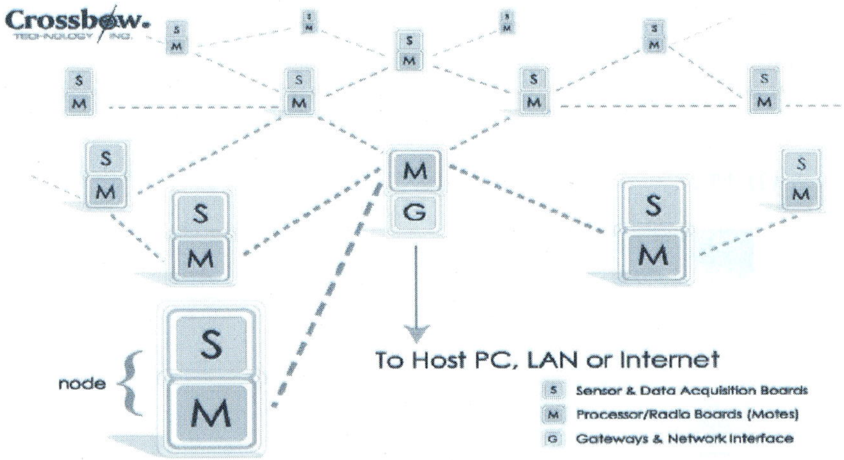

각 센서 및 데이터 추출보드, 프로세서/무선보드 및 게이트웨이/네트워크 인터페이스에 관한 제품들은 다음 그림에서 살펴볼 수 있다.

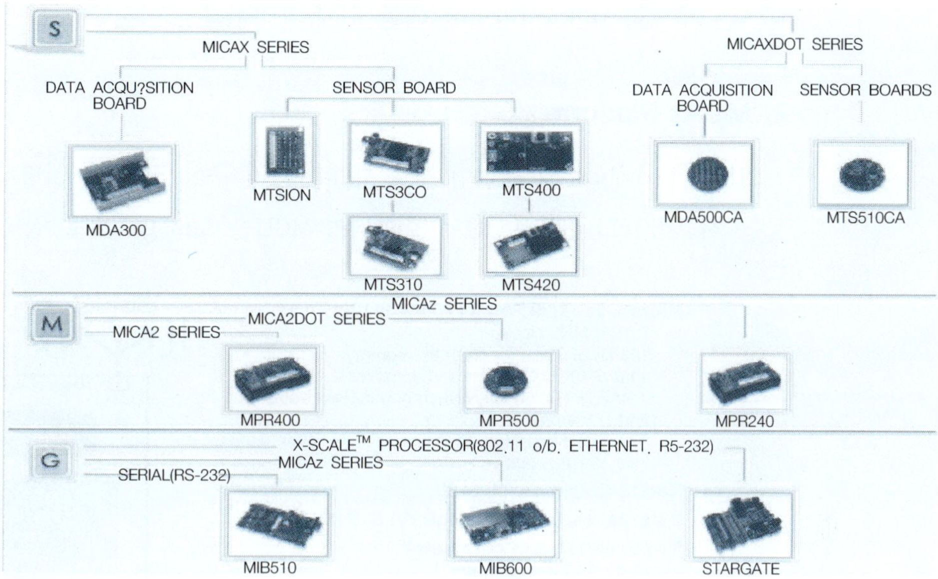

2) 프로세서 / 무선 플랫폼

대부분 저전력 단거리 무선 통신을 지향하는 8비트 마이크로 컨트롤러와 저속 RF 칩을 기반으로 구성되어 있다.

(1) Processor / Radio Platforms

Mote Process/Radio Platforms									
	MPR2400	MPR400	MPR410	MPR420	MPR500	MPR510	MPR520	MPR2600	MPR600
Features									
Frequency Range	2400-2483.5 MHz	868-870; 902-928MHz	433-434.8 MHz	313.9-716.1 MHz	868-870; 902-928MHz	433.1-434.8 MHz	313.9-316.1 MHz	2400-2483.5 MHz	868-870; 902-928MHz
Processor	Atmel ATMega 128L	Atmel ATMega 128L	Atmel ATMega 128L	Atmel ATMega 128L	Atmel ATMega 128L	Atmel ATMega 128L	Atmel ATMega 128L	Atmel ATMega 128L	Atmel ATMega 128L
Radio Transceiver	80215.4 compliant DESS	FSK Frequency Selectable	FSK Frequency Selectable	FSK Frequency Selectable	FSK Frequency Selectable	FSK Frequency Selectable	FSK Frequency Selectable	802.15.4 Comphant DESS	FSK Frequency Selectable
Nonvolatile Memory	Atmel AT45DB418 (512kB)	Atmel AT45DB418 (512kB)	Atmel AT45DB418 (512kB)	Atmel AT45DB418 (512kB)	Atmel AT45DB418 (512kB)	Atmel AT45DB418 (512kB)	Atmel AT45DB418 (512kB)	Atmel AT45DB418 (512kB)	Atmel AT45DB418 (512kB)

표는 모트의 MPR 시리즈에 대한 전체 요약이다.

2) MICAz Platform

그림은 Crossbow의 최신형 모트 MPR2400의 구성 및 개요 설명 그림이다. 이 모트는 지그비(IEEE 802.15.4)에 호환되며 MCU는 Atmaga128로 집적되어 있다.

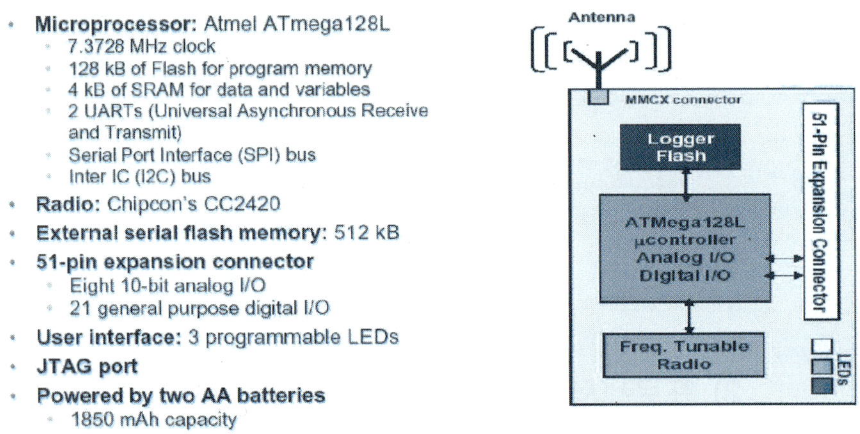

3) 센서와 데이터 획득 보드

센서 보드의 MTS(Mote sensor) 시리즈와 센서/데이터 추출 보드의 MDA(Mote Data Acquition) 시리즈들은 무선 Mote와 연동하기 위해 설계되었다. 다음은 센서와 데이터 획득 보드에 대한 전체 요약이다.

(1) Sensor and Data Acquisition Boards

예로 MTS300/310과 MDA300에 대한 개요를 살펴보자.

MTS300CA와 MTS310CA는 조도, 마이크, 온도, 가속도 및 자기장 센서로 구성되어 있으며, 실내 온도 및 조도 감지, 미세 동작의 진동감지, 음향감지 등에 다양하게 응용될 수 있다.

Sensor Data Acquistion Boards									
	MDA300	MDA320	MDA100	MTS300	MTS310	MTS400	MTS420	MTS510	MDA500
Features									
Acelerometer(2Axis)					•	•	•	•	
Actuator Relays	•								
Ambient Light						•	•		
Barometric Pressure & Temp						•	•		
Buzzer				•	•				
External Analog Sensor Inputs	• (12-bit)	• (16-bit)	• (10-bit)						•
GPS							•		
GPIO	•	•	•						
Magnetic Field					•				
Microphone				•	•			•	
Photo-sensitive Light						•	•		
Photoresistor			•	•	•			•	
Rel Humidity & Temperature	•					•	•		
Thermistor			•	•	•			•	

(2) MTS300/MTS310 Multipurpose Sensor Board

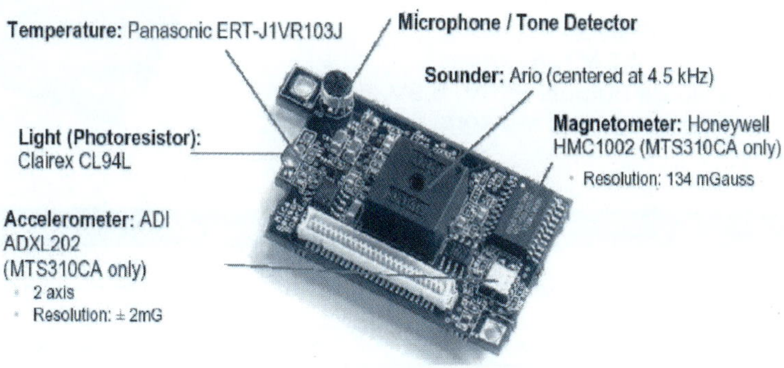

	XSensor App	XMesh App	Other Apps
Program Name	XSensorMTS310	XMT310_XXX_HP XMT310_XXX_LP	Surge_Reliable
Notes	Use TOSBase on base station Mote. MOTE-VIEW compatible	All Motes have same app. MOTE-VIEW compatible. "LP" version only for MICA2	Use with Serial Forwarder and Surge GUI

MDA300은 센서 보드에 나와 있지 않은 스펙의 센서(예를 들어, 적외선 센서 등)를 확장해서 사용하고자 할 때, 확장 센서와 무선 플랫폼을 연결해주는 센서 확장 보드이다. 아날로그 센서 및 디지털 센서를 연결해서 사용할 수 있다.

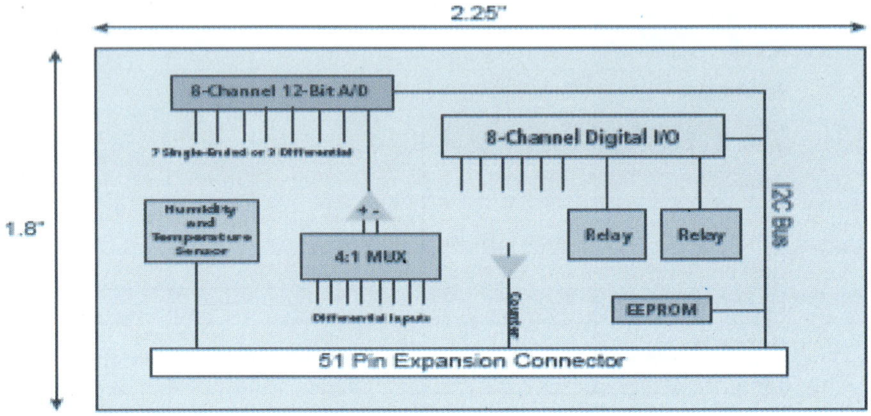

(3) MDA300(외장 센서 인터페이스용)

- 8 external analog inputs for external sensors
  - 12-bit ADC
  - Single-ended and differential signals
- 8 channel digital I/O
- 2 relays for actuation
- Stable 2.5 V reference
- Voltage outputs: 2.5V, 3.3V, 5 V to power external sensors

	XSensor App	XMesh App
Program Name	XSensorMDA300	XMT310_XXX_HP XMT310_XXX_LP
Notes	Use TOSBase on base station Mote. MOTE-VIEW compatible	All Motes have same app. MOTE-VIEW compatible. "LP" version only for MICA2

http://www.cens.ucla.edu/~mhr/daq/

4) 게이트웨이 보드

게이트웨이 보드는 MICA 패밀리 플랫폼을 장착하여 사용하는 인터페이스 보드이다. 다음은 게이트웨이 보드에 대한 전체 요약이다.

(1) 게이트웨이

Gateways and Network Interfaces

	MIB510	MIB520	MIB600	SPB400
Features				
Description	Serial Port Programmer	USB Programmer	Ethernet Port Porgrammer	Stargate, XScale Platform
Mote/Board Connectors	• MICA, MICA2, MICAz • MICA-sensor boards • MICA2DOT	• MICA, MICA2, MICAz • MICA2DOT(with MPC100)	• MICA, MICA2, MICAz • MICA2DOT(with MPC100)	MICA2, PCMCIA, MICAz, USB, RS-232, Compact Flash, RS-232 Ethernet
Programming Port	Serial(RS-232)	USB	Ethernet	With host PC:RS-232 or Ethernet(Using ssh)
Data Port	Serial(RS-232)	USB	Ethernet	various

예로 시리얼 인터페이스 보드인 MIB510에 대한 개요를 살펴보자.

(2) MIB510

- RS-232 serial port for programming, PC/external device communication
- Voltage monitor to protect from low battery voltage
  - "ISP PWR" LED will blink
- Supports MICA (ATmega128L only), MICA2, MICAz, MICA2DOT.
  - MICA2DOT Programming Cable
- JTAG port powered directly.
- NOTE: SW2 switch must be "OFF" to work as a base station

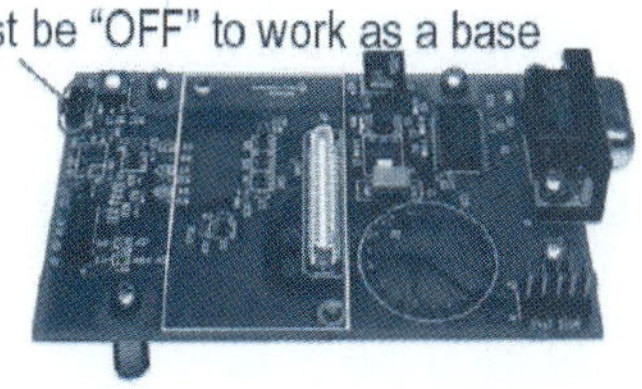

MIB510은 무선 플랫폼과 51핀 커넥터에 연결되며, 무선 플랫폼의 UART로 내보낸 정보를 RS232를 통해 PC로 전송해주는 역할을 한다.

또한, PC에서 compile된 헥사 파일을 무선 플랫폼의 플래시 메모리에 업로드할 수도 있다.

Wireless Sensor End User Systems			
	MEP410	MEP510	MIB600
Features			
Amblent Light	•		
Barometric Pressure	•		
Buzzer			•
Magnetic Field			•
Microphone			•
Photo-sensitive Light	•		
PIR			•
Rel Humidity & Tempeature	•	•	

Research Platforms		
	TELOSB	MCS410(Cricket)
Features		
Required Range	2400-2483.5MHz	433-434.8MHz
Processor	Texas Instruments MSP430	Atmel Atmega 128L
Radio Transceiver	802.15.4 Compliant DSSS	FSK Frequency Selectable
Nonvolatile Memory	Atmel AT45DB41B(512Kb)	Atmel AT45DB41B(512Kb)
Light	• (2420 only)	
Ultrasonic / Range		•
Temperature	• (2420 only)	
Humidity	• (2420 only)	

다음은 하이버스의 H-mote에 대한 소개를 하겠다.

(3) 프로세서 / 무선 플랫폼

H-mote는 Telos의 플랫폼 호환성이 있다.

Telos는 Zigbee(IEEE 802.15.4)에 호한되며 MSP430 MCU가 탑재되어 있다.

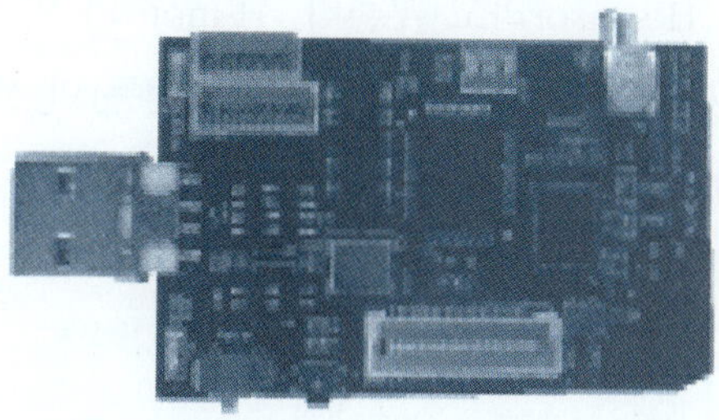

[그림 3-1] H-mote

다음은 H-mote에 대한 사양이다.

- TI사의 MSP430 마이크로프로세서
- Chipcon사의 CC2420 RF Transceiver
- EEPROM 512KB
- 전력 관리 지원
- 임베디드 시스템과 연동-270TKU

※ Telos 플랫폼

- 저전력 연구를 위한 새로운 플랫폼
  - 모니터링 응용
- 장기간 저전력 저가
- Built from application experiences and low duty cycle design principles
- Robustness
  - 통합안테나
  - 통합센서
- 표준화기반
  - IEEE802.15.4
  - USB
- IEEE 802.15.4
  - CC2420
  - 250kbps
  - 2.4GHz ISM 밴드
- TI MSP430
  - 울트라 저전력

H-mote에 적용되는 Telos 플랫폼의 구성 및 개요에 대한 설명을 앞의 표에 설명하였다. 이 모트는 Zigbee2.15.4에 호환되며 MSP430 MCU가 탑재되어 있다.

(4) 센서 보드

H-mote의 확장 센서 보드는 H-sensor라고 부른다. H-mote의 확장 인터페이스를 통해 연결하게 되며 다양한 센서들(초음파, 온도, 조도, 습도 등)의 센싱이 가능하다.

그림은 하이버스의 H-센서에 대한 이미지와 기능설명이다.

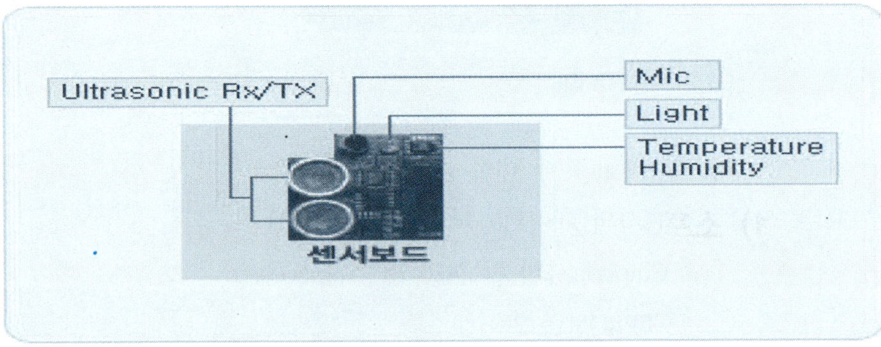

[그림 3-2] H-센서의 구성

3.2 H-mote를 사용하기 위한 소프트웨어 컨텐츠

제공되는 CD에 있는 소프트웨어 컨텐츠에 대해 간략히 알아보자. 다음 그림은 CD에 포함되어 있는 내용이다.

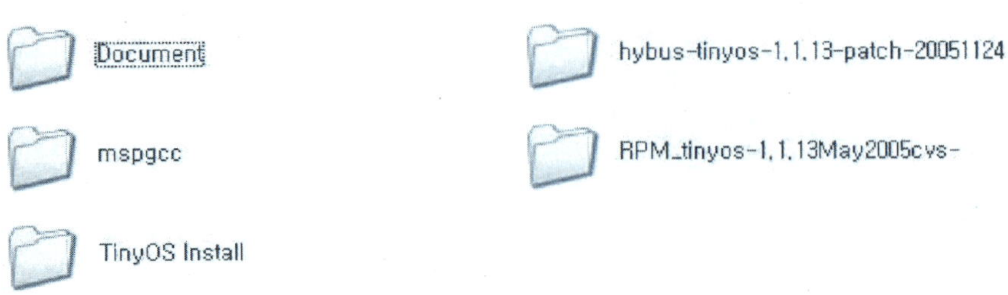

- **다큐멘트** : 각종 유저 매뉴얼을 제공하고 있다.
- **mspgcc** : mspgcc-jtag을 사용하기 위해 설치한다. USB interface 이전 버전인 serial/jtag interface를 사용할 때만 필요하다. USB interface보드를 사용한다면 설치가 필요없다.
- **TinyOS_설치** : TinyOS는 버클리대학 중심의 NEST(Network Embedded Software Technology) 프로젝트에서 개발한 센서 네트워크 노드 전용 OS이다. 이곳에서 TinyOS를 할 수 있고 TinyOS 설치와 동시에 Cygwin과 Java로 짜여진 그래픽 툴을 지원하기 위해 Java 플랫폼이 설치된다.
- **RPM_tinyos-1.1.13** : TinyOS의 RPM Update이다.
- **Hybus-tinyos-1.1.13-패치** : H-mote로 실습할 수 있도록 환경을 구축하는 패치 파일이다.

1) 소프트웨어 컨텐츠

제공되는 CD에 있는 소프트웨어 컨텐츠에 대해 간략히 알아보자. 다음 그림은 CD에 포함되어 있는 내용이다.

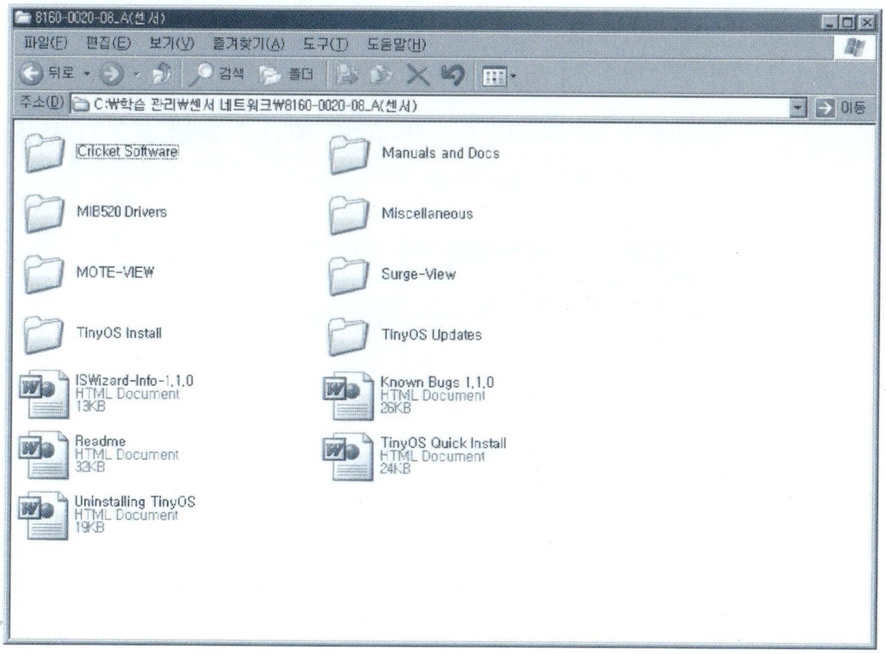

(1) Cricktet Software

실내 위치추적 시스템 및 거리측정 시스템이 구현이 가능한 초음파 센서를 탑재한 MCS410(Cricket)을 지원하기 위한 소스, 데모, 응용 프로그램 및 관련 문서가 있다.

(2) Manuals and Docs

각종 user manual을 제공하고 있다.

(3) MIB520 Drivers

USB 게이트웨이 보드인 MIB520 보드를 지원하는 드라이버를 제공하고 있다.

(4) Mote-View

실내에서 센서(light, temperature, etc.) 네트워크 모니터링을 위한 그래픽 도구인 모트 뷰를 제공한다.

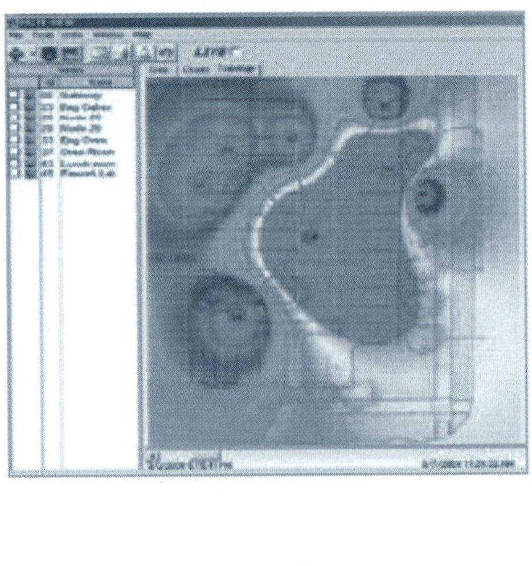

(5) Surge-View

Surge는 개발 툴과 네트워크 모니터링을 향상하기 위한 것으로 편리하게 .exe 파일의 실행 동작을 편리하게 그래프로 변화시켜 주는 툴인 Surge-View GUI를 제공한다.

(6) TinyOS Install / Updates

TinyOS는 버클리대학 중심의 NEST(Network Embedded Software Technology) 프로젝트에서 개발한 센서 네트워크 노드 전용 OS이다. 이곳에서 TinyOS 설치를 할 수 있고, TinyOS 설치와 동시에 Java로 짜여진 그래픽 툴을 지원하기 위해 Java 플랫폼이 설치된다. Updates 폴더 안에는 TinyOS 업데이트 파일과 Mote-View 애플리케이션과 연동하여 MDA 확장 보드 및 여러 센서를 사용할 수 있도록 지원하는 소스가 제공되고 있다.

(7) Miscellaneous

MIB600 이더넷 게이트웨이 보드를 지원하는 애플리케이션 등이 있다.

3.3 TinyOS 및 Cygwin 설치

여기서는 센서 네트워크 시스템을 위한 개발환경을 구축하기 위해 nesC로 구현된 TinyOS와 윈도우에서 이종의 OS을 접근할 수 있도록 해주는 Cygwin을 설치하도록 한다.

TinyOS는 Crossbow에 의하여 무료로 제공하고 MS 윈도우 PC(XP, 2000)에서 설치 가능하며, 설치 HDD 드라이버 공간은 1G나 그 이상의 공간이 필요하다. 그 밖에 소프트웨어 패키지는 WinZip, Acrobat PDF Reader 등이 필요하다. 그리고 필수적인 하드웨어인 Mote-kit 4x0, Mote-kit5x0, Mote-kit2400과 RS-232 시리얼 포트 케이블 또는 USB 시리얼 커넥터와 하드웨어 드라이버 등이 필요하다. 반면에 네트워크 허브나 이더넷 케이블은 단지 MIB600 유저에게만 필요하다.

MICAz(MPR2400)을 지원하기 위해서는 TinyOS의 버전이 1.1.7 이상이어야 한다.

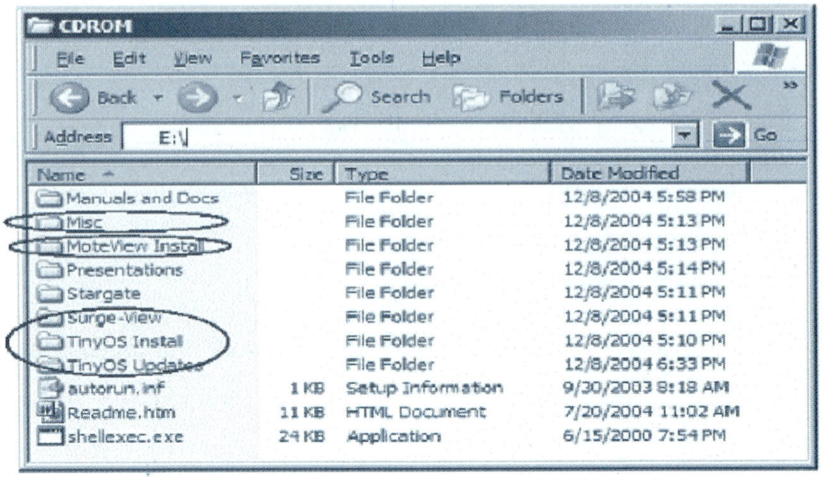

installer의 다운로드는 http://www.tinyos.net/dist-1.1.0/tinyos/windows/에서 tinyos-1.1.11-2is.exe 등의 최신 버전을 받아 설치하거나, 제공된 CD 안의 installer를 그대로 사용해도 무방하다.

1) TinyOS 설치과정

로그 온은 관리자의 특권이고 Window NT는 관리자(administrator)로서 로그 온하여야만 한다. 그리고 설치 완료시간은 펜티엄 4는 약 30분 정도 소요되지만 시스템의 성능에 따라 차이가 있다.

① 올드 버전의 TinyOS가 설치되어 있는지를 검토한다.

만약 올드 버전의 tinyos 1.0.0이나 cygwin이 설치되었으면 uninstall tinyos 나 cygwin한다. 만약 자바가 설치되지 않았다면 변수 path를 설정해야 한다. 즉 /cygdrive/c/jdk1.4.1_02/j2sdk1.4.1_02/bin/java로 설정한다.

② Crossbow CD-ROM으로부터 TinyOS 1.1.0을 설치한다.

- PC 안에 제공된 CD-ROM을 넣는다.
- TinyOS install 폴더에 있는 tinyos-1.1.0-1is.exe를 더블클릭한다.
- 윈도우의 'setup Type'에서 'Complete'을 선택하고 디폴트 목적 폴더를 사용한다. 'Next'를 클릭한다.

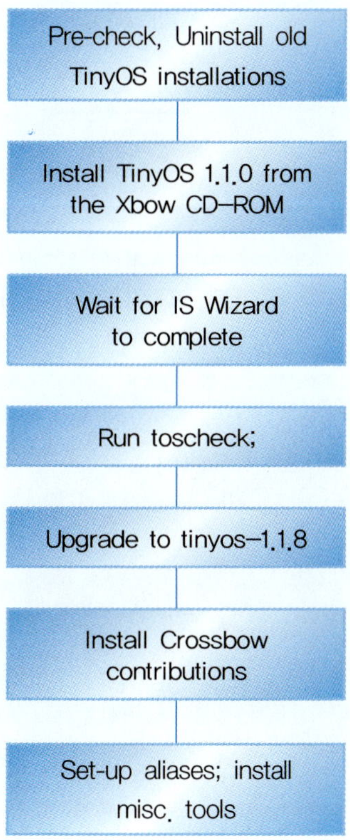

- 'Java License Agreement' 윈도우에서 'Yes'를 클릭한 다음 'Next'한다.
- 다음 명령어와 선택은 모두 필수(defaults)선택이다.

③ 완료될 때까지 IS Wizard를 위해서 기다린다.

④ toscheck가 동작한다.

⑤ Tinyos-1.1.8로 업그레이드한다.

⑥ Crossbow 제공 소프트웨어를 설치한다.

⑦ 여러 가지 툴을 set-up(misc.tools 설치)한다.

(1) TinyOS 설치

① TinyOS를 인스톨하는 과정이다.

② 모든 설치를 위하여 complete를 권한다. 그리고 폴더의 위치를 확인한다.

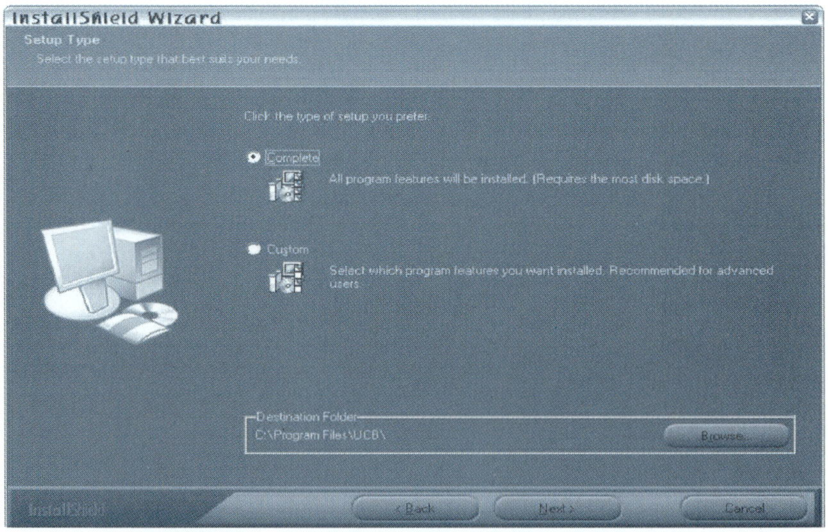

③ Java의 JDK 설치를 원하면 Yes를 선택한다.

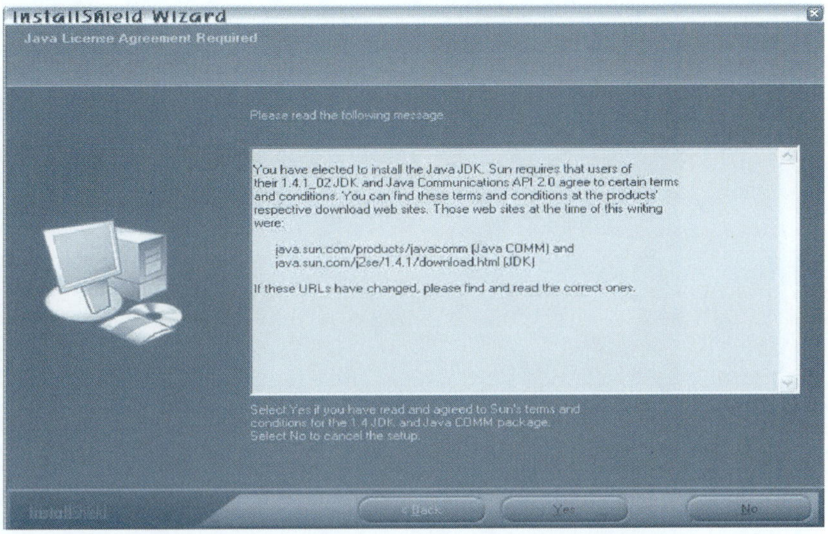

④ Java 인스톨이 완료되었다. 다음을 위하여 Next를 선택한다.

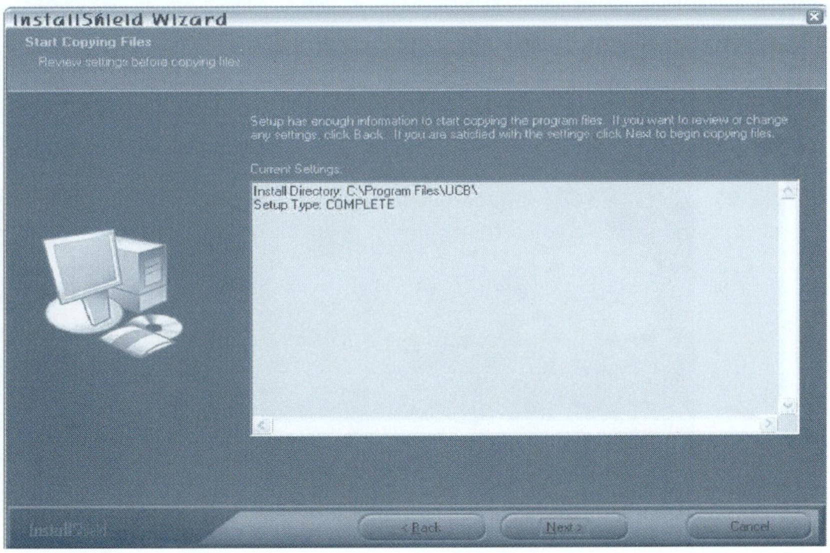

⑤ TinyOS의 setup을 시작한다. 보통 setup시간은 약 20분 정도 소요된다.

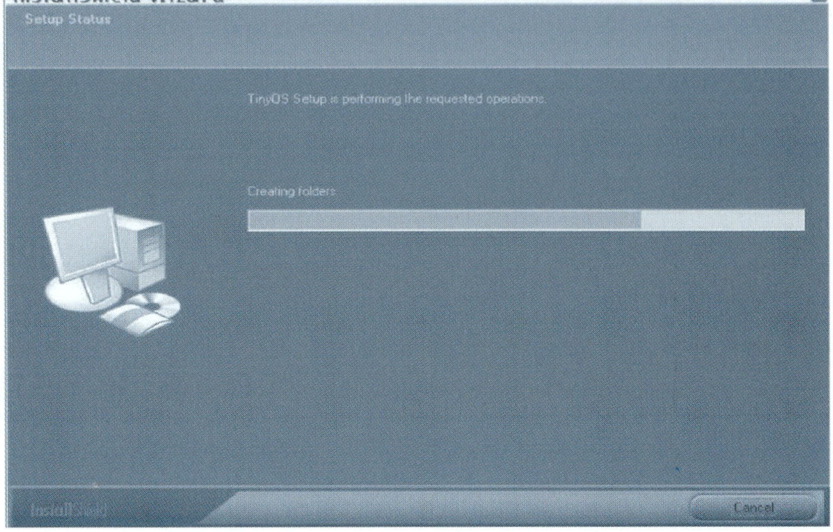

⑥ TinyOS의 setup이 완료되었다.

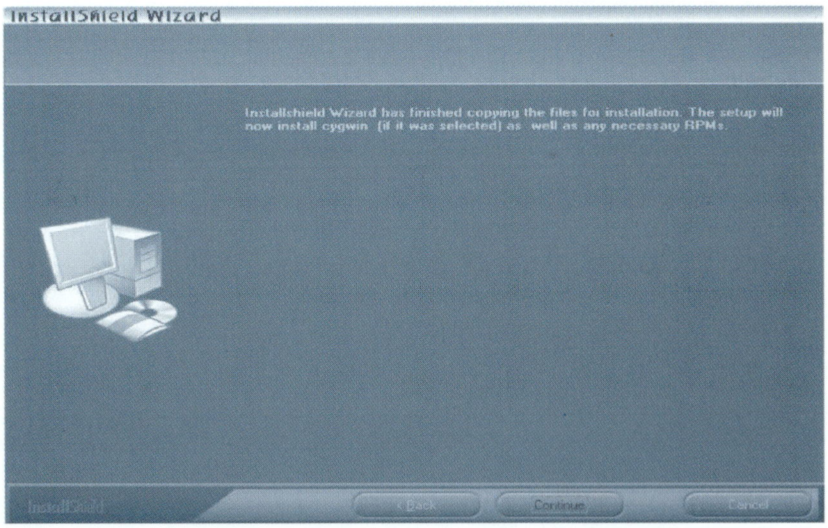

(2) Cygwin 설정

① Cygwin을 setup한다.

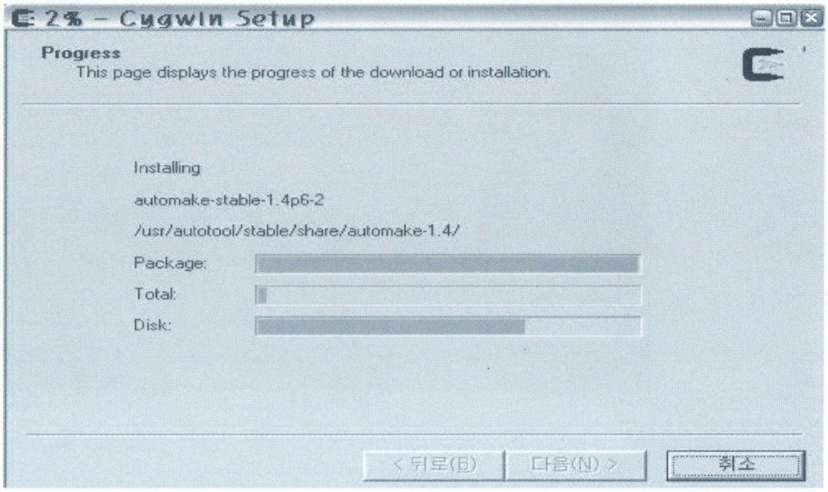

Cygwin은 TinyOS를 접근하기 위한 터미널 창이다.

Cygwin은 편집기능, mote kit에 프로그램을 uploading하고 자바 응용을 실행한다. 자동적으로 인스톨되는 데 약 10분 정도 소요된다.

② 이 화면은 툴체인 설치과정이다.

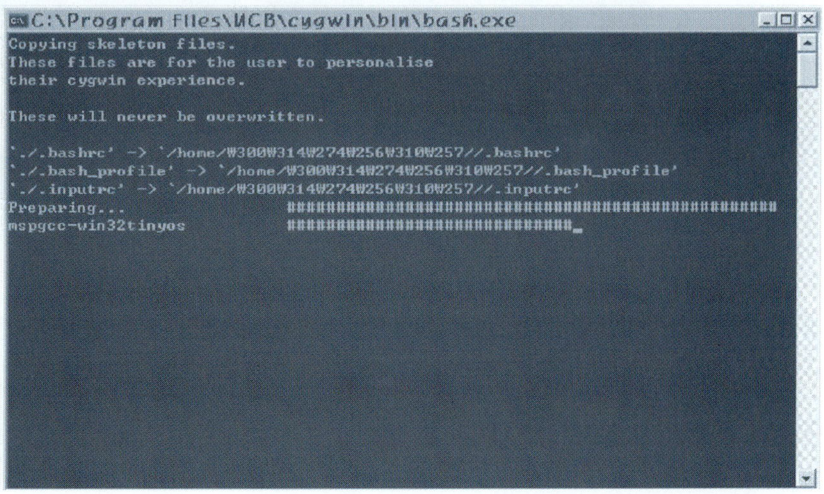

Cygwin 윈도우가 오픈되고 인스톨을 위해 RPM을 위해 대기한다.

③ 계속 진행한다.

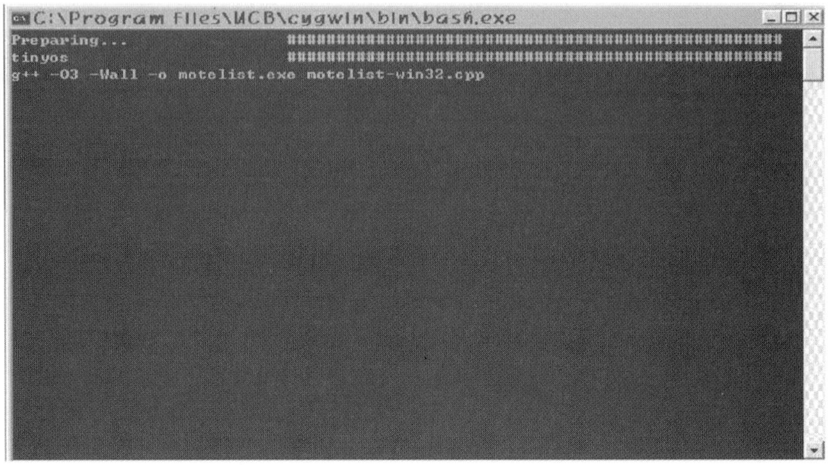

④ 자바 컴파일 과정이다.

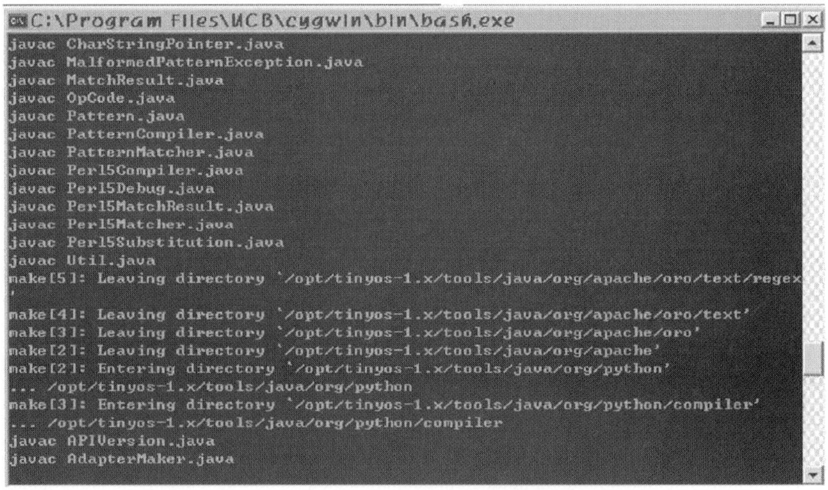

⑤ 자바 컴파일 과정이다(계속).

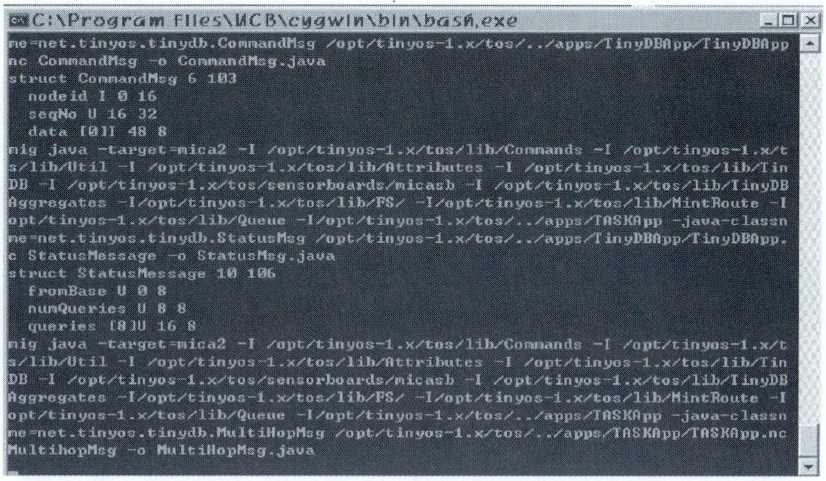

다음은 설치되는 항목들이다.

- **TinyOS & Tools** : 무선 센서 네트워크를 위한 이벤트 구동 OS와 디버깅을 위한 툴
- **nesC** : TinyOS를 위하여 설계된 C언어의 확장 언어
- **Cygwin** : 윈도우를 위하여 리눅스와 같은 환경
- **AVT Tools** : Atmel의 AVR 프로세서를 위한 소프트웨어 개발 환경의 일종
- **Java 1.4 JDK와 Java COMM2.0** : 호스트 PC 응용과 포트 통신
- **Graphviz** : make docs로부터 view files까지 만든다.

⑥ 설치완료

인스톨을 마치고 다음과 같은 화면이 나오면 OK를 클릭하면 설치가 완료된다.

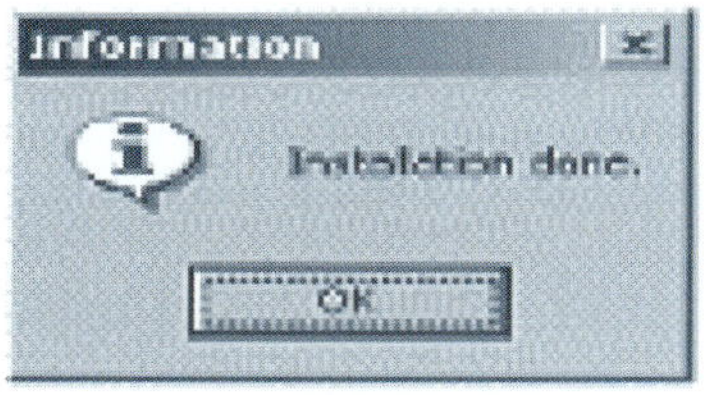

2) Cygwin 설치과정

바탕화면에 Cygwin 아이콘이 생성된다. 다음을 확인해보자.

① program 위치(c:/Program Files/UCB/cygwin)

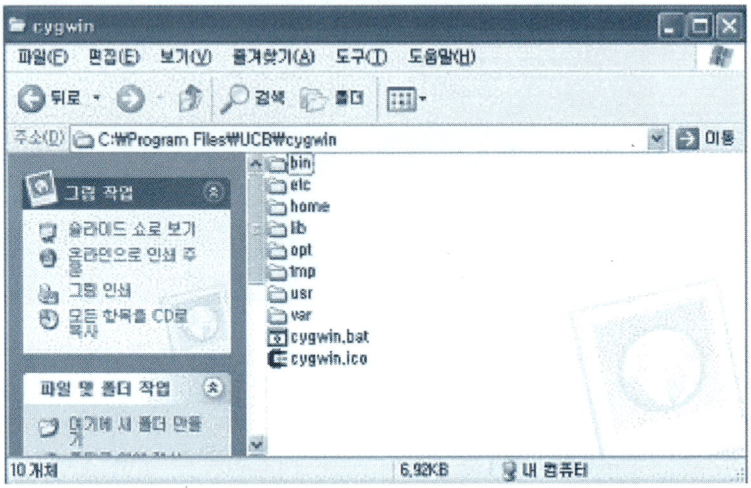

② apps 확인(c:/Program Files/UCB/cygwin/opt/tinyos-1.x/apps)

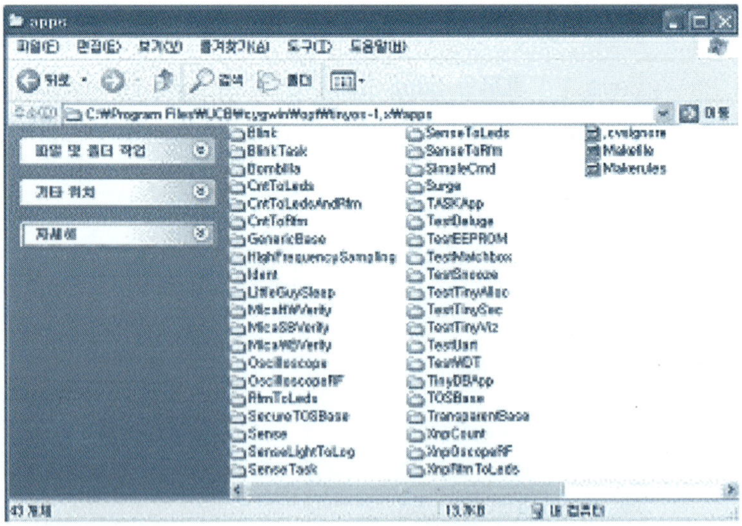

간혹, 인스톨이 잘못되었을 경우 apps 디렉토리가 생성되지 않거나 nesc 파일들이 없는 경우가 있다. 이는 mote에 업로딩할 프로그램들이 디렉토리별로 있는 곳이니 잘 체크하기 바란다.

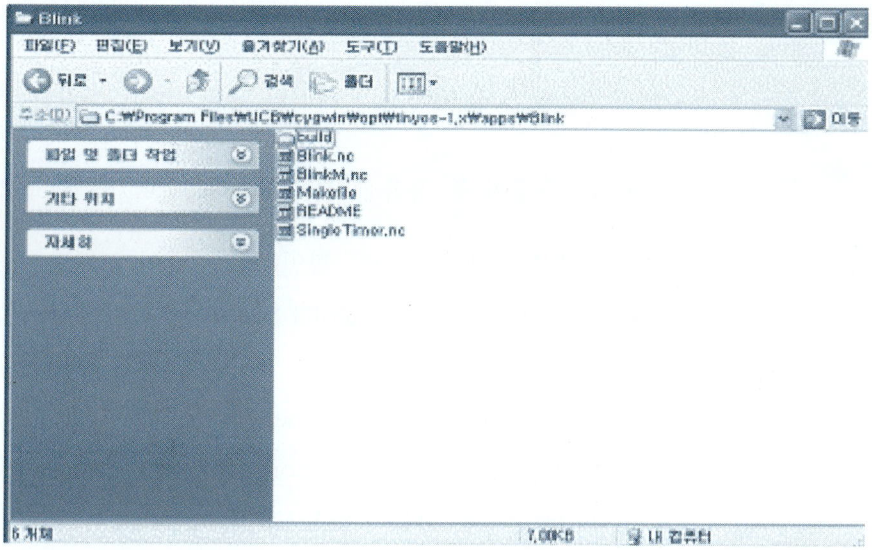

③ java application 확인(C:₩Program Files₩UCB₩cygwin₩opt₩tinyos-1.x₩tools₩java₩net₩tinyos₩tinydb)

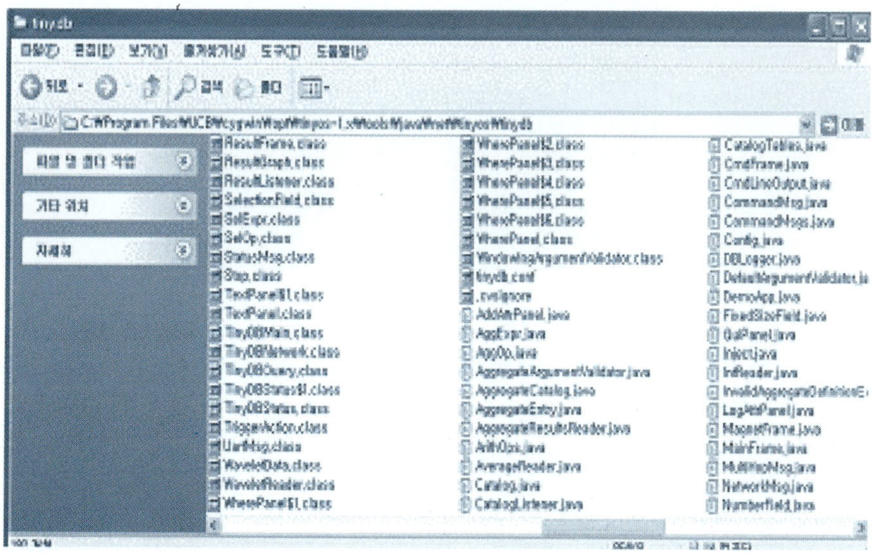

이 부분도 마찬가지로 인스톨이 잘 안되었을 경우 class 파일이 없을 수가 있다. Java application은 비주얼적인 모니터링과 컨트롤을 쉽게 구성한 것이니, 이를 이용하여 다른 애플리케이션을 개발하는 데에 도움이 될 수 있다.

④ Cygwin 실행

바탕화면에 Cygwin이라는 터미널 프로그램이 설치된 것을 볼 수 있다.

Cygwin 명령어 중 유용한 것은 다음과 같다.

- 어느 쪽을 수행하는 것을 확인하는 명령어; which uisp
- 파일/디렉토리 이름의 'autofill'을 얻기 위하여 TAB 키를 사용한다.
- 환경변수/상수
  - 환경변수 모두를 보여라 : set
  - 환경변수를 첨가하라 : export MYHOME=c:/mydev/apps
  - enviro변수를 사용하거나 보여라 : echo $MYHOME or cd $MYHOME
  - 환경변수를 제거하라 : unset MYHOME

Cygwin 윈도우 형태에서 $rpm -qa로써 설치된 버전을 확인할 수 있다.

```
jsuh@JSUH-LAPTOP ~
$ rpm -qa
avr-libc-20030512cvs-1w
avarice-2.0.20030825cvs-1w
nesc-1.1-1w
tinyos-contrib-1.1.0-1
tinyos-1.1.10Jan2005cvs-1
avr-binutils-2.13.2.1-1w
avr-gcc-3.3tinyos-1w
avr-insight-pre6.0cvs.tinyos-1w
tinyos-tools-1.1.0-1
task-tinydb-1.1.0-1
tinyos-vm-1.1.0-1
```

이를 실행해보고 명령어도 입력해보자(ls, cd, pwd, Vi 등 리눅스에서 사용했던 명령어를 그대로 사용할 수 있다).

3.4 H-mote 사용을 위한 환경 설정

1) RPM update

CD 안에 있는 RPM_tinyos-1.1.13May2005cvs-1 폴더에 들어가면 tinyos-1.1.13May2005cvs-1.cygwin.noarch.rpm라는 파일이 있다.

이 파일을 tinyos가 설치된 디렉토리의 /opt 디렉토리에 copy한다. 만약 install 시에 설치경로를 default로 했다면 C:₩Program Files₩UCB₩cygwin₩opt에 copy 하면 된다.

Cygwin을 클릭하여 들어간 후, /opt로 이동한 다음 rpm update를 한다.

```
rpm -Uvh tinyos-1.1.13May2005cvs-1.cygwin.noarch.rpm
```

완료되었으면 다음과 같이 rpm버전을 확인해보자.

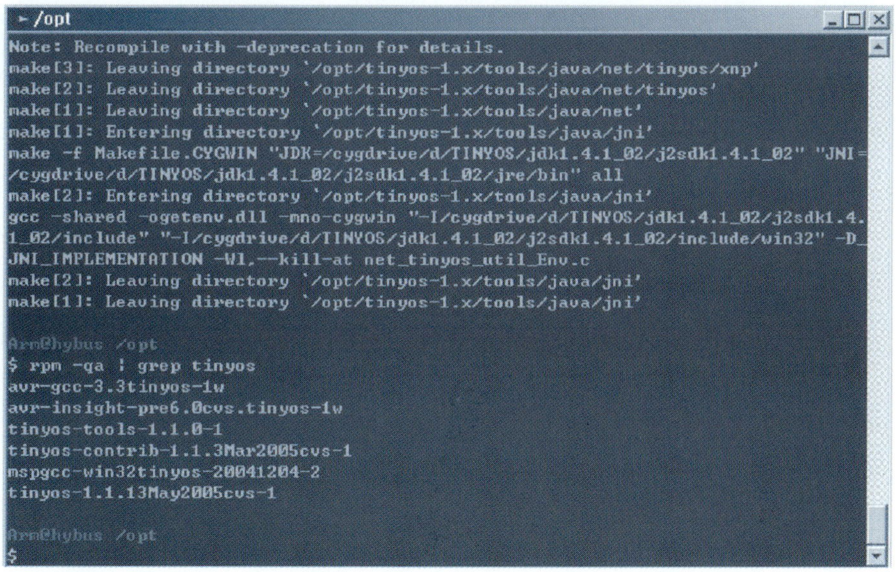

2) mspgcc install

CD 안에 있는 mspgcc 폴더에 들어가면 mspgcc-20050614.exe라는 파일이 있다. 더블 클릭하여 install한다.

설치된 mspgcc의 명령어들을 Cygwin내에서 사용해야 하므로, window에서의 path 설정을 삭제하고, Cygwin으로 들어가 mspgcc에 대한 path 추가를 해주어야 한다.

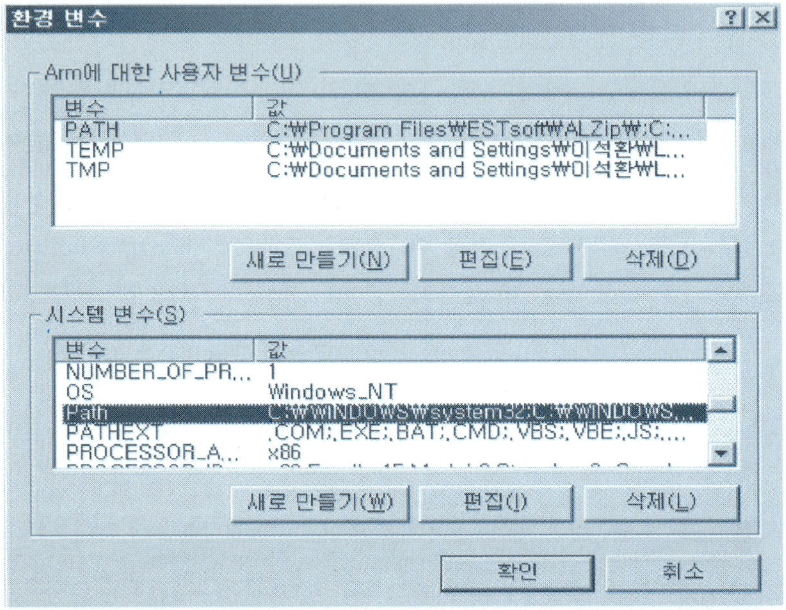

먼저 window의 시작 → 제어판 → 시스템 → 고급 → 환경변수로 들어가면 하단에 시스템 변수라고 해서 변수와 값들이 나열된 것을 볼 수 있다. 변수 중에 path라는 것을 찾아 클릭한다.

그러면 다음과 같은 그림이 나오는데 가장 마지막의 c:/mspgcc/bin을 삭제한다.

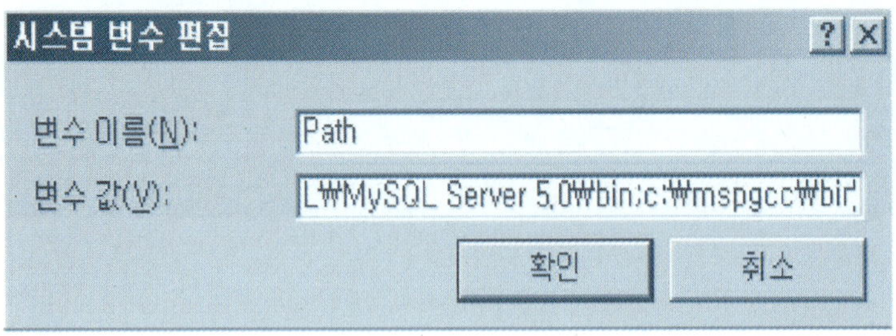

이제, Cygwin에서 mspgcc에 대한 path 추가를 해야 한다.

Vi 에디터로 root의 bashrc를 편집한다.

```
~/opt

Arm@hybus /opt
$ vi ~/.bashrc
```

가장 마지막 부분에 다음을 추가한다.

```
export PATH=$PATH:/cygdrive/c/mspgcc/bin
```

```
~/opt
# alias vdir='ls --color=auto --format=long'
# alias ll='ls -l'
# alias la='ls -A'
# alias l='ls -CF'

# Some example functions
# function settitle() { echo -n "^[]2;$@^G^[]1;$@^G"; }
export PATH=$PATH:/cygdrive/c/mspgcc/bin
```

저장 후 (shift+Z+Z)로 빠져나온다. source를 사용하여 적용한다.

```
~/opt

Arm@hybus /opt
$ source ~/.bashrc

Arm@hybus /opt
$ _
```

msp430-jtag.exe를 실행하여 버전이 2.0인지 확인한다.

이제 mspgcc에 대한 설정을 마쳤다.

3) Patch

CD 안에 hybus-tinyos-1.1.13-patch-20051124 폴더로 들어가면 apps, tools, tos라는 디렉토리가 있다. 이 세 디렉토리를 전부 copy하여 TinyOs가 설치된 곳에 덮어쓰기한다.

default로 디렉토리 설정을 했다면 C:₩Program Files₩UCB₩cygwin₩opt₩ tinyos-1.x로 이동하여 덮어쓴다.

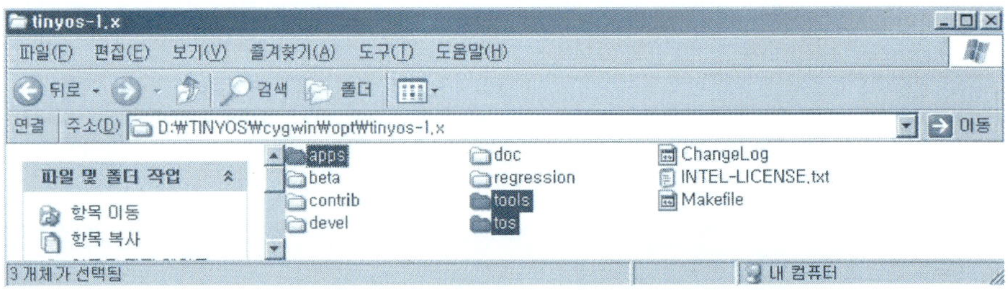

이제 Hyper-Hmote를 사용하기 위한 환경 설정의 모든 준비를 마쳤다.

4) 사용방법

(1) Cygwin 실행

바탕화면에 Cygwin이라는 터미널 프로그램이 설치된 것을 볼 수 있다.

Cygwin 명령어 중 유용한 것은 다음과 같다.

- 어느 쪽을 수행하는 것인지 확인하는 명령어 which uisp
- 파일/디렉토리 이름의 'autofill'을 얻기 위하여 TAB 키를 사용한다.
- 환경변수/상수
  - 환경변수 모두를 보여라 : set
  - 환경변수를 첨가하라 : export MYHOME=c:/mydev/apps
  - enviro변수를 사용하거나 보여라 : echo $MYHOME or cd $MYHOME
  - 환경변수를 제거하라 : unset MYHOME

Cygwin 윈도우 형태에서 $rpm-qa로써 설치된 버전을 확인할 수 있다.

```
jsuh@JSUH-LAPTOP ~
$ rpm -qa
avr-libc-20030512cvs-1w
avarice-2.0.20030825cvs-1w
nesc-1.1-1w
tinyos-contrib-1.1.0-1
tinyos-1.1.10Jan2005cvs-1
avr-binutils-2.13.2.1-1w
avr-gcc-3.3tinyos-1w
avr-insight-pre6.0cvs.tinyos-1w
tinyos-tools-1.1.0-1
task-tinydb-1.1.0-1
tinyos-vm-1.1.0-1
```

이를 실행해보고 명령어도 입력해보자(ls, cd, pwd, Vi 등 리눅스에서 사용했던 명령어를 그대로 사용할 수 있다).

```
~
$

@tusukanii ~
$ ls
avarice-2.0.20030825cvs-1w.cygwin.i386.rpm.log
avr-binutils-2.13.2.1-1w.cygwin.i386.rpm.log
avr-gcc-3.3tinyos-1w.cygwin.i386.rpm.log
avr-insight-pre6.0cvs.tinyos-1w.cygwin.i386.rpm.log
avr-libc-20030512cvs-1w.cygwin.i386.rpm.log
mate-asvm-2.2.1-1.noarch.rpm.log
mspgcc-win32tinyos-20030506-1.cygwin.i386.rpm.log
mspgcc-win32tinyos-20041204-2.cygwin.i386.rpm.log
nesc-1.1.1-2.cygwin.i386.rpm.log
nesc-1.1.2-1.cygwin.i386.rpm.log
task-tinydb-1.1.2Mar2004cvs-1.cygwin.noarch.rpm.log
task-tinydb-1.1.3July2004cvs-1.cygwin.noarch.rpm.log
tinyos-1.1.11Feb2005cvs-2.cygwin.noarch.rpm.log
tinyos-contrib-1.1.1Mar2004cvs-1.cygwin.noarch.rpm.log
tinyos-contrib-1.1.3Mar2005cvs-1.cygwin.noarch.rpm.log
tinyos-msp430.31May2004-2.cygwin.noarch.rpm.log
tinyos-tools-1.1.0-1.cygwin.i386.rpm.log
tinyos-vm-1.1.1Mar2004cvs-1.cygwin.noarch.rpm.log

@tusukanii ~
$
```

5) TinyOS Uninstall 방법

TinyOS가 잘못 설치되었거나 설치가 덜 되었다면, uninstall 후 다시 설치해야 한다.

① 제어판 → 프로그램 추가/삭제에서 TinyOS를 지운다.
② C:₩Program Files₩UCB 를 지운다(하위 디렉토리 및 파일 포함).
③ 시작 → 실행 → regedit로 들어간다.
④ HKEY_LOCAL_MACHINE → SOFTWARE → Cygnus Solution을 전부 삭제한다.

3.5 TinyOS 디렉토리 구조의 이해

1) TinyOS의 디렉토리 파일

보통 TinyOs를 인스톨하면 생기는 Cygwin 디렉토리에서 opt디렉토리 밑에 /opt/tinyos-1.x의 위치에 다음 그림처럼 구성되어 있다.

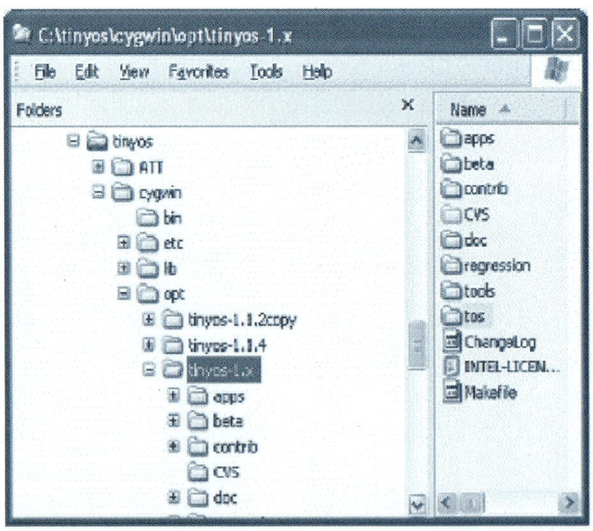

(1) Apps 디렉토리

Apps 디렉토리는 MOTE 키트를 위한 응용 파일들이 있는 디렉토리이며 /opt/tinyos-1.x/apps에 위치해 있다.

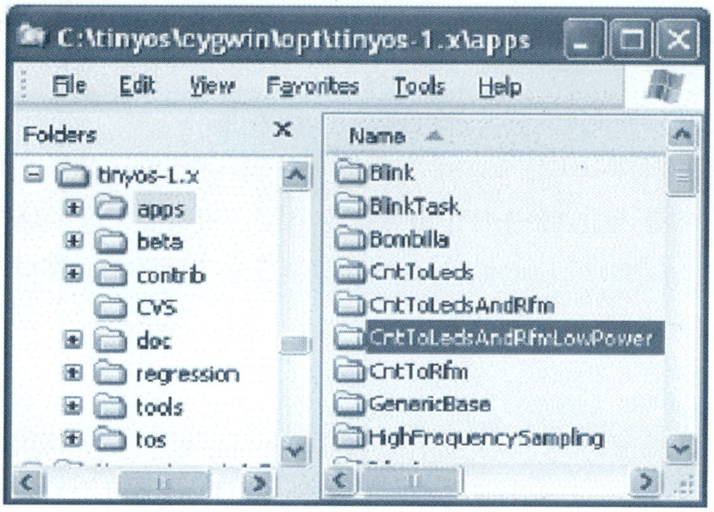

주요 응용 프로그램은 Blink, CntToLeds, RfmtoLeds, Surge, TestSnooze, TinyDBApp, TOSBase 등이 있다. 각각 응용 프로그램의 용도를 설명하면 다음과 같다.

① Blink 응용 프로그램

이 응용 프로그램은 1Hz의 타이머를 이용하여 LED가 토글식으로 on-off되는 상태를 프로그램한 것이다. 이 프로그램은 TinyOS을 이해하고 개념을 얻는데 가장 기본적인 예제 프로그램이다. 응용 프로그램에서 타이머 속도를 변화시켜보고 3개의 LED(red, green, yellow)를 변화시켜 프로그램할 수 있다. 이를 통해서 TinyOS와 nesC를 이용한 mote kit 응용을 이해하는 가장 기본적인 프로그램이다.

② 오실로스코프 응용

이 응용은 TinyOS의 응용 프로그램에서 센서를 통하여 무선으로 멀티 Ad-Hoc 통신을 하는 것을 직접 오실로스코프처럼 컴퓨터 상에서 확인할 수 있는 프로그램이다.

그러므로 환경 설정이 필요하다. 또 노드의 수에 따라서 오실로스코프 상에 그림으로 나타낸다. 환경설정은 통신방법과 port 및 baud rate를 설정한다.

③ CntToLeds

4Hz 타이머상에 카운터를 유지하고 카운터 값의 가장 낮은 3비트를 디스플레이한다. 적색 LED가 LSB이고, 황색 LED가 MSB이다.

④ RfmtoLeds

RfmtoLeds는 InfMsg 형태의 메시지를 관찰하고 있다. 이것은 한 개의 메시지를 받을 때 수신된 값의 가장 낮은 3비트에 의하여 LED가 켜진다.

CntToRfn과 CntToLedRfn과 조합하여 간단한 TinyOS의 네트워크를 실현할 수 있다.

⑤ Surge

Surge는 멀티 홉 Ad-Hoc 라우팅을 사용하는 응용예제이다. 이것은 Surge 자바 툴과 함께 사용되도록 설계되어 있다.

각 Surge 노드는 베이스 스테이스션까지 패킷을 통해 자신의 정보를 가져간다. 그리고 각 노드는 베이스로부터 브로드캐스트 명령어까지 응답할 수 있다.

⑥ TestSnooze

TestSnooze는 유저가 정의된 기간 동안에 Mote가 저전력 상태로 놓이게 하기 위하여 Snooze 컴포넌트의 사용을 설명하는 기초 응용이다. Mote가 3개의 클록의 대기, fire() 이벤트, 그리고 저전력 상태로 들어간다.

⑦ TinyDBApp

TinyOS 센서의 네트워크로부터 추출된 정보에 대한 조회 처리 시스템이다. TinyOS에서 데이터처리를 하는 데 있어서 기존 솔루션과 다르게 TinyDB는 센서에 대하여 임베디드 C코드를 쓰기 위하여 요구하지 않는다.

그 대신 TinyDB는 단순하고 SQL 같은 인터페이스를 추출하고자 원하는 데이터를 지정하기 위해 제공한다.

추가로 데이터는 리플레시되어야 하는 비율 같은 매개변수 추출을 원한다.

⑧ TOSBase

시리얼과 라디오 링크 사이에 간단히 연결되는 동작을 표시하는 응용 프로그램이다. TOSBase는 시리얼 링크에서 라디오 링크까지 움직이는 메시지를, 그룹 ID가 포함되지 않는 발생 라디오 메시지를 제거한다.

(2) DOC 디렉토리

DOC디렉토리는 documents, tutorial 및 nes의 document 등이 위치한다.

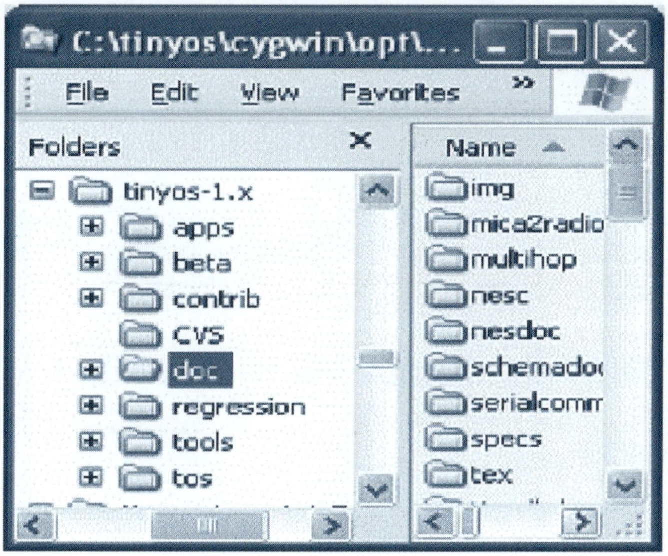

(3) TOS 디렉토리

TOS디렉토리는 interface, Lib, platform, sensorboards, system, types 등의 하위 디렉토리를 갖고 있다. 이 디렉토리의 역할은 Mote 키트를 위한 시스템 코드와 TinyOS의 커널, 무선통신, 라우팅 프로토콜 및 센서 인터페이스와 관련된 파일을 갖고 있다.

- 인터페이스는 모든 표준 컴포넌트에 대하여 정의한다.
- lib는 주요 라이브러리(reliable route, TinyDB, TinySec)
- Platform은 Mote(Micaz, MIca2dot)의 특별한 드라이버 컴포넌트이다.
- sensorboards는 센서의 특별한 드라이버(micasb, Mts300)이다.
- 시스템은 TinyOS 서비스(스케줄러, timers)이다.

- type는 TOS 데이터 구조(TOSMsg)이다.

(4) regression 디렉토리

regression 디렉토리는 regression(복귀)과 호환성 테스트를 위한 디렉토리이다.

2) Java 응용

3.6 TinyOS 2.0의 개요

이 절에서는 TinyOS 2.0과 TinyOS 1.x의 차이점에 대한 간략한 개요를 설명한다. 더 자세한 사항은 TEP(TinyOS Enhancement Proposal)에 기술되어 있다.

1) Introduction

TinyOS 2.0은 이전 버전의 문제점이 깨끗하게 해결되도록 redesign, re-implement 되었다. TinyOS 1.x의 많은 부분들이 처음에 개발할 당시 생각하지 못했던 요구사항에 직면해 있었기에 TinyOS 2.0을 개발하였다. TinyOS 1.x에서 정의된 structure나 interface는 본질적으로 한계를 가지고 있었다. 이러한 한계로 인하여 component들이 조밀하게 엮어버려 interaction들을 찾기 어려웠고, 입문자들이 처음 sensor networking을 공부하는 데 있어 어려움을 갖게 되었다.

TinyOS 2.0은 이전 버전과 호환되지 않는다(TinyOS 2.0 code가 이전 버전에서 compile되지 않을 것이다). 그러나 TinyOS 2.0 design code upgrade가 쉽게 이루어질 수 있도록 디자인했다. 그러므로 TinyOS 1.0에서 2.0으로 전환하는 데는 어느 정도의 작업이 필요하겠지만, 그리 많은 작업은 아닐 것이다.

이 문서는 TinyOS 2.0에 대한 high-level overview를 제공하고 TinyOS 1.x부터 유래된 몇몇 기술들에 대해 설명하고 있다. 이 문서는 hardware, communication, timer, scheduler와 같은 기본적인 TinyOS abstraction을 커버한다. 각각에 대한 더욱 자세한 사항은 TEPs(TinyOS Enhancement Proposals)을 참조하라.

2) Platform / Hardware Abstraction

Platform은 tos/platform subdirecotory에 존재한다. TinyOS 2.0에서 platform이란 chip들의 collection과 각각의 chip들을 연결시키는 glue code를 말한다. 예를 들어 mica2 platform 은 CC1000 radio chip과 ATmega128 microcontroller가 되며, micaZ의 platform은 CC2420 radio chip과 ATmega128 microcontroller가 되고, Telos platform 은 CC2420 radio chip과 MSP430 microcontroller가 된다.

Chip code는 tos/chips에 존재한다. Platform directory에는 일반적으로 nesC compiler에 보낼 option을 가지고 있는 .platform file을 가지고 있다. 예를 들어 mica2 .platform file은 ncc compiler에게 chips/cc1000과 chips/atm128 directory를 참조하라고 알려주기도 하고 mote binary를 compile하기 위한 acr-gcc를 사용하라고 알려준다(Telos platform의 경우는 msp430-gcc를 사용하라고 알려준다).

TinyOS 2.0에서 사용하는 hardware abstraction은 HAA(Hardware Abstraction Architecture)라고 불리는 three-level abstraction hierarchy를 사용한다. HAA의 가장 아래 계층은 HPL(Hardware Presentation Layer)이다. HPL은 hardware의 바로 위에 존재하는 thin software layer이다. HPL은 IO pin 또는 register 같은 hardware를 nesC interface로 표현해준다. HPL은 일반적으로 hardware 에 대한 state를 가지고

있지 않다(변수를 갖지 않는다). HPL component의 이름은 일반적으로 chip의 이름 앞에 Hpl이라는 prefix를 갖는다. 예를 들어 CC1000의 HPL component는 HplCC1000으로 시작한다.

HAA의 중간 계층은 HAL(Hardware Abstraction Layer)이다. HAL은 HPL의 바로 위에 존재한다. HPL보다는 사용하기 쉽지만 여전히 하드웨어의 모든 기능을 제공할 수 있는 좀더 고차원적인 abstraction을 제공한다. HAL component는 chipname을 prefix로 갖는다. 예를 들어 CC1000의 HAL components는 CC1000으로 시작한다.

HAA의 가장 윗계층은 HIL(Hardware Independent Layer)이다. HIL은 HAL의 바로 위에 존재하고 hardware와는 독립적인 abstraction을 제공한다. 이 말은 HIL이 HAL이 할 수 있는 모든 기능을 제공하지 않는다는 것을 말한다. HIL 컴포넌트의 이름은 여러 애플리케이션에서 안전하게 사용하고 컴파일할 수 있도록 하드웨어에 대한 prefix를 붙이지 않는다. 예를 들어 mica2의 CC1000 HIL component의 이름은 ActiveMessageC이다. ActiveMessageC component는 active message layer 전체를 구현하고 있다.

HAA는 TEP2에 기술되어 있다(Hardware Abstraction Architecture[TEP2]).

현재 (TTX3의 beta release), TinyOS는 다음과 같은 platform을 지원하고 있다.

- eyesIFXv2
- intelmote2
- mica2
- micaZ
- telosb

3) Scheduler

TinyOS 1.x에서 그랬듯이 TinyOS 2.0 scheduler 역시 non-preemptive FIFO policy를 따른다. 그러나 TinyOS 2.0의 task들은 1.x 때와는 조금 다르게 작동한다. TinyOS 1.x에서는 모든 task들이 공유하는 task queue가 존재했었고 각각의 component들은 task를 여러 번 post할 수 있었다. 만약 task queue가 꽉 찼을 경우 post operation 은 실패했었다. networking stack에 대한 경험이 이것이 문제가 될 수 있음을 보여주었다. 만약 task가 split-phase operation에 대한 completion을 signal할 때 실패해 버린다면 signal받기로 되어 있었던 component는 event의 completion을 기다리면서 영원히 blocking될 것이다.

TinyOS 2.0에서는 모든 task가 각각 task queue에 예약된 slot을 갖고 task는 한번만 post될 수 있다. post는 task가 이미 post되었을 때만 fail할 것이다. 만약 component가 task를 여러 번 post해야 할 경우, internal state variable를 만듦으로써 task가 실행되었을 때 task가 스스로 post하도록 만들어야 한다. 이 간단한 변화로 component code를 간단하게 만들 수 있다.

task를 보내기 전에 task가 이미 post되었는지를 test할 필요가 없다(이러한 test는 task 내부에서 처리할 것이다). Component는 이전에 실패한 post를 recover할 필요도 없고 재전송할 필요도 없다. 이것을 위해 필요한 비용은 task의 state를 기록하기 위한 1 byte의 공간이다. TinyDB 같이 큰 시스템일지라도 100 byte 미만의 cost가 필요할 것이다(TinyDB에서는 약 50byte 정도가 될 것이다).

애플리케이션이 원한다면 애플리케이션이 스케줄러를 대신할 수도 있다. 이것은 programmer가 priority-based or deadline-based 같은 새로운 scheduling policies를 적용할 수 있게 해준다. 그러나 new scheduling policy를 적용함에 있어서 non-preemptiveness를 유지해야만 한다. 그렇지 않으면 scheduler 가 nesC의 모든 static concurrency analysis를 break할 것이다. new scheduler 에 대한 자세한 정보와 어떻게 확장할 수 있는가에 대한 방법은 TEP 106에서 확인할 수 있다(Schedulers and Tasks[TEP106]).

4) Booting / Initialization

TinyOS 2.0은 1.x 때와는 다른 boot sequence를 가진다. TinyOS 1.x의 StdControl interface는 2.0에서 Init와 StdControl의 2개의 인터페이스로 나뉘었다. 2.0에서 StdControl은 start와 stop의 2개의 command만을 가진다.

TinyOS 1.x에서 boot sequence로 wiring함으로써 전원을 켜고 booting을 시작하도록 만들었었다. TinyOS 2.0에서는 다르다. boot sequence는 component만을 initialize할 뿐이다. boot sequence가 scheduler, hardware, software의 initialize를 끝마

쳤을 때 Boot.booted event를 signal한다.

Top-level application component는 이 event에 대한 처리를 해야 하고 경우에 event에 따른 적절한 service를 시작해야 한다. 새로운 boot sequence에 대한 자세한 사항은 TEP107에서 찾을 수 있다(TinyOS 2.x Boot Sequence[TEP107]).

5) Virtualization

TinyOS 2.0은 generic 또는 instantiable component를 제공하는 nesC 1.2로 쓰여져 있다. Generic module은 TinyOS로 하여금 재사용 가능한 bit vectors나 queues 같은 data structure를 가질 수 있도록 해주고 쉽게 구현할 수 있도록 해준다. 실제로 이것은 많은 TinyOS service들이 virtualized되었다는 것을 의미한다. 각각의 component들에게 parameterized interface로 wiring하기보다는, application은 service component를 필요한 interface들을 제공하는 service component들을 instantiate하게 된다. 이 service component는 모든 wiring underneath를 자동적으로 수행해줌으로써 wiring에 대한 실수를 줄이고 abstraction의 사용을 간편하게 해준다(e.g. timer의 경우, unique의 경우).

6) Timers

TinyOS 2.0은 1.0에 비해 더욱 풍부한 timer interface set을 제공한다. 이전의 경험에서 보건대 timer는 mote OS가 제공할 수 있는 가장 중요한 abstractions 중의 하나였다. 그래서 TinyOS 2.0에서는 timer의 기능과 형태를 더욱 확장시켰다. Platform의 hardware resource에 따라서 component는 32kHz 만큼의 세밀한 millisecond timer를 사용할 수 있다. 또한 timer system은 하나 또는 2개의 asynchronously하게 작동하는 high-precision timers를 제공한다(timer는 async keyword를 가진다). component는 timer에 fire되기까지 남은 시간을 물어볼 수도 있고 timer의 사용을 예약할 수도 있다(e.g., '1Hz의 timer를 지금으로부터 31ms 후에 시작하라!').

Timers[TEP102]에서는 standard TinyOS timer를 제공하기 위해 무엇을 HIL platform component가 제공해야 하는지를 정의하고 있다. Platform에서는 세밀한 millisecond timer를 제공해야 하고 필요시에는 더욱 세밀한(약 32kHz 정도의) timer를

제공할 수도 있어야 한다. timer는 TinyOS 2.0에서 보여줄 수 있는 virtualization의 좋은 예가 된다. TinyOS 1.x 에서는 다음에 보이는 것과 같이 TimerC에 wiring함으로써 timer를 사용했었다.

```
App.Timer -> TimerC.Timer[unique("Timer")];
```

TinyOS 2.0에서는 다음과 같이 사용한다.

```
App.Timer -> TimerMilliC;
```

7) Communication

TinyOS 2.0에서 message buffer type은 message_t이다. 이 buffer는 node간의 communication에 사용되는 모든 packet들을 저장할 수 있을 정도의 크기를 가진다. component의 구조가 불투명하기 때문에 component들이 buffer의 내부를 참조할 수가 없다. 대신에 모든 bufferd의 접근이 interface를 통해 이루어진다. 예를 들어, msg라 불리는 AM packet의 목적지 주소를 얻기 위해 component는 AMPacketdestination(msg)를 호출한다.

Send interface들은 communication abstraction의 addressing mode를 구분한다. 예를 들어 active message communication은 packet sending시 destination AM address가 필요하기 때문에 AMSend interface를 가지고 있다. 반대로 broadcasting과 collection tree abstraction은 address-free Send interface를 가지고 있다.

active messages는 network의 HIL component이다. platform의 ActiveMessageC component는 어떤 network interface가 standard communication medium인지 정의한다. 예를 들어, mica2는 CC1000 active message layer를 ActiveMessageC로 정의하고 TMote는 CC2420 active message layer를 ActiveMessageC로 정의한다.

TinyOS 2.0에서는 active message communication에서 serial port로 연결시 더 이상 TOS_UART_ADDRESS를 사용하지 않는다. 그 대신 SerialActiveMessageC component로 wiring한다.

active message communication은 AM type을 인자로 취하는 4개의 generic components를 통해서 virtualize된다(AMSenderC, AMReceiverC, AMSnooperC, AMSnooping

ReceiverC). AMSenderC는 어떤 다른 component가 송신하고 있다면 send() 호출이 실패하지 않는다는 점을 virtualize한다. 대신에 만일 radio가 sending state에 있지 않거나 이미 packet을 보냈었을 경우에는 실패한다. 이후에 active message system은 이런 식으로 미해결된 packet들을 queue에 넣고 send한다. 이것은 TinyOS 1.x의 QueuedSendC approach와는 다르다. TinyOS 1.x는 모든 송신자들이 공유하는 하나의 N-deep queue가 있었고 각각의 sender는 이 queue에 대해 하나의 reserved entry를 가지고 있었다.

8) Sensor

TinyOS 2.0에서 명명된 sensor component는 platform's sensors의 HIL로 구성된다. TEP114는 Read, ReadStream, Get과 같은 HIL 데이터 포착 interface의 집합을 설명하는데, 센서들은 그것들의 포착 능력에 따라 제공한다. 만일 component가 높은 주파수나 매우 정확한 sampling이 필요하다면, HAL을 사용해야 하며, HAL은 component에게 platform에 기반의 최대 출력을 제공한다(특정 platform에 따라서는 아주 정확한 platform-independent sampling은 실제로 불가능하다). Read를 수행할 때 수집된 데이터를 사용자가 어느 정도의 시간지연을 견딜 수 있을 것이라고 가정한다(예를 들어, 각 사용자들의 request들을 FIFO policy를 사용하여 schedule할 것이다).

9) Error code

표준 TinyOS 1.x return code는 값이 성공(0이 아닌 값) 또는 실패(0값)인 result_t이다. 이것은 call에 대한 상태들을 매우 쉽게 쓰게 해주는 반면에, callee들이 caller에 대한 오류의 이유를 구분할 수 없게 만든다. TinyOS 2.0에서 result_t은 SUCCESS, FAIL, EBUSY와 ECANCEL 값을 가지는 error_t으로 대체된다. interface command와 events는 어떤 오류 코드들을 반환해야 하는지 그 이유를 정의한다.

code porting의 측면에서 TinyOS 2.0과 1.x는 다음 예에서 특히 다르다.

```
if (call X.y() {
        busy = TRUE;
}
```

이제 의미가 뒤집어졌다. TinyOS 1.x에서는 call이 success할 경우 busy statement가 실행될 것이지만 TinyOS 2.0 에서는 반대로 call이 fail할 경우만 실행될 것이다. 이러한 점으로 인하여 더욱 읽기 쉽고, 사용하기도 쉬운 코드작성이 가능해진다.

```
if (call X.y() == SUCCESS) {
        busy = TRUE;
}
```


10) Arbitration

TinyOS 1.x에서 경험한 바로는 packet communication과 timers와 같은 기본적인 abstraction들이 virtualize될 수 있지만, 어떤 abstraction들의 경우 복잡한 complexty를 추가하지 않고서는 구현이 불가능했다. microcontroller에서의 bus 공유의 경우를 대표적인 예로 들 수 있다. 많은 시스템(sensor, storage, radio 등)이 동시에 bus 사용을 요구하는 경우가 종종 있었기 때문에 bus access의 중재가 필요했다.

이러한 종류의 중재를 지원하기 위해서 TinyOS 2.0은 component가 shared resource와 arbiter를 얻기 위해 사용하는 resource interface를 소개하고 있다. 여기서 arbiter는 여러 개의 client간의 access를 중재하기 위해 제공되는 policy를 제공해준다. 어떤 abstractions에서는 arbiter가 언제 system이 필요가 없어져 안전하게 꺼질 수 있는지를 알 수 있는 경우 power management policy까지 제공할 수 있다.

11) Power Management

TinyOS 2.0에서의 power management는 microcontroller의 power state와 devices의 power state의 두 부분으로 나누어진다. microcontroller power management는 어떤 interrupt source나 device가 active인지를 체크하여 관리한다(chip-specific manner : TEP 112 참조). power management of non virtualized device는 resource arbiters들에 의해 조절된다.

12) Conclusion

TinyOS 2.0은 TinyOS 발전의 다음 단계를 보여준다. 과거 몇 년간의 사용자들의 경험을 참고하여 개발하면서, 기존의 TinyOS 구조를 그대로 쓰기도 하고, 몇 가지 방향으로 발전시키기도 하여 더욱 간단하고 쉬운 application development로 이끌었다. TinyOS는 아직 활발하게 개발 중에 있다. 차후에 나올 배포판들은 non-volatile storage, basic multihop protocols(collection routing, dissemination), 더욱 발전된 power management abstractions을 포함시킬 것이다.

3.7 MoteWorks의 설치 및 개요

1) MoteWork의 설치

① MoteWorks 셋업 인스톨을 시작한다.

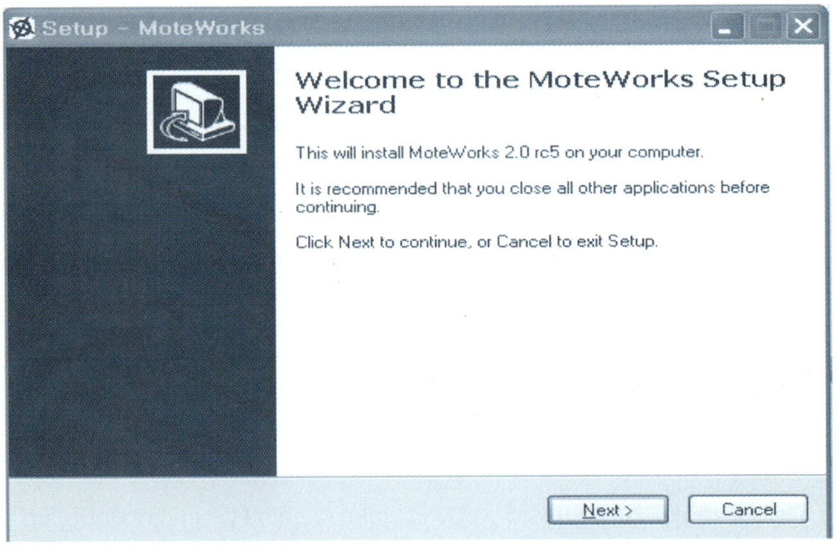

② 라이선스를 동의한다.

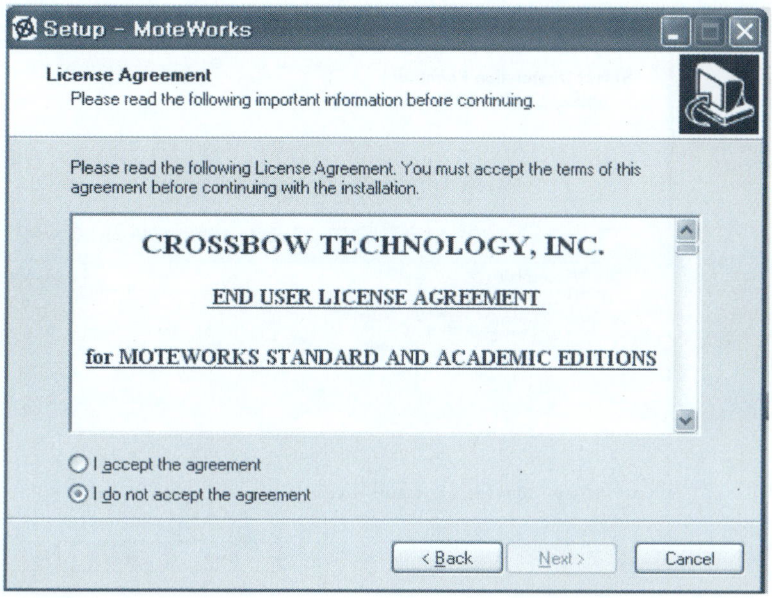

③ 라이선스 키를 입력한다.

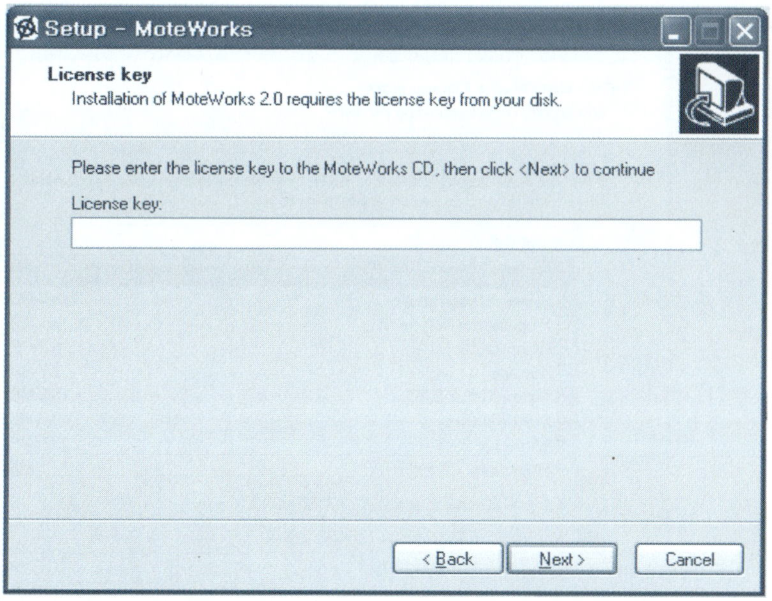

④ 라이선스 키 입력 후 MoteWorks의 설정 위치를 확인한다.

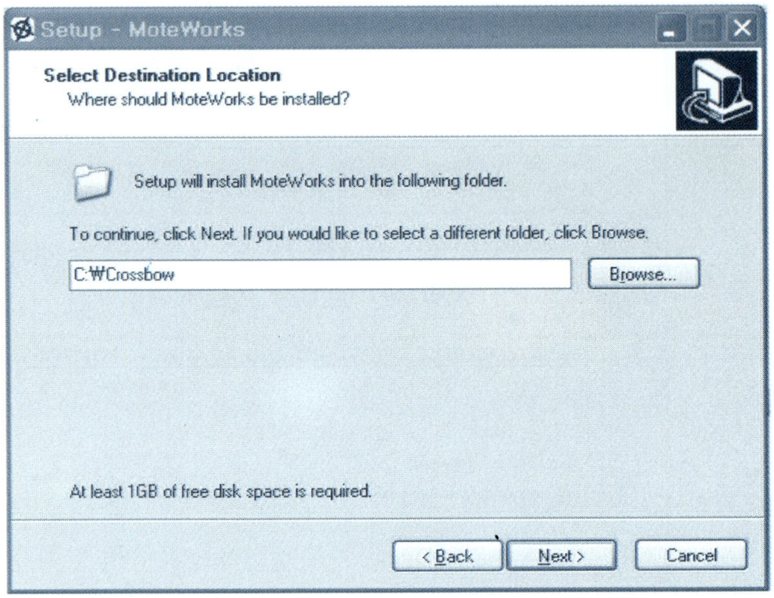

⑤ 설치 위치를 설정 후 인스톨을 시작한다. 인스톨 항목을 나열하였다. 설정하여 설치할 수 있다. 개발환경에 필요한 디스크 용량은 583.7MB가 필요하다.

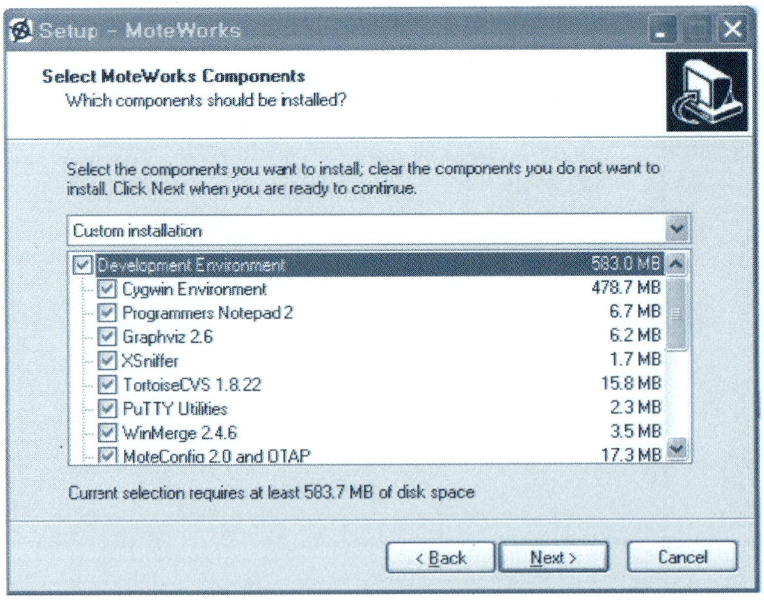

⑥ 선택항목 중 컴파일러와 소스코드를 포함하면 653.7MB가 소요된다.

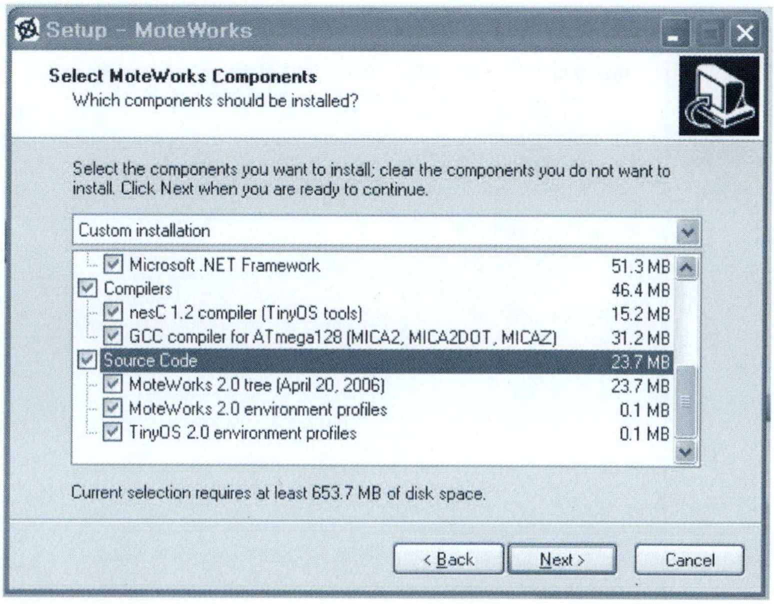

⑦ 설치를 위한 모든 준비상태이다.

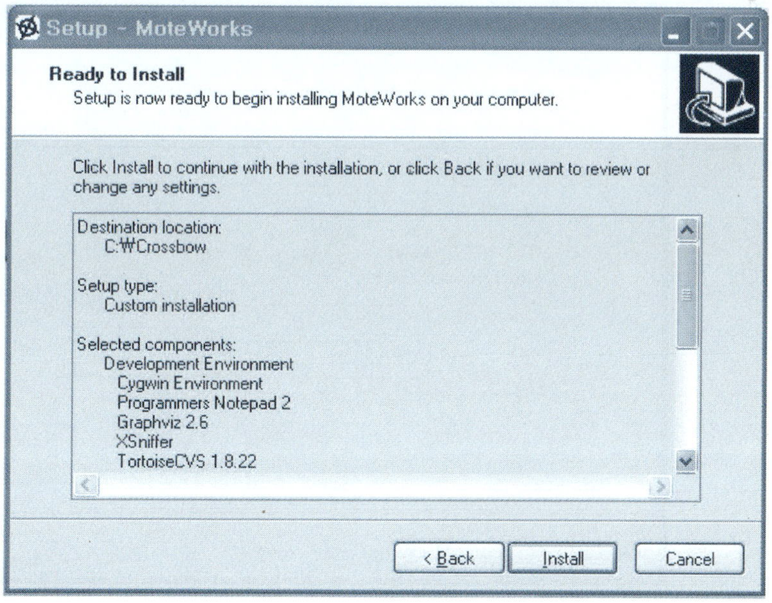

⑧ 설치를 시작한다.

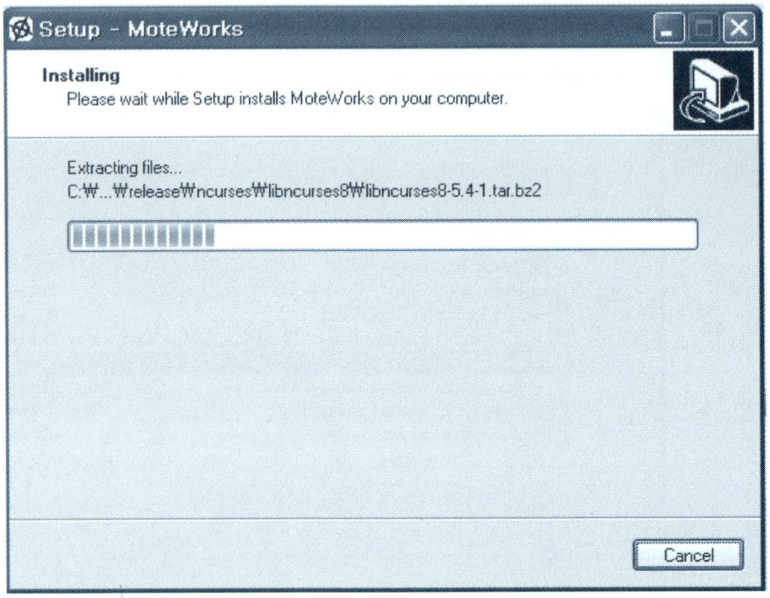

⑨ Cygwin 설치 과정이다.

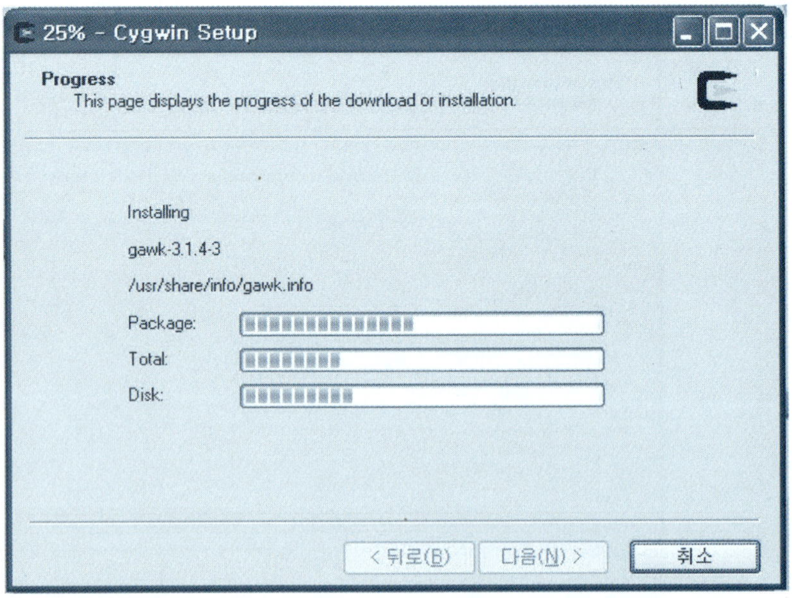

⑩ 설치 소요시간은 약 10분 정도 소요된다. 바탕화면에 Cygwin마크가 생성된다.

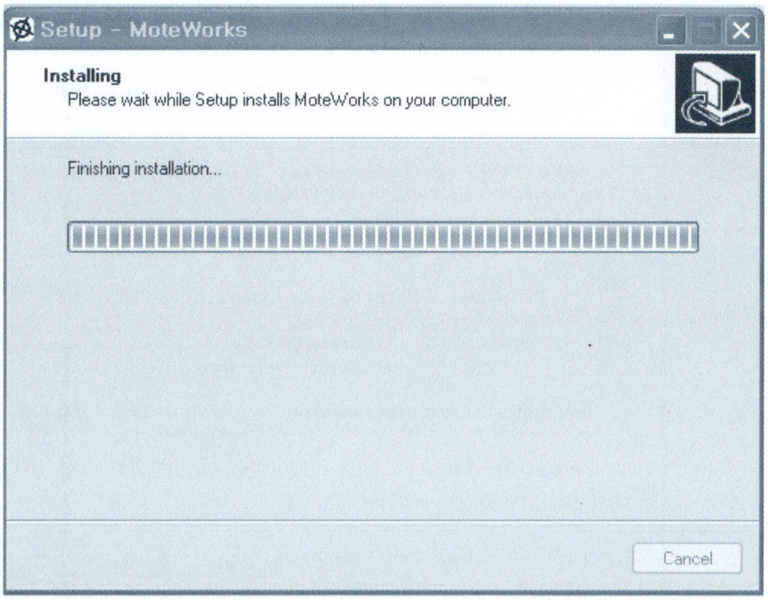

⑪ 프로그램 노트패드를 옵션으로 설치한다.

⑫ 라이선스에 동의한다.

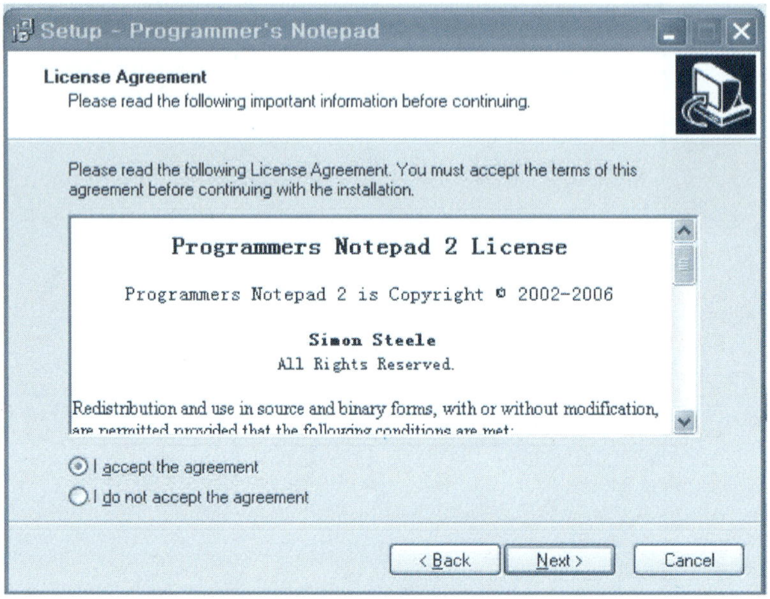

⑬ 설치가 완료된다.

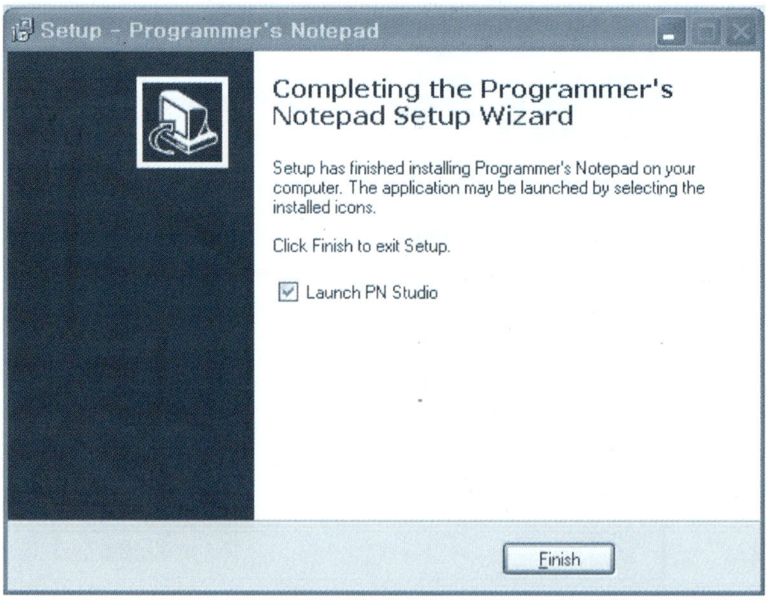

⑭ 프로그램 노트패드 동작화면이다.

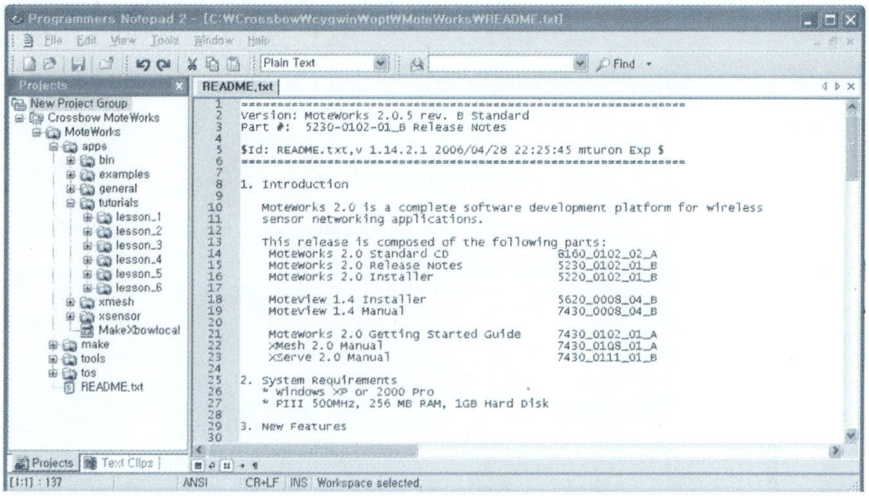

⑮ Putty를 설치한다.

⑯ 설치 장소를 지정한다.

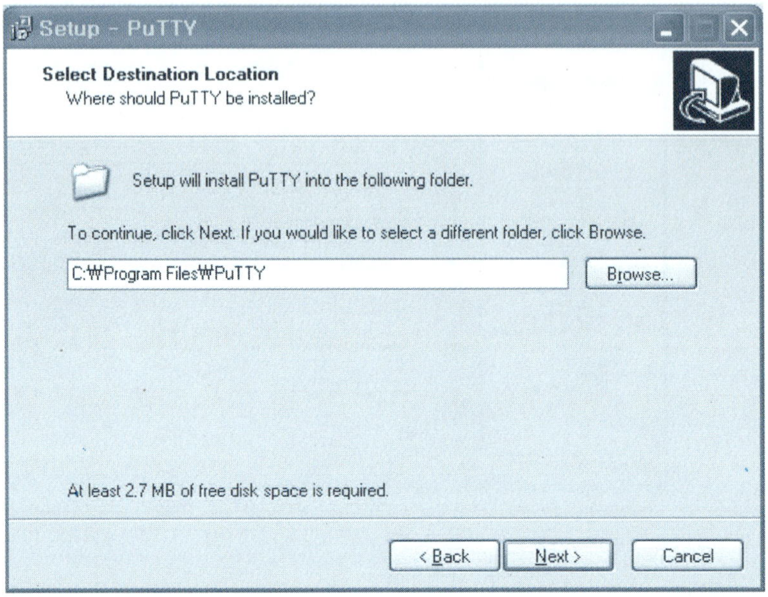

⑰ 시작 메뉴 폴더를 설정한다.

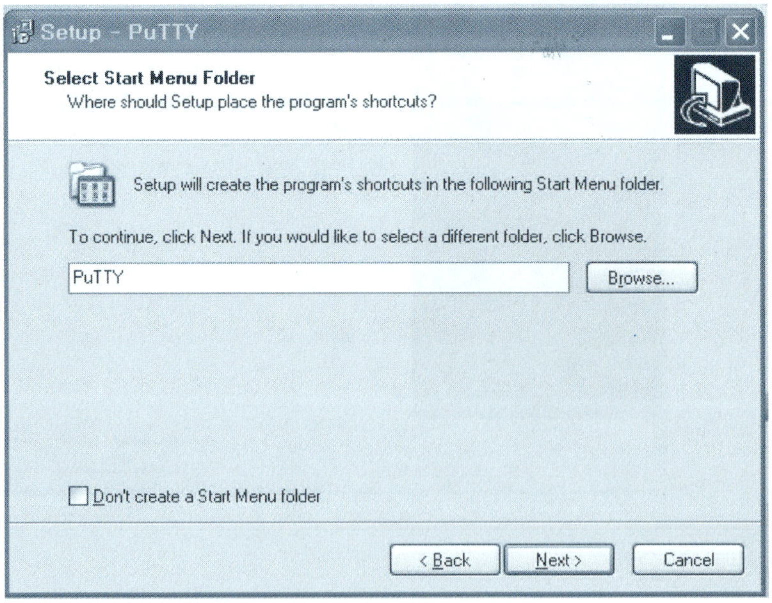

⑱ 선택사항을 추가 선택한다.

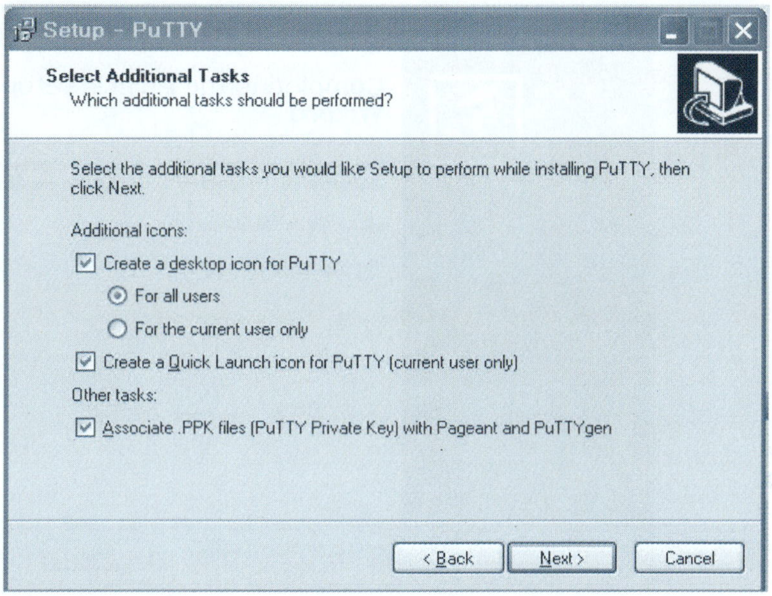

⑲ 설치할 준비가 되어 있다.

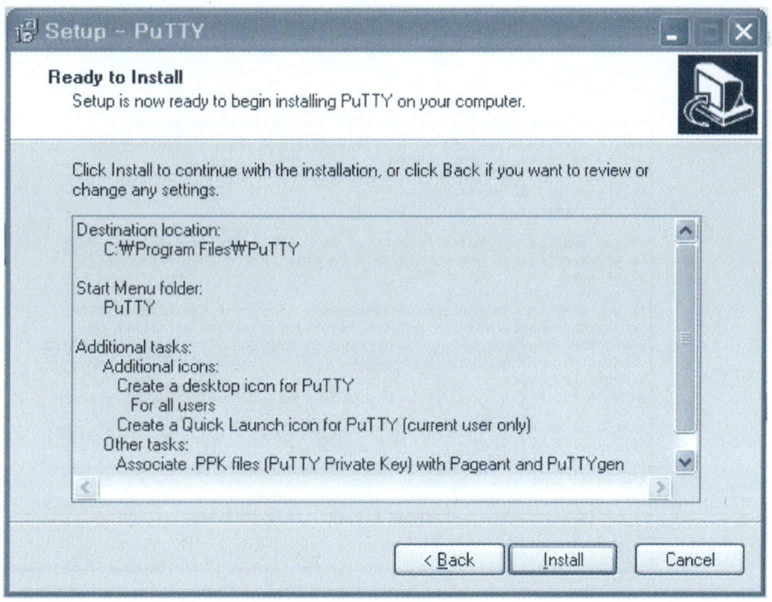

⑳ 설치가 완료되었다.

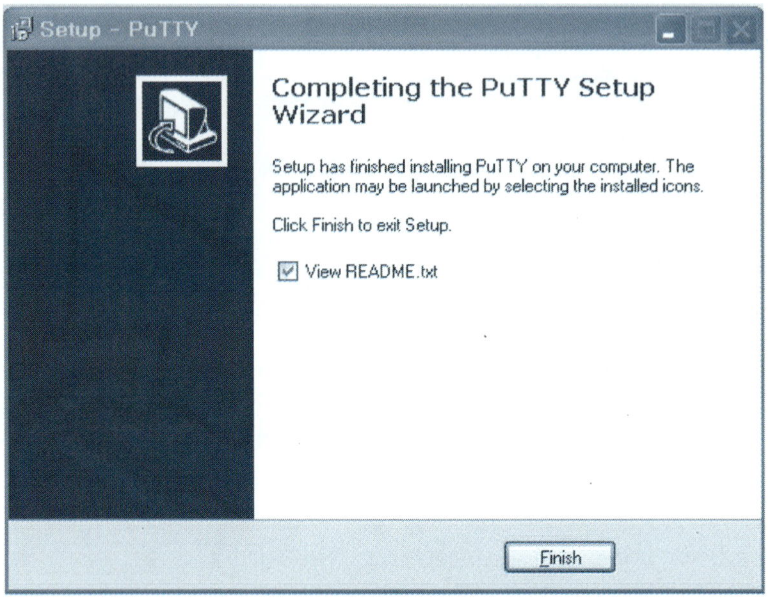

㉑ 설치가 완료되면 메모장이 뜨고 MS NET Framework 1.1 설치를 시작한다.

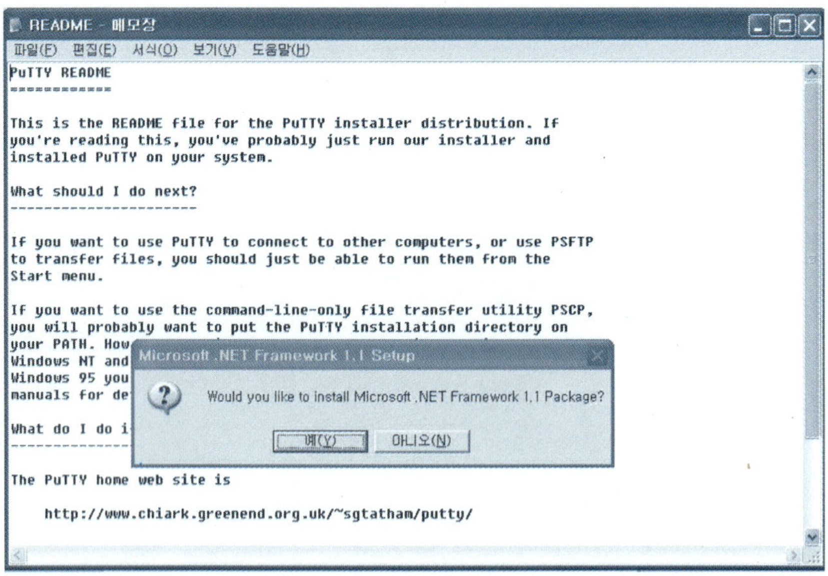

㉒ 설치를 시작하고 라이선스를 동의한다.

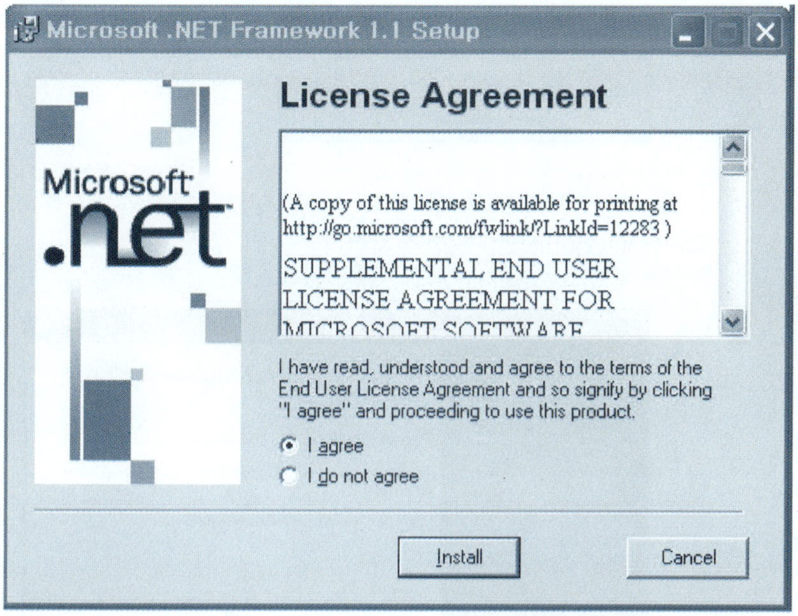

㉓ 구성 요소를 설치한다.

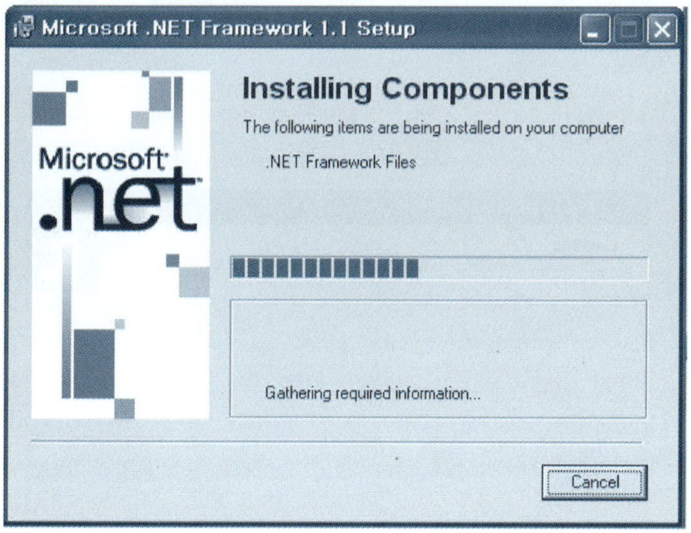

㉔ 설치가 완료된다.

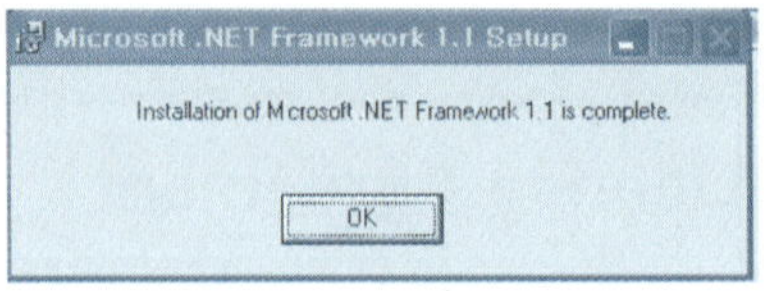

㉕ MoteConfig 2.0.7를 설치한다.

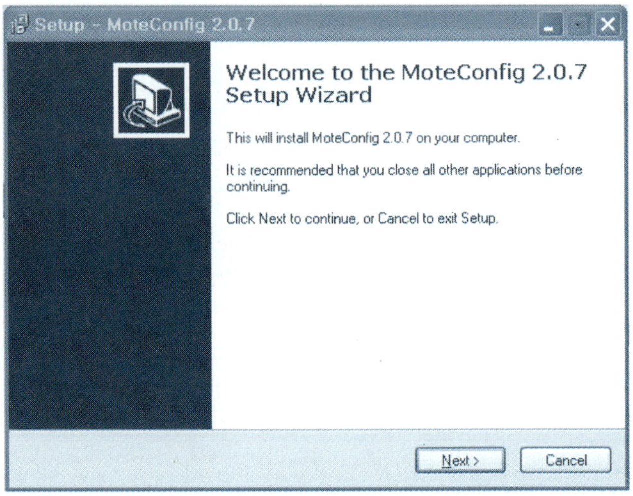

㉖ 설치한다.

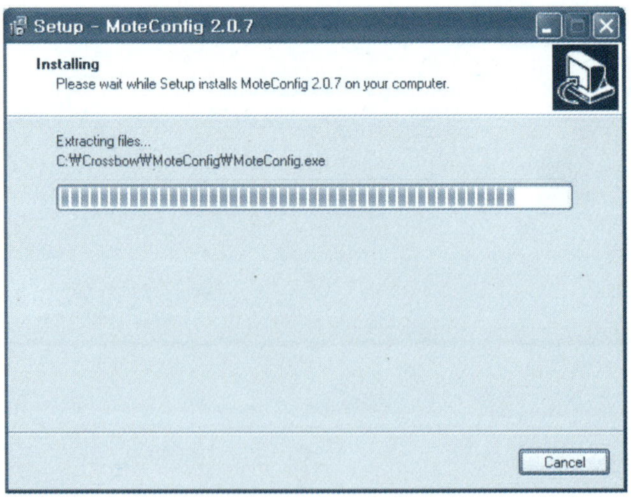

㉗ 설치가 완료된다.

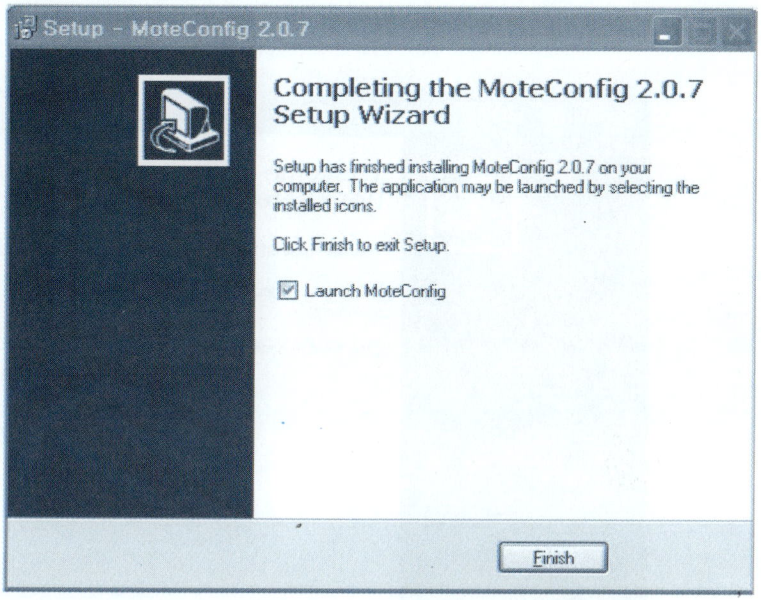

㉘ 모트컨피그 화면이다.

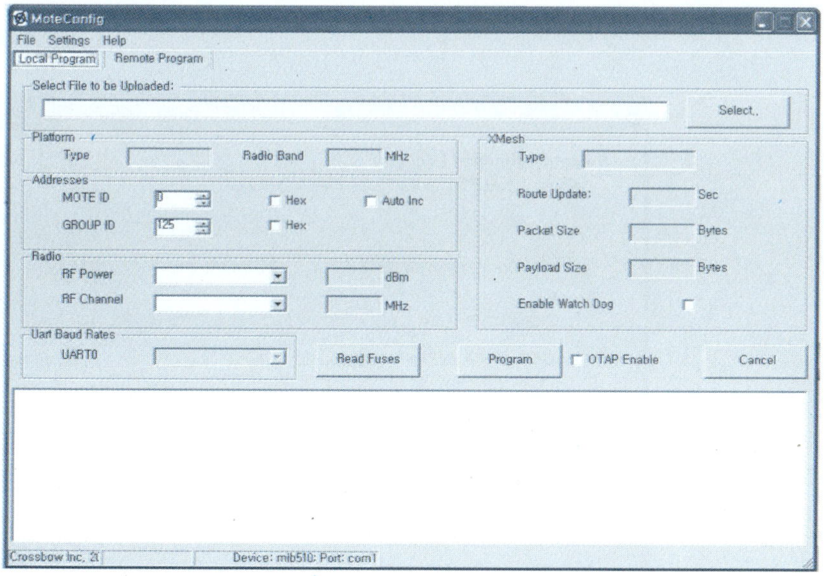

2) Mote-View 1.4.1 설치하기

① 설치 시작

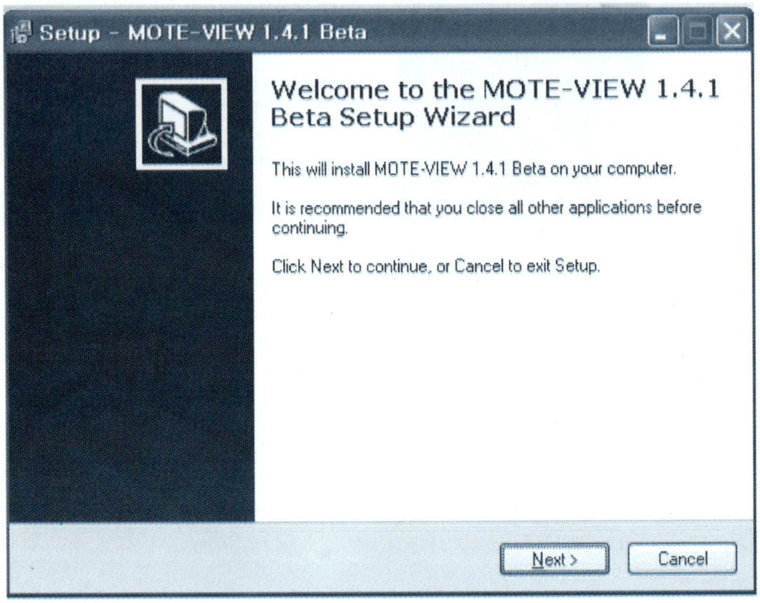

② 설치 장소를 설정한다.

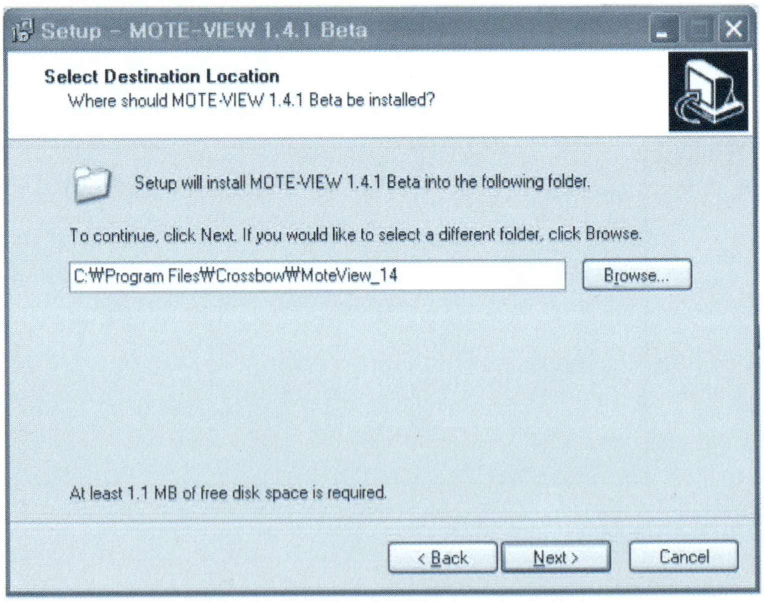

⑦ PostgraSQL 프로그램을 설치한다.

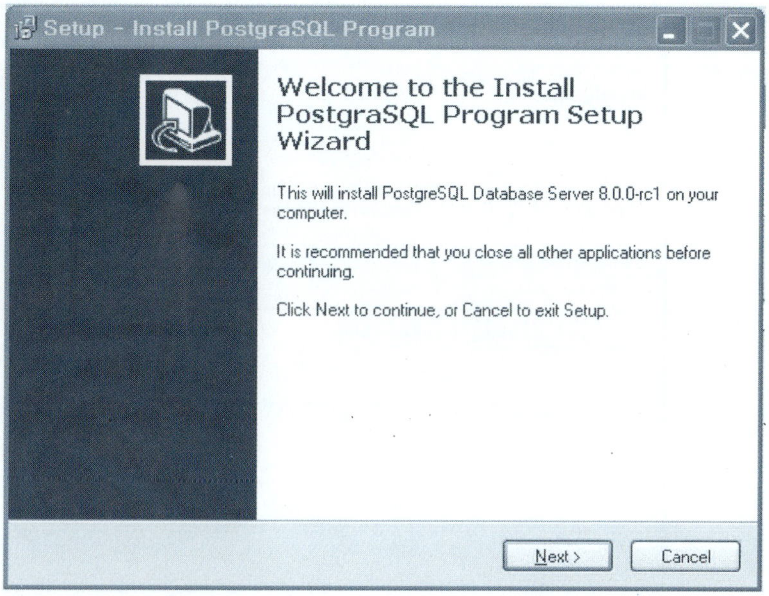

⑧ 설치를 시작한다.

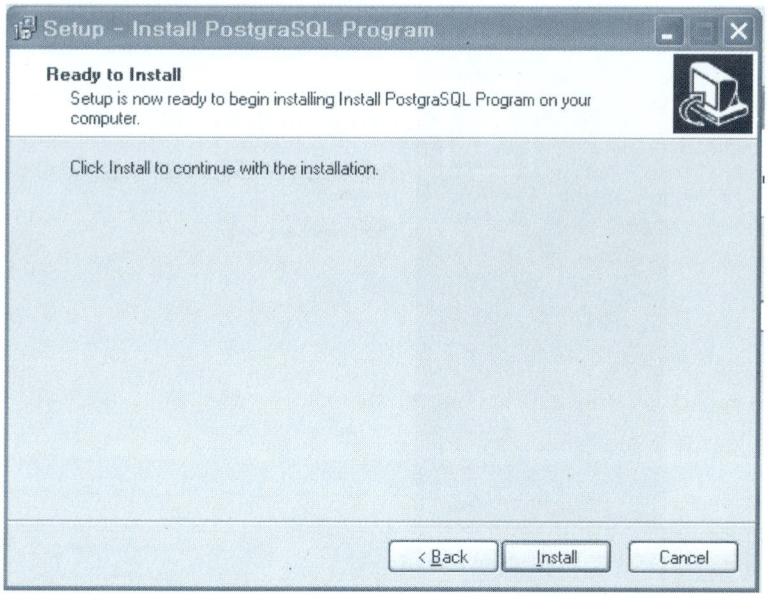

⑨ 설치하는 중이다.

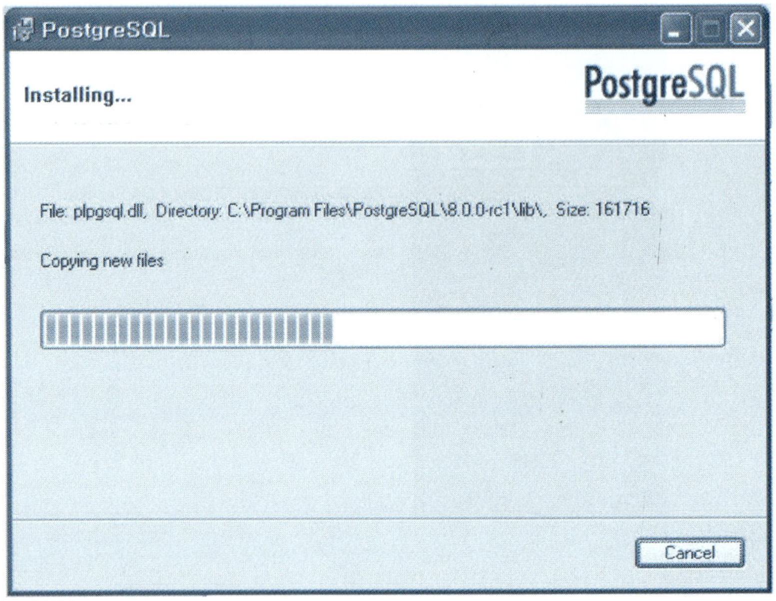

⑩ 설치가 완료된다.

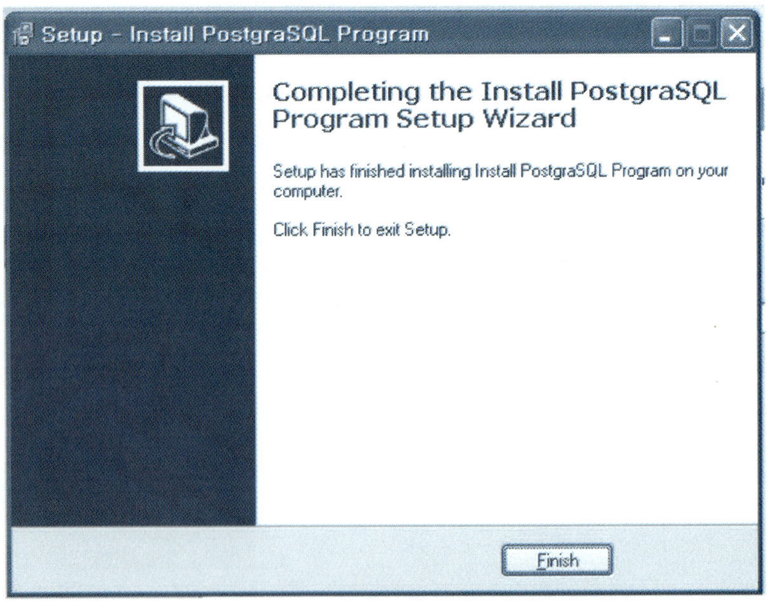

⑪ psqlODBC를 설치한다.

⑫ 라이선스에 동의를 한다.

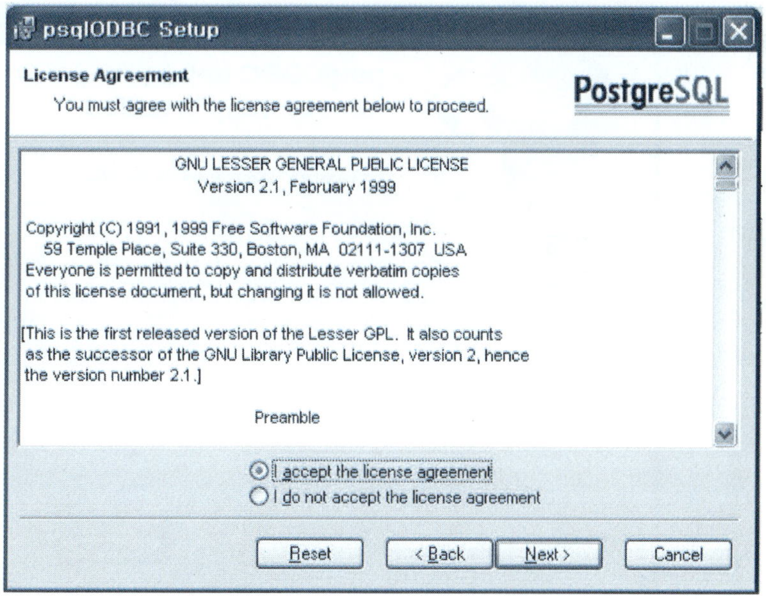

⑬ 설치할 준비가 되어 있다.

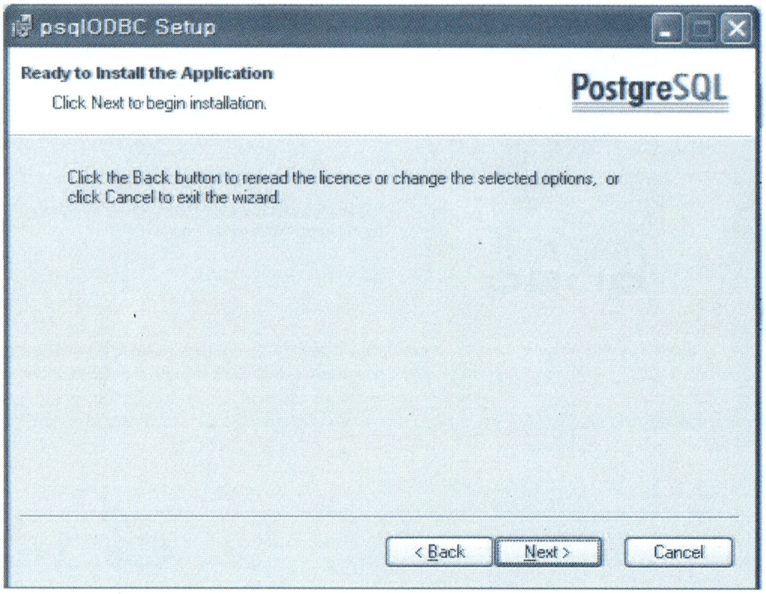

⑭ 성공적으로 설치가 완료되었다.

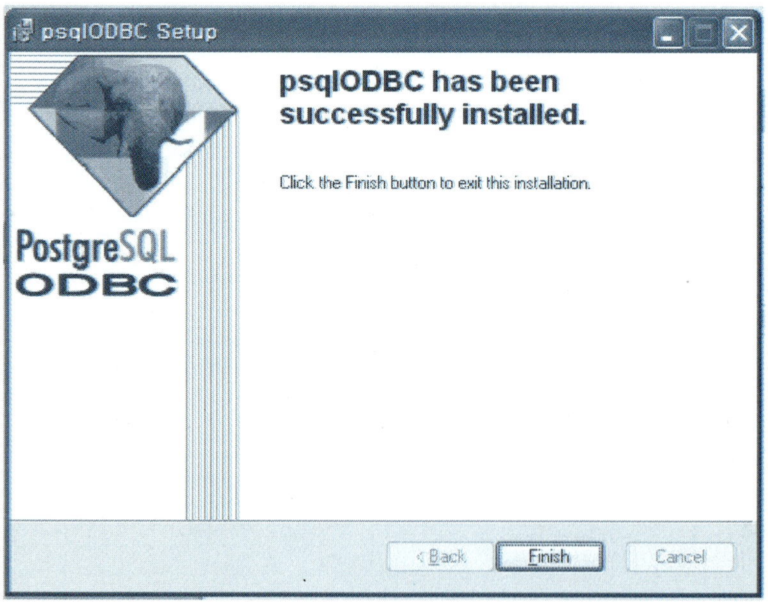

제 4 장

TinyOS와 nesC 프로그래밍

이벤트 기반의 운영체제인 TinyOS는 nesC라는 언어를 사용하여 개발되었다. nesC는 C언어의 확장으로 센서 네트워크와 같은 임베디드 시스템을 위해 개발되었다. nesC로 개발된 소프트웨어는 변환과정을 거쳐 C언어로 바뀌며 컴파일되어 binary file이 생성되고 최종적으로 이미지로 센서 노드에 다운되어 실행된다. nesC는 구 C코드와 상호작용하며 C코드 사용이 가능하다.

4.1 nesC와 TinyOS의 개요

nesC는 컴포넌트 기반의 응용을 위한 구조를 가지고 있다.
nesC가 설계된 기본 개념은 다음과 같다.

- **구성과 구조의 분리** : 모든 프로그램은 컴포넌트로 구성되어 있고, 인터페이스(interface)와 구현(implementation)의 2개의 범위로 정의된다.
- **인터페이스와 관련된 컴포넌트의 동작규정** : 인터페이스는 컴포넌트에 의해서 제공하거나 사용되고, 인터페이스는 컴포넌트간의 상관관계를 표현한다.
- **양방향성을 가진 인터페이스** : 인터페이스의 provider에 의해 commands를 수행하고 인터페이스의 user에 의해 events를 수행하며, 단일 인터페이스를 허용한다.
- **컴포넌트 연결** : 컴포넌트들은 서로 다른 컴포넌트를 경유해서 고정된 상태로 연결한다.
- nesC에서 동시병행 모델은 수행하고 달성하는 task들을 각각 인터럽트 task할 수 있는 인터럽트 핸들러 기반으로 한다.

nesC에서 사용되는 주요 용어를 다음의 표로 정리하였다.

Componet specification keywords

interface	A collection of event and command definitions
module	A basic component implemented in nesC
configuration	A component made from wiring other components
implementation	Contains code & variables for module or configuration
components	List of components wired into a configuration
provides	Defines interfaces provided by a component
uses	Defines interfaces used by a module or configuration
as	Alias an interface to another name
command	Direct function call exposed by an interface
event	Callback message exposed by an interface

C언어에서 배운 바 있을 "Hello World"와 같은 가장 기초적인 응용프로그램이라고 생각하면 되는 nesC 응용프로그램 "Blink" 프로그램을 살펴본다.

이 파일은 "apps/Blink"에 위치한다.

1) Components(Configuration과 Module)

컴포넌트는 nesC의 기본 단위로 module과 configuration을 갖고 있고, module은 컴포넌트의 구현을 C코드에 의해서 제공하며, configuration은 다른 components를 함께 모음으로써 컴포넌트 implemantion을 구현할 수 있다. 그리고 프로그램을 작성할 때는 반드시 main 컴포넌트를 포함해야 한다. 그 이유는 이 main컴포넌트가 시스템 초기화 루틴을 호출하고 스케줄러를 구동하기 때문이다. main 컴포넌트는 tos/system/main.nc에 위치하고 있다.

(1) nesC Component Types

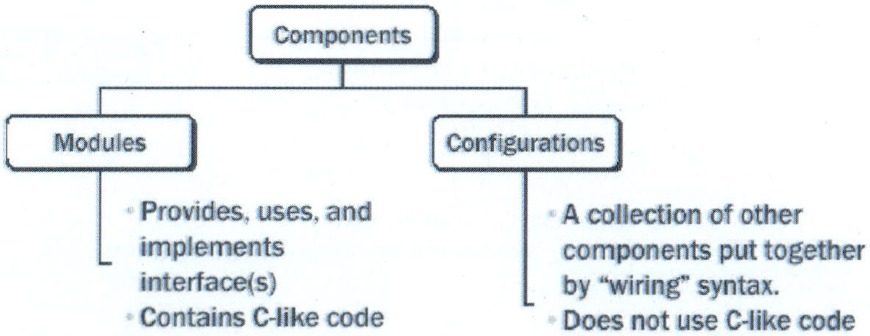

(2) Configuration

configuration은 다른 컴포넌트와 함께 wiring에 의하여 만들어진 구현으로 nesC와 연계하여 구현하게 된다. 이곳에는 code는 없고 단순히 wiring만을 한다.

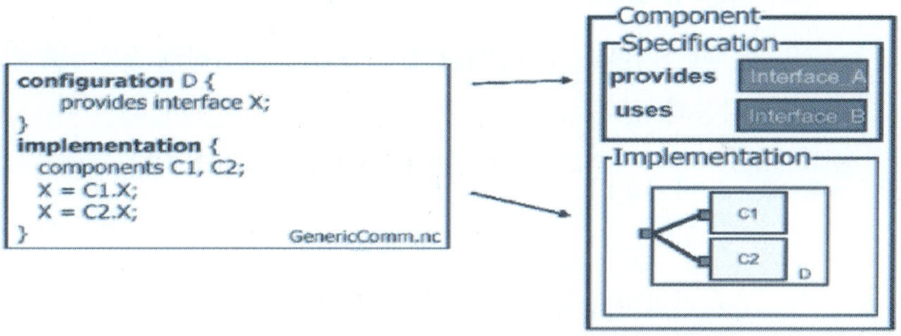

Configuration은 top-level configuration(ooo.nc)과 일반 configuration (oooC.nc) 형태의 파일이름을 갖고 있다. 각 애플리케이션에는 한 개의 ooo.nc 파일을 갖고 있다.

① nesC Wiring 명령문

nesC에는 컴포넌트 간의 wire를 하는 방법 3가지를 뜻하는 선 연결 문장이 있다. 다음 그림을 살펴보자.

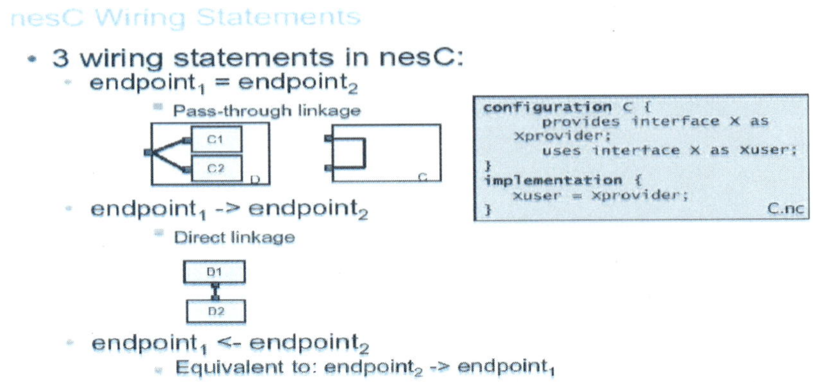

위에서 보듯이 interface endpoint1 → interface endpoint2의 의미는 endpoint2에서 구현되어 제공하는 함수를 endpoint1이 요구해서 사용하는 것을 뜻하고 "←"은 반대의 의미이다. "="은 2개의 interface가 같음을 의미한다.

위에서 설명한 방법으로 일단 wiring되면 해당하는 컴포넌트의 command, event, interface를 사용할 수 있다.

② 에러가 발생하는 경우

파라미터로 인해 컴파일시 에러가 발생하게 되는 몇 가지 경우를 소개하면 다음과 같다.

- 파라미터가 정수가 아닌 경우
- 한 쪽의 인터페이스만 파라미터를 가진 경우
- 파라미터 값과 요구하는 값이 다른 경우
- 타입이 다른 경우

다음의 예제 apps/Blink.nc 설명 그림을 보면 Configuration 컴포넌트에 대한 전체적인 이해가 가능할 것이다.

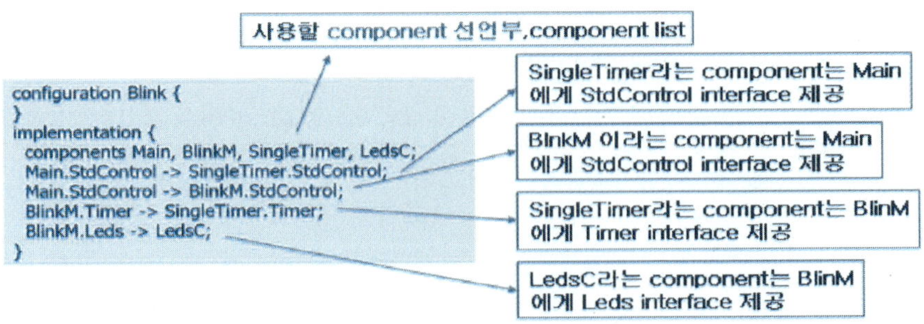

(3) Module

모듈은 파일 이름이 oooM.nc인 형태로써 implentametion{}에 모듈의 모든 제공된 command(event)를 구현할 수 있다. 그리고 모듈은 commands를 calling하고 event를 signling한다.

그림은 module의 기본 예제이다.

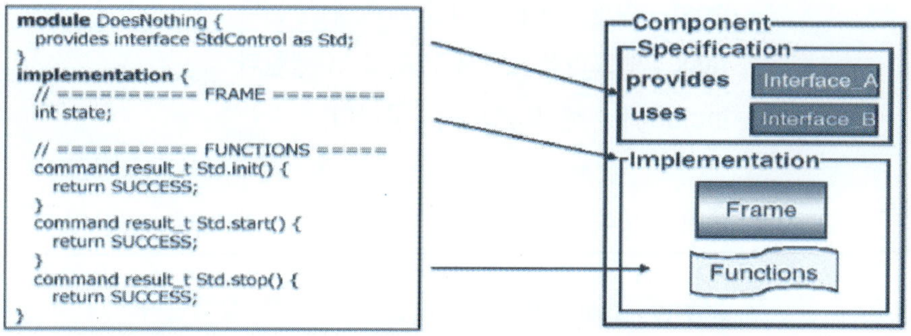

module은 "module" 부분에서 모듈을 구현하는 필요한 요소를 "uses"를 이용하여 불러오고, 'provides'를 통해 모듈에서 구현된 내용을 다른 컴포넌트에 인터페이스로 제공한다. implementation부분에서 "module"에서 선언하는 모든 명령어와 이벤트가 구현되어야 한다. interface를 실제로 구현하는 부분(프레임)과 내부 함수 등으로 구성된다.

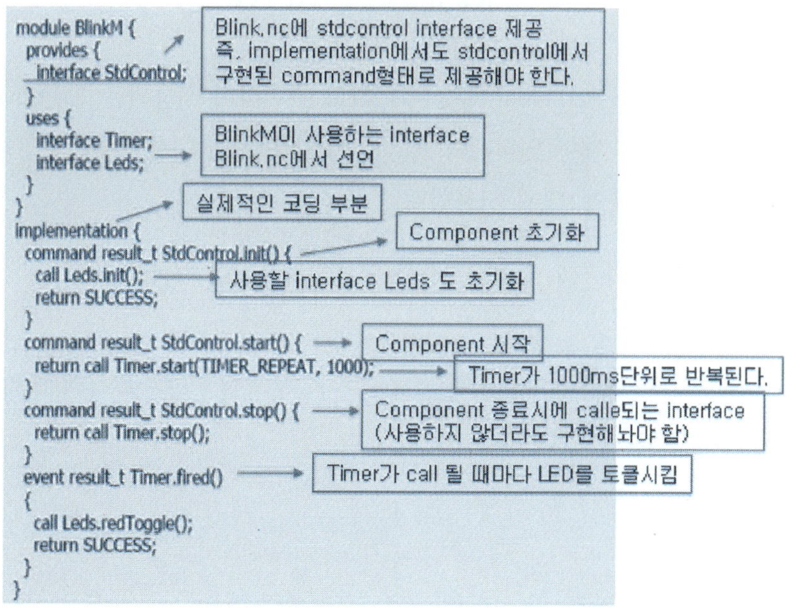

그림 apps/BlinkM.nc를 살펴보면 Module 컴포넌트에 대한 전반적인 이해가 쉬울 것이다.

모듈에서 사용하는 용어를 정리해보자. 이들은 다음의 각 장에서 자세히 설명된다.

- **call** : command를 실행
- **siganl** : event를 실행
- **post** : 실행 큐(queue)를 task에 넣는다.
- **task** : 백그라운드에서 기능을 수행한다.
- **includes** : 헤더파일을 포함한다.

race 조건의 자동적 예방을 위해 제공하는 것으로는 다음의 것이 있다.

- **async** : command, event를 비동기로 실행한다.
- **atomic** : 문자에서 자동적인 실행을 보장한다.
- **norace** : race 조건 nesC 감지의 경고를 제거한다.

2) Interface

nesC에서 Interface는 양방향성을 가지며 제공자와 사용자가 되는 컴포넌트를 연결하는 채널의 역할을 수행한다.

제공자는 모든 commands를 수행하고 구현하며 사용자는 모든 events를 수행하고 구현한다. 표준 제어 인터페이스(init, start, stop)와 분할 단계 동작(send, sendDone) 같은 기능 그룹에 대해 사용한다.

예를 들면 다음과 같다.

```
interface Send{
command void send(TOS_Msg *m);
event void SendDone();
}
```

TinyOS에서 사용하는 인터페이스의 종류는 다음과 같다.

종 류	설 명
ADC.nc	ADC에 인터페이스
I2C.nc	I2C버스 프로토콜 인터페이스
Leds.nc	LED 추출 인터페이스
LogData.nc	저장장치에 logging 데이터를 위한 인터페이스
Radio.nc	무선 하드웨어를 위한 비트레벨 인터페이스
Receive.nc	일반적인 메시지 인터페이스 수신
Send.nc	일반적인 메시지 인터페이스 송신
StdControl.nc	표준 컴포넌트 제어 인터페이스
Timer.nc	일반적인 타이머 제어 인터페이스

3) Task 및 Event

task는 인용하기 전에 선언해야 하고 파라미터 없이 프레임 변수를 사용하며 인자 값을 가지지 않거나 반환 값이 void인 함수이다. task가 호출될 경우에는 반드시 'post' 키워드를 사용해야 한다.

```
post adjustSquelch();
```

TinyOS의 task들은 융통성 있는 TOS의 스케줄러에 의하여 연속적으로 동작한다. 즉, 동기적으로 FIFO(First In, First Out) 스케줄이다.

event에 의하여 인터럽트되고 다른 task에 관하여 완성하기 위하여 동작한다. event는 user 인터페이스에 의해 구현된 event를 호출할 때는 필히 'signal' 키워드를 사용하여야 한다.

```
signal Send.sendDone((TOS_MsgPtr)pBuf,SUCCESS);
```

4) 컴파일 및 프로그램

(1) 컴파일 명령어 make

유저의 특별한 옵션인 그룹 ID, 무선주파수, Mote 프로그램 보드(MIB)를 가지고 nesC을 구성하기 위하여 "make"를 사용하여 TinyOS를 빌드(build)한다. 그리고 TOS의 configuration과 components를 xxx.c로 변환하기 위하여 nesC 컴파일러를 동작해야 한다. 타깃 Mote에 대하여 바이너리로 실행하기 위하여 C코드로 컴파일 해야 한다. 다음 라인의 한 명령어를 이용하여 build와 upload를 수행한다.

```
make 〈platform〉 install.〈#〉 mib510,/dev/ttyS0(or com1)
```

다른 방법으로 컴파일과 upload를 구분하여 수행할 수 있다.

```
make 〈platform〉
make 〈platform〉 reinstall.〈#〉 mib510,/dev/ttyS0(or com1)
```

TinyOS는 tos/platform 디렉토리에서 다양한 〈platform〉을 지원한다. 〈#〉은 mote의 노드 어드레스이다.

mib510은 mote 퓨징에 사용할 게이트웨이 보드명이다.

/dev/ttyS0은 사용할 시리얼포트 번호이다.

라인의 명령어를 이용하여 documentation을 생성할 수 있다.

```
make 〈platform〉 docs
```

컴파일 후 문서는 /doc/nesdoc/〈platform〉 안에 웹(html) 형식으로 존재하게 된다. 다음 그림은 웹 형식 문서의 내용이다.

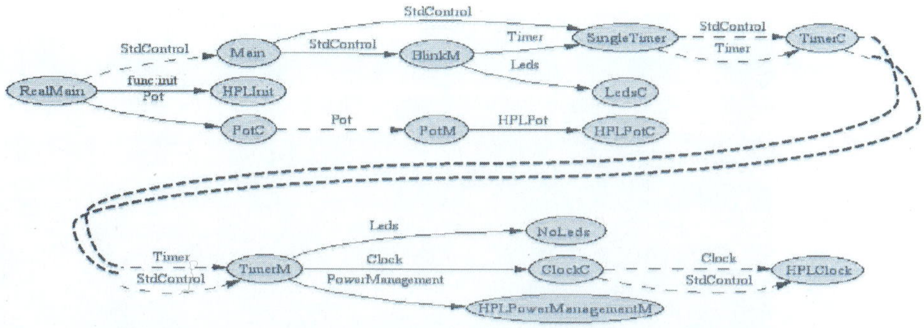

다음 라인은 PC상에 시뮬레이션하기 위한 명령어이다.

```
make pc
```

(2) 컴파일 과정

컴파일 과정은 그림과 같이 요약해볼 수 있다.

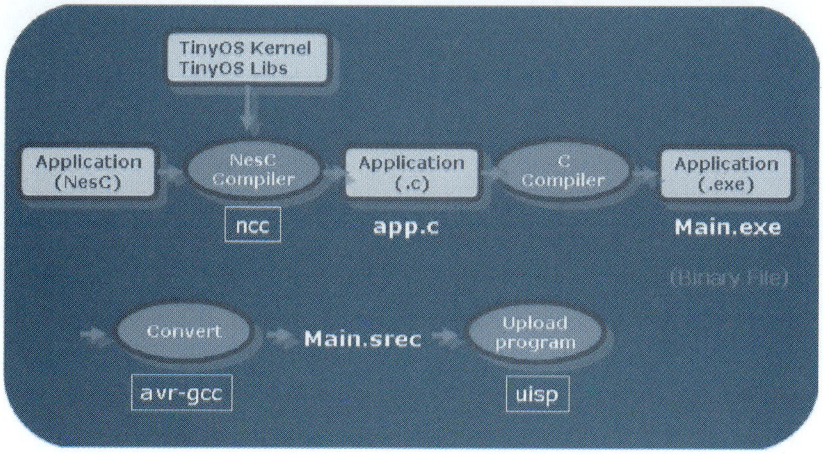

/apps/Blink를 실제 make micaz명령으로 컴파일 할 때 보여주는 메시지 내용은 그림처럼 컴파일 후 생성된 최종 파일들은 /Blink/build/ micaz 아래에 위치하게 된다.

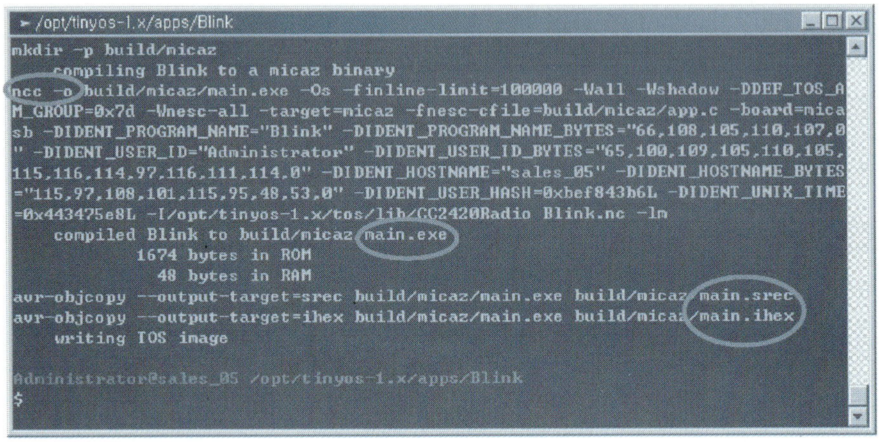

다음 그림은 micaz mote에 프로그램을 uploading하는 모습이다. upload되는 파일은 이미지 파일 main.srec에 확장자가 붙은 main.srec.out 파일이다. AVR을 위한 uisp를 이용하여 upload하고 있다.

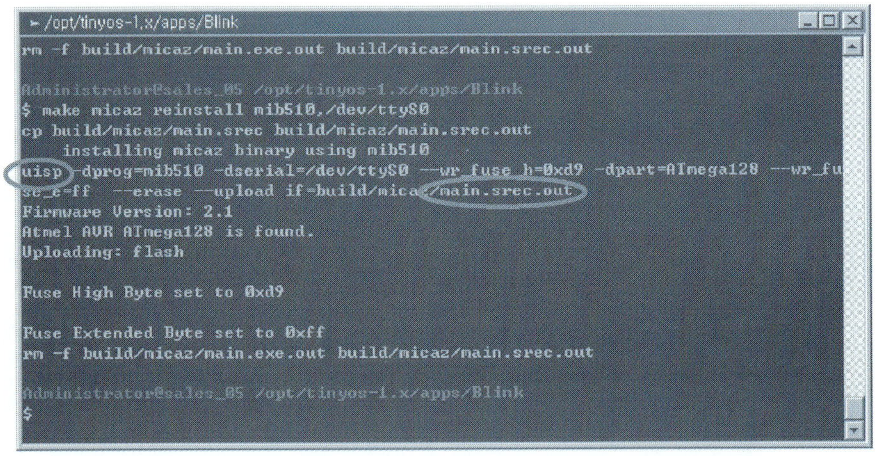

4.2 Mote kit를 사용한 응용 실습

먼저 /apps/Blink를 컴파일하여 mote에 uploading 해보자. 다음의 명령어로 컴파일과 업로딩이 동시에 일어난다.

```
$ make micaz install mib510,/dev/ttyS0
```

게이트웨이보드에는 mote가 부착되어 있어야 하고, PC와는 시리얼 케이블로 연결되어 있어야 한다(여기서 나온 명령어는 MIB510 보드, MPR2400 모트, COM1시리얼 포트를 사용한 경우이다).

Blink 프로그램이 Mote에 정상적으로 업로딩되면 1초마다 빨강 LED가 깜빡이는 것을 볼 수 있을 것이다. 잘 되지 않았다면 전원문제(건전지 사용)이거나 센서와 게이트웨이 보드의 연결 상태 불량 또는 시리얼포트 세팅 오류가 그 원인일 수 있다. 이 점을 점검한 후 다시 시도해 보자.

잘 되었다면 Blink 프로그램을 LED가 깜빡이는 주기와 색깔을 변경해 보자.

(예시 : TIMING: 0.5초, LED: GREEN COLOR)

/apps/Blink/BlinkM.nc를 다음과 같이 수정해준다.

```
Timer.start(TIMER_REPEAT, 1000);
                    ---> Timer.start(TIMER_REPEAT, 500);

call Leds.redToggle();
                    ---> call Leds.redToggle();
```

소스를 수정한 후 기존 Blink 프로그램을 지우고 다음과 같이 컴파일하고 업로딩해보자.

```
$ make clean
$ make micaz install mib510,/dev/ttyS0
```

원하는 대로 LED 색과 주기가 변경되었는지 확인해보자.

4.3 H-mote를 사용한 응용 실습

다음 그림은 /apps/Blink를 make hybus 명령으로 컴파일할 때 보여주는 메시지 내용이다. 그림처럼 컴파일 후 생성된 최종 파일들은 /Blink/build/hybus 아래에 위치하게 된다.

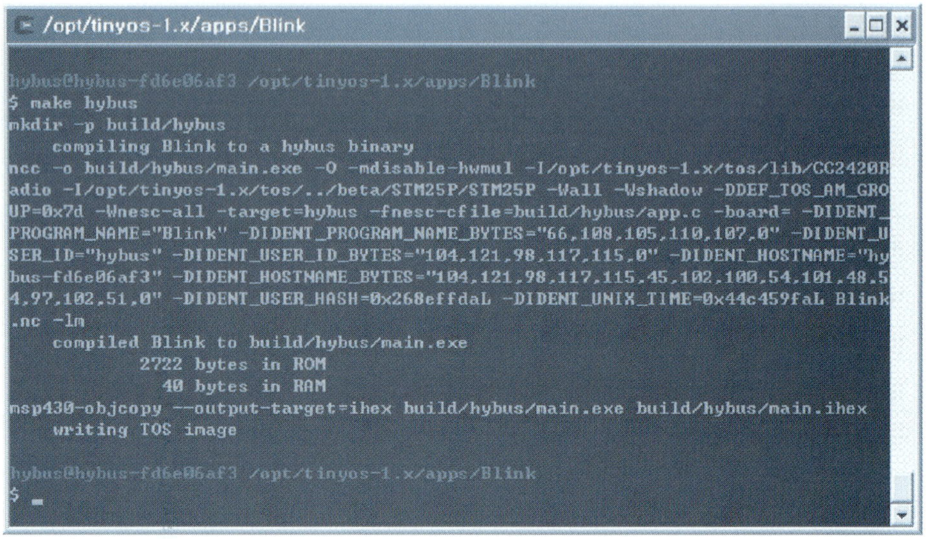

hyper-Hmote에 프로그램을 uploading하는 모습이다.

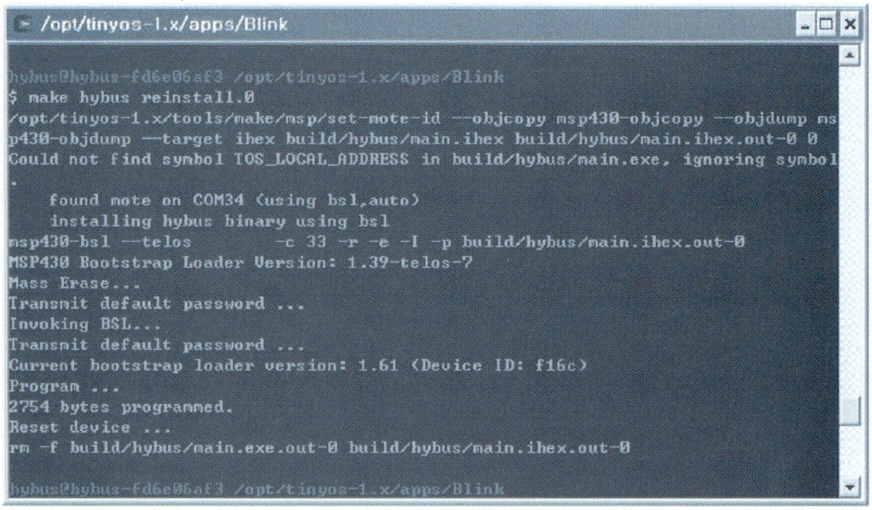

1) Blink 실습

먼저 /apps/Blink를 컴파일하여 Mote에 uploading해보자. 다음의 명령어로 컴파일과 업로딩이 동시에 일어난다.

```
$ make hybus install
```

Blink 프로그램이 Mote에 정상적으로 업로딩되면 1초마다 파란 LED가 깜빡이는 것을 볼 수 있을 것이다. 잘 되지 않았다면 전원문제(건전지 사용)이거나 센서와 게이트웨이 보드의 연결 상태 불량 또는 시리얼포트 세팅 오류가 그 원인일 수 있다. 이 점을 점검한 후 다시 시도해 보자.

(응용 예제1)

Blink 프로그램을 LED가 깜빡이는 주기와 색깔을 변경해 보자.
(예시 : TIMING : 0.5초, LED : GREEN COLOR)

/apps/Blink/BlinkM.nc를 다음과 같이 수정해준다.

```
Timer.start(TIMER_REPEAT, 1000);
                                ---> Timer.start(TIMER_REPEAT, 500);
call Leds.redToggle();
                                ---> call Leds.greenToggle();
```

소스를 수정한 후 기존 Blink 프로그램을 지우고 다음과 같이 컴파일하고 업로딩 해보자.

```
$ make clean
$ make hybus install.0
```

원하는 대로 LED 색과 주기가 변경되었는지 확인해보자.

4.4 TinyOS 응용 프로그램 실습

1. 새로 배운 TinyOS 프로그래밍 기술을 테스트해보자.
   Blink 파일을 응용하여 Mote에 있는 3개의 LED를 깜빡거리게 하여 0–7을 표현할 수 있는 이진수 카운터기를 만들어보자.

(힌트 : wire ThreeCntLeds.nc, Config.nc, LedCtl.nc, Counter.nc in Blink.nc)

풀이

• Display the lower three bits of a counter in the LEDs.

1. Composition elements
    - ThreeCntLeds.nc
    - Config.nc
    - LedCtl.nc
    - Counter.nc

2. Source
 - Counter.nc

```
/* This module is Counter */
module Counter            // Define module with a name
{
        provides interface StdControl as Ctl;   // Provided interface
        uses interface Timer;                   // Used interface
        uses interface IntOutput;
}
implementation                                  // Specify implementation
{
        int cnt;
        command result_t Ctl.init()             // Module's initialization
        {
                cnt = 1;                        // Used count value
                return SUCCESS;
        }
        command result_t Ctl.start()            // When mote is started
        {
                return call Timer.start(TIMER_REPEAT, 500);  // Setting a Timer
                return SUCCESS;
        }
        command result_t Ctl.stop()             // When mote is halted
        {
                return call Timer.stop();       // Timer Stop
        }
```

```
        event result_t Timer.fired()
        {
                if(call IntOutput.output(cnt))      // Output count values
                        cnt++;                      // Increment a count
                return SUCCESS;
        }
        event result_t IntOutput.outputComplete(result_t success)
        {
                if(success == 0)                    // It's failed.
                        cnt--;                      // Retry
                return SUCCESS;
        }
}

 - LedCtl.nc
/* This module is LED Controller */
module LedCtl
{
        provides interface StdControl as Ctl;
        provides interface IntOutput as Output;
        uses interface Leds;
}
implementation
{
        command result_t Ctl.init()
        {
                dbg(DBG_TEMP, "Initialization...LEDs");
                call Leds.init();                   // Initialize LEDs
                call Leds.redOff();
                call Leds.greenOff();
                call Leds.yellowOff();
                return SUCCESS;
        }
        command result_t Ctl.start()
        {
                return SUCCESS;
        }
        command result_t Ctl.stop()
        {
```

제4장

```
			return SUCCESS;
		}
		task void conFirm()	// Define the task-function
		{
			signal Output.outputComplete(1);		/* Generate a signal about
		}								interface Output		*/
		command result_t Output.output(uint16_t value)
		{
			if(value & 1)	// value : 0xXXX1, 0xXXX3, 0xXXX5, 0xXXX7
				call Leds.redOn();
			else
				call Leds.redOff();
			if(value & 2)	// value : 0xXXX2, 0xXXX3, 0xXXX6, 0xXXX7
				call Leds.greenOn();
			else
				call Leds.greenOff();
			if(value & 4)	// value : 0xXXX4, 0xXXX5, 0xXXX6, 0xXXX7
				call Leds.yellowOn();
			else		// value : 0xXXX0, 0xXXX8
				call Leds.yellowOff();
			post conFirm(); // Register a task
			return SUCCESS;
		}
}

 - Config.nc
/* Interface Configuration mapping */
configuration Config
{
	provides interface Timer;
	provides interface Leds;
	provides interface StdControl;
}
implementation
{
	components TimerC, LedsC;
	Timer = TimerC.Timer[unique("Timer")];
	Leds = LedsC.Leds;
	StdControl = TimerC.StdControl;
```

```
}

 - ThreeCntLeds.nc
/* Configuration of Top level */
configuration ThreeCntLeds{ /* Blank */ }
implementation
{
        // Wiring statements : Users -> Providers
        components Main, Counter, LedCtl, Config;        // Wired components
        Main.StdControl -> Counter.Ctl;
        Main.StdControl -> LedCtl.Ctl;
        Main.StdControl -> Config;
        Counter.Timer -> Config;
        Counter.IntOutput -> LedCtl.Output;
        LedCtl.Leds -> Config;
}
```

3. Build & Download
 - Target Flatform : CrossBow MIB510 Programming Board
 - make micaz install mib510,/dev/ttyS0

제 5 장

T모스 부호 프로그램 응용

5.1 프로그램 소스 분석

5.2 UART 컴포넌트의 추가

5.3 모스 프로그램 응용 실습

이 장에서는 모스 부호를 모트(Mote)에 부착되어 있는 LED로 표현하여 문자를 나타내는 응용 프로그램을 구현해 본다. 하지만 여기서는 자세한 소스 설명을 하지는 않는다. 소스 설명은 뒷장에서 소개가 될 것이다.

5.1 프로그램 소스 분석

Moss.nc는 Timer를 정한 시간만큼 LED를 on/off시키도록 wiring해놓은 configuration 컴포넌트이다. 우선 apps로 이동하여 Moss디렉토리를 생성한다. mkdir Moss를 타이핑해서 Moss 디렉토리로 생성한다.

다음과 같이 따라서 코딩해보자.

1) Moss.nc

```
configuration Moss{
}
implementation {
        components Main, MossM, TimerC, LedsC;
        Main.StdControl -> MossM;
        Main.StdControl -> TimerC;

        MossM.Timer -> TimerC.Timer[unique ("Timer")];
        MossM.Leds -> LedsC;
        }
```

사용할 컴포넌트를 LedsC와 TimerC를 선언하고 사용하기 위해 불러오고 있다.

2)의 MossM.nc는 “hello”를 모스 부호로 바꾸어 LED에 표시하도록 구현해 놓은 Module 컴포넌트이다.

여기서 소개된 코드를 따라서 코딩해보자.

2) MossM.nc

```
#define MORSE_WPM 12  //speed, in words per minute
#define MORSE_UNIT (1200/ MORSE_WPM)  // millisecond per uint
module MossM{
        provides {
                interface StdControl;
        }
        uses {
                interface Timer;
                interface Leds;
                }
}

implementation {
                command result_t StdControl.init() {
                call Leds.init();
                call Leds.redOff();
                call Leds.yellowOff();
                call Leds.greenOff();
                return SUCCESS;
        }

        command result_t StdControl.start() {
                return call Timer.start(TIMER_ONE_SHOT, 1000);
        }

        command result_t StdControl.stop() {
                return call Timer.stop();
        }

        event result_t Timer.fired() {
        /* A nesC compiler bug prevent us from declaring
           static char morse[ ], so we need static char *morse */
                static char *morse = ".... . .-.. .-.. -- ";
        /* The compiler won't let us initialise a pointer to
            the start of the array either, so we'll have to do it
            run time  */
                    static char *current;
                if(!current)
                        current = morse;

                switch(*current) {
                        case ' ': //pause: yellowLED on/off for two units
```

```
                    if( !call Leds.get() ) {
          call Leds.yellowOn();
          call Timer.start(TIMER_ONE_SHOT,2*MORSE_UNIT);
                        } else{
                           call Leds.yellowOff();
                          call
              Timer.start(TIMER_ONE_SHOT,2*MORSE_UNIT);
           current++;
                    }
                    break;
                case '.':   //dot: redLED on/off for one uints
                    if( !call Leds.get() ) {
                        call Leds.redOn();
                    call Timer.start(TIMER_ONE_SHOT, MORSE_UNIT);
                    }else{
                        call Leds.redOff();
                        call Timer.start(TIMER_ONE_SHOT, MORSE_UNIT);
                        current++;
                    }
                    break;
                case '-':  //dash: redLed on for three units, off for one units
                    if ( !call Leds.get() ) {
                        call Leds.redOn();
                        call Timer.start
                              (TIMER_ONE_SHOT,3*MORSE_UNIT);
                    }else{
                        call Leds.redOff();
                 call Timer.start
    (TIMER_ONE_SHOT,MORSE_UNIT);
                        current++;
                    }
                    break;
          }
          if(!*current)
                current=morse;
          return SUCCESS;
      }
}
```

event result_t Timer.fired()문 안에서 모스 부호로 된 "hello"를 switch문을 이용하여 LED로 표현해 주고 있다.

그리고 다음과 같이 Makefile을 생성한다. 다른 디렉토리의 Makefile을 복사해와서 사용해도 된다.

$ vi Makefile

```
COMPONENT=Moss
PFLAGS +=-I%T/lib/Counters
include ../Makerules
```

이제 make로 컴파일하여 mica 보드에 업로딩해보자.

LED가 깜빡이면서 "hello"를 표현하는 것을 볼 수 있을 것이다.

〈참고〉 영문 모스 부호

A · – B – · · · C – · – · D – · · E · F · · – · G – – · H · · · · I · · J · – – – K – · – L · – · · M – –	N – · O – – – P · – – · Q – – · – R · – · S · · · T – U · · – V · · · – W · – – X – · · – Y – · – – Z – – · ·	1 · – – – –, · – 2 · · – – –, · · · – 3 · · · – –, · · · – 4 · · · · –, · · · · – 5 · · · · ·, · · · · · 6 – · · · ·, – · · · · 7 – – · · ·, – · · · 8 – – – · ·, – · · 9 – – – – ·, – · 0 – – – – –, –

5.2 UART 컴포넌트의 추가

앞에서 코딩한 모스 부호 응용 프로그램에 시리얼을 통해 모스 부호를 표시하도록 확장해보자. 통신을 위해 Moss.nc Configuration파일에서 시리얼 통신을 할 수 있도록 구현이 된 tos/interface/HPLUART.nc를 불러온다. 아래에서 소개한 소스 코드의 밑줄 친 부분이 수정해야 하는 곳이다.

1) Moss.nc

```
configuration Moss{
}
implementation {
    components Main, MossM, TimerC, LedsC, HPLUARTC;
```

```
    Main.StdControl -> MossM;
    Main.StdControl -> TimerC;
    MossM.Timer -> TimerC.Timer[unique ("Timer")];
    MossM.Leds -> LedsC;
    MossM.UART -> HPLUARTC;
}
```

2) MossM.nc

```
#define MORSE_WPM 12
#define MORSE_UNIT (1200/ MORSE_WPM)

module MossM{
        provides {
                interface StdControl;
        }
        uses {
                interface Timer;
                interface Leds;
                interface HPLUART as UART;
        }
}

 implementation {
        int state;
        command result_t StdControl.init() {
                state=1;
                call UART.init();
                call Leds.init();

          ........
          ........
        event result_t Timer.fired() {
          ........

                switch(*current) {
                        case ' ':
                                if( !call Leds.get() ) {
                                    call Leds.yellowOn();
                                    call Timer.start
                                            (TIMER_ONE_SHOT,2*MORSE_UNIT);
```

제5장

```
                                call UART.put(' ');
                            }else{
                                call Leds.yellowOff();
                                call Timer.start(TIMER_ONE_SHOT,2*
                                            MORSE_UNIT); current++;
                            }
                            break;
        ........
          ........
    event async result_t UART.get(uint8_t data) {
            return SUCCESS;
  }
            event async result_t UART.putDone() {
                return SUCCESS;
      }
  }
```

위에서 interface HPLUART as UART; 문을 통해 UART라는 별명으로 인터페이스를 사용하고 HPLUART를 형식에 맞게 구현하고 있다. 그리고 시리얼로 모스 부호를 출력하기 위해 UART.put()을 호출하고 있다. 일부 case문을 생략하였다. HPLUART 형식에 맞게 구현해 주어야 한다.

시리얼로 해당 모스 부호를 받는지 확인하기 위해서는 "하이퍼 터미널"을 57600bit/sec으로 맞추어 놓고 접속해보자.

다음은 "hello"를 하이퍼 터미널을 통해 출력하고 있는 결과화면이다.

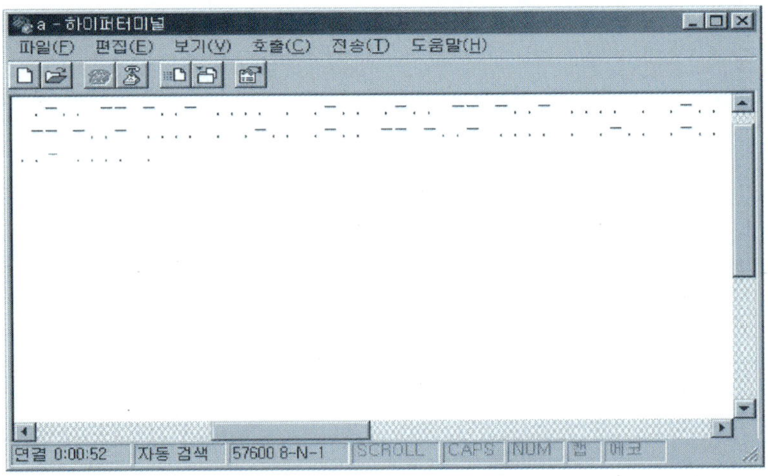

5.3 모스 프로그램 응용 실습

1. 모스(Moss) 프로그램에 시리얼 통신을 추가한 응용 프로그램을 완성해 보자.

2. 작성한 응용 프로그램을 수정하여 모스 부호로 자신의 학번과 이름을 찍고 LED로 표현하도록 프로그램을 작성해서 결과화면과 소스 코드를 제출하도록 하라.

풀이

```
MossM.nc

#define MORSE_WPM 12
#define MORSE_UNIT (1200/ MORSE_WPM)

module MossM{
        provides {
                interface StdControl;
        }
        uses {
                interface Timer;
                interface Leds;
                interface HPLUART as UART;
        }
}

implementation {
        int state;
        command result_t StdControl.init() {
                state=1;
                call UART.init();
                call Leds.init();
                call Leds.redOff();
                call Leds.yellowOff();
                call Leds.greenOff();
                return SUCCESS;
        }

        command result_t StdControl.start() {
                return call Timer.start(TIMER_ONE_SHOT, 1000);
        }

        command result_t StdControl.stop() {
```

```
        return call Timer.stop();
}

event result_t Timer.fired() {
        static char *morse = ".... . .-.. .-.. -- -..- ";
        static char *current;
        if(!current)
                current = morse;

        switch(*current) {
                case ' ':
                        if( !call Leds.get() ) {
                            call Leds.yellowOn();
                            call Timer.start(TIMER_ONE_SHOT,2*MORSE_UNIT);
                            call UART.put(' ');
                        }else{
                            call Leds.yellowOff();
                            call Timer.start(TIMER_ONE_SHOT,2*MORSE_UNIT);
                            current++;
                        }
                        break;
                case '.':
                        if( !call Leds.get() ) {
                            call Leds.redOn();
                            call Timer.start(TIMER_ONE_SHOT, MORSE_UNIT);
                            call UART.put('.');
                        }else{
                            call Leds.redOff();
                            call Timer.start(TIMER_ONE_SHOT, MORSE_UNIT);
                            current++;
                        }
                        break;
                case '-':
                        if ( !call Leds.get() ) {
                            call Leds.redOn();
                            call Timer.start(TIMER_ONE_SHOT,3*MORSE_UNIT);
                            call UART.put('-');
                        }else{
                            call Leds.redOff();
                            call Timer.start(TIMER_ONE_SHOT,MORSE_UNIT);
                            current++;
                        }
                        break;
        }
```

```
			if(!*current)
				current=morse;
			return SUCCESS;
		}
		event async result_t UART.get(uint8_t data) {
			return SUCCESS;
			  //call UART.put(data);
		  }
			event async result_t UART.putDone() {
			  return SUCCESS;
		  }
//		event result_t IntOutput.outputComplete(result_t success)
//		{
//			if(success == 0) state --;
//			return SUCCESS;
//		}
}


Moss.nc

configuration Moss{
}
implementation {
		components Main, MossM, TimerC, LedsC, HPLUARTC;
		Main.StdControl -> MossM;
		Main.StdControl -> TimerC;

		MossM.Timer -> TimerC.Timer[unique ("Timer")];
		MossM.Leds -> LedsC;
		MossM.UART -> HPLUARTC;
}
```

제 6 장

이벤트 기반의 센서 데이터 수집

이 장에서는 빛의 세기를 읽어서 LED로 표현하는 단순한 센서 응용 프로그램을 다룬다. 여기서 나오는 소스는 apps/Sense에 있고 센서가 읽어온 값의 하위 3bit를 LED를 통해 보여주는 동작을 한다. configuration 파일은 Sense.nc이고 구현하는 모듈 파일은 SenseM.nc 파일이다.

6.1 Module 분석 – SenseM.nc

/apps/Sense/SenseM.nc 모듈 컴포넌트를 열어보자.

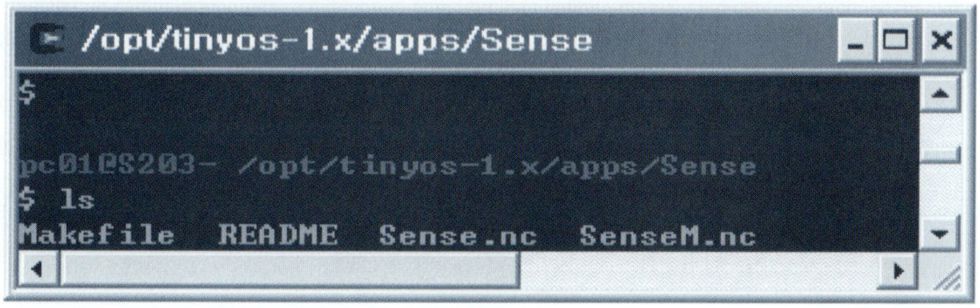

다음의 코드는 SenseM.nc의 일부분이다.

```
module SenseM {
  provides {
    interface StdControl;
  }
  uses {
    interface Timer;
    interface ADC;
    interface StdControl as ADCControl;
    interface Leds;
  }
}
// Implementation not shown ...
```

BlinkM처럼, 이 컴포넌트는 인터페이스 StdControl을 제공(provides)하고, 인터페이스 Timer와 Leds를 사용(uses)한다.

그리고 2가지 인터페이스가 추가되었는데, ADC에서 나오는 값을 접근하는 데 사용하는 인터페이스 ADC와 컴포넌트 ADC를 초기화하는 데 사용되는 인터페이스

StdControl이다.

이 응용 프로그램은 SingleTimer에 있는 TimerC라는 새로운 컴포넌트를 사용한다. 그 이유는 SingleTimer가 하나의 컴포넌트만 사용할 수 있는 오직 하나의 타이머를 제공하는 반면에 TimerC는 다수의 타이머를 대신 사용하는 것을 허용하기 때문이다. Timer에 관해서는 잠시 후에 더 살펴보자.

다음은 as문을 사용하여 인터페이스 StdControl를 ADCCommnd로 변경한다.

```
interface StdControl as ADCConrol;
```

이것은 이 컴포넌트가 인터페이스 StdControl를 사용하지만 ADCControl라는 이름으로 interface 대신 변경한다는 말이다. 이와 같은 방법으로 컴포넌트는 같은 인터페이스에 다수의 변경문으로 요구할 수 있다. 예를 들면, ADC와 sounder 컴포넌트를 별도로 제어하기 위해 인터페이스 StdControl을 변경하여 사용할 필요로 하는 경우는 as문을 사용하여 다음과 같이 처리한다.

```
interface StdControl as ADCControl;
interface StdControl as SounderControl;
```

이 모듈을 사용한 configuration은 각각의 인터페이스 대신 변경하고 묶어서 어떤 실질적인 구현을 수행하게 된다.

만약 인터페이스를 다른 이름으로 대신하여 제공하지 않는다면 이 때에는 인터페이스는 같은 이름을 갖게 된다.

```
Interface ADC
```

이것은 interface ADC as ADC의 의미는 as의 명령어로 ADC로 변환을 의미한다.

tos/interface에 있는 인터페이스 StdControl와 ADC를 살펴보자.

StdControl은 보통 물리적 하드웨어의 한 부분인 컴포넌트를 초기화하고 구동하는 데 사용되고 ADC는 ADC 채널로부터 데이터를 획득하는 데 사용된다.

ADC가 이벤트로 dataready()를 신호하면 데이터는 채널에서 준비된다. async 키워드가 인터페이스 ADC에 사용한다. 이것은 commands와 events가 비동기적인 코드로 선언된다. 예제로 코드는 하드웨어 인터럽트에 대한 응답으로 구동할 수 있다.

apps/Sense/SenseM.nc 파일에서 코드가 단순히 Timer.fired()에서 신호할 때마다 ADC.getData()를 호출한다. 마찬가지로 ADC. dataReady()가 신호할(signal) 때 내부 함수 display()가 불려지고 LED에 ADC 값의 LSB(low-order bit)를 넣고 있다.

StdControl.init()의 구현에는 rcombime()함수가 사용된다.

```
return rcombine(call ADCControl.init((), call Leds.init());
```

rcombine()함수는 반환형태가 result_t인 두 command의 논리연산 and를 반환하는 특별한 nesC 결합함수이다.

6.2 Configuration 분석 – Sense.nc

다음은 configuration 컴포넌트 Sense.nc에 대해 알아본다.

"Sense 응용 프로그램에서 어떻게 ADC 채널이 조도센서에 접근하는 것일까?" 이 점이 궁금할 것이다.

일단 Sense.nc configuration으로 정확히 접근 동작 상태를 파악할 수 있다.

```
configuration Sense {
  // this module does not provide any interface
}
implementation
{
  components Main, SenseM, LedsC, TimerC, DeMossnsorC as Sensor;

  Main.StdControl -> TimerC;
  Main.StdControl -> DeMossnsorC;
  Main.StdControl -> SenseM;

  SenseM.ADC -> Sensor;
  SenseM.ADCControl -> Sensor;
  SenseM.Leds -> LedsC;
  SenseM.Timer -> TimerC.Timer[unique("Timer")];
}
```

대부분은 Blink와 거의 유사하다. Main.StdControl은 SenseM를 StdControl인터페이스로 연결된다. Leds 인터페이스는 또한 Blink와 유사하다. ADC의 인터페이스는 다음과 같다.

```
SenseM.ADC -> Sensor;
SenseM.ADCControl -> Sensor;
```

DeMossnsorC 컴포넌트를 인터페이스 ADC를 사용하여 SenseM으로 연결된다. 마찬가지로 인터페이스 ADCControl은 컴포넌트 SenseM에서 사용되는 인터페이스 StdConrol을 대신해서 사용하여 인터페이스 ADCControl에 의해 컴포넌트 Sensor로 연결된다.

다음의 코드를 살펴보자.

```
SenseM.ADC -> Sensor;
```

위 코드는 아래 코드로 축약해서 사용한 것이다. 즉 인터페이스가 ADC로 같음을 의미한다.

```
SenseM.ADC -> Sensor.ADC;
```

반면에 아래 코드는 인터페이스 ADControl을 사용했다.

```
SenseM.ADControl -> Sensor;
```

그리고 아래 코드는 인터페이스를 ADC와 ADCControl를 사용했으므로 위 코드와 다름을 알 수 있다.

```
SenseM.ADC -> Sensor.ADCControl;
```

만약 tos/sensorboards/micasb 안에 있는 컴포넌트 DeMossnsorC.nc를 보면, 인터페이스 ADC와 StdControl 두 인터페이스를 제공하는 것을 볼 수 있다.

이것은 ADCControl이라고 불리는 인터페이스가 아니다. ADCControl은 단지 컴포넌트 SenseM에서 StdControl 인스턴스에게 준 이름에 지나지 않는다.

분명, nesC 컴파일러는 SenseM.ADCControl이 인터페이스 StdControl 인스턴스이기 때문에 DeMossnsorC가 제공한 인터페이스 StdControl 인스턴스를 연결할 필요한 것을 찾아낸다.

만약에 DeMossnsorC가 2개의 StdControl 인스턴스를 제공하였다면, 연결이 애매하기 때문에 에러가 발생하게 된다.

그러므로 다음과 같이 정리하였다.

```
SenseM.ADCControl -> Sensor; 는 SenseM.ADCControl -> Sensor.StdControl;
```

위 코드처럼 축약된 형태인 것이다.

6.3 타이머와 파라미터된 인터페이스 분석

다음 코드를 살펴보자.

```
SenseM.Timer -> TimerC.Timer[unique("Timer")];
```

새로운 구문인 파라미터된 인터페이스를 소개한다.

파라미터화한 인터페이스는 동작 중이나 컴파일 중에 인자 값에 의해서 파라미터 처리된 인터페이스의 다양하게 대신 제공하는 컴포넌트를 허용한다.

컴포넌트가 다수의 인터페이스 대신에 제공할 수 있는 것과 다른 이름으로 대신하여 제공된다. 예를 들면 다음과 같다.

```
provides {
  interface StdControl as fooControl;
  interface StdControl as barControl;
}
```

이것은 단지 동일한 개념의 생성에 지나지 않는다.

컴포넌트 TimerC는 다음처럼 선언한다.

```
provides interface Timer[uint8_t id];
```

위 코드를 바꾸어 말하면, 각 uint8_t id값을 위해 256개의 다른 인터페이스 Timer 대신에 제공한다는 것이다.

아래 경우에, TinyOS 응용프로그램은 독립적으로 관리할 수 있도록 다수의 timer를 생성하고 사용하는 것을 원한다.

예를 들자면, 응용 프로그램 컴포넌트는 일정 속도(초당 한번 정도) 센서가 읽은 값을 얻기 위해 타이머가 fire하는 것을 필요로 하고 반면에 또 다른 컴포넌트는 무선 전송 관리를 위해 다른 속도로 타이머가 fire되는 것을 필요로 한다고 하자. 이런 경우 TimerC에 의해 제공된 인터페이스 Timer를 각각의 컴포넌트들에게 인터페이스 Timer로 연결하는 방법을 사용해서 각 컴포넌트는 효과적으로 자신만의 개인적인 타이머를 얻을 수 있도록 한다.

TimerC.Timer[someval]을 말할 때, BlinkM.Timer는 각 괄호([]) 안의 값에 기술하는 인터페이스 Timer 대신에 연결해야 하는 것을 일일이 서술하고 있다.

여기에는 8-bit의 양수가 될 수 있다. 만약 여기에 특정한 값(38이나 42 등)을 기술해 줄 경우 우연히 다른 컴포넌트와 괄호 안에 같은 값을 사용한다면 같은 값으로 사용하고 있는 다른 컴포넌트에 의해 충돌이 일어날 수 있다.

그래서, 컴파일 때에 주어진 문자열 인자 값으로부터 유일한 8-bit 구분자를 생성하는 상수 함수 unique()를 사용한다. 여기서,

```
unique("Timer")
```

는 "Timer" 문자열에 적합한 세트로부터 유일한 8bit 수를 생성한다. 따라서 문자열이 같은 인자를 사용하는 한 unique("Timer")를 사용하는 모든 컴포넌트가 다른 8bit 값을 얻는 것을 보장한다. 한 컴포넌트가 unique("Timer")를 사용하고 또한 컴포넌트가 unique("Mytimer")를 사용하면, 이 둘은 동일한 8bit 값을 얻게 된다.

그래서 여기서 소개된 unique() 함수 인자는 파라미터화한 인터페이스라는 것을 사용하는 좋은 예이다.

그리고 uniqueCount("Timer")는 unique("Timer")를 사용한 횟수를 기록하는 역할을 한다.

6.4 Sense 프로그램 응용

이 장에서 소개한 Sense프로그램을 컴파일하여 mica 보드에 업로딩해보자. 방법은 5장에서 소개하였다.

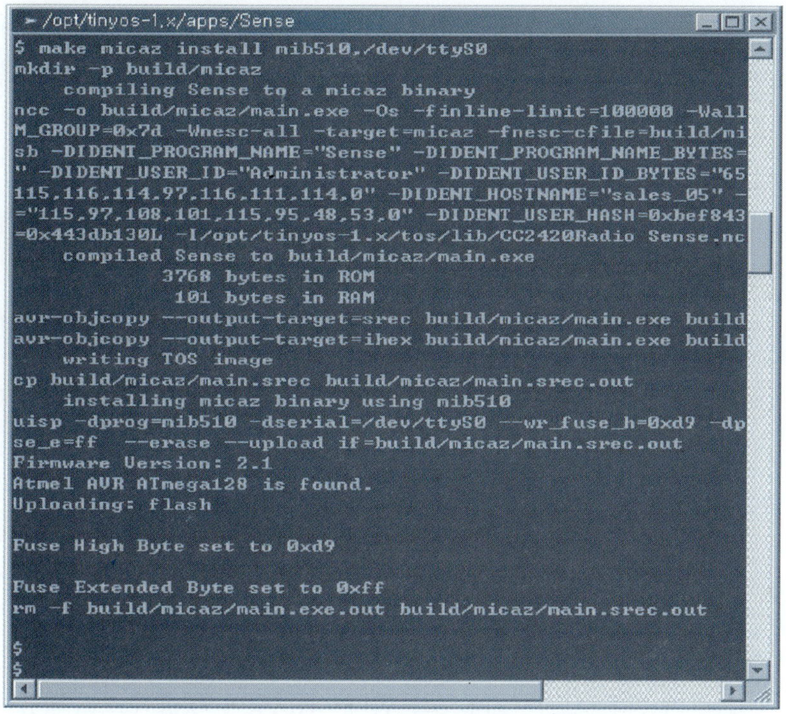

업로딩이 잘되었다면 mib510 게이트웨이 보드의 윗부분 커넥터에는 Mote(MPR 2400)를, 아래에는 Sensor(MTS300)를 연결해보자.

빛의 세기를 LED로 표현해주는 것을 볼 수 있을 것이다.

다음으로 센서가 빛에 반응하는 것이 아니라 온도에 반응하도록 코드를 수정해보자.

Sense.nc에서 빛의 세기에 반응한 값을 얻기 위해 묶은 컴포넌트 DemoSensorC.nc를 수정해준다.

tos/sensorboards/micasb/DemoSensorC.nc에 위치한다. DemoSensorC.nc를 보자. 아래 코드는 빛의 세기만을 센싱하도록 정의하고 있다.

```
components Photo as Sensor;
```

이 값을 온도를 센싱하도록 아래와 같이 수정한다.

```
components Temp as Sensor;
```

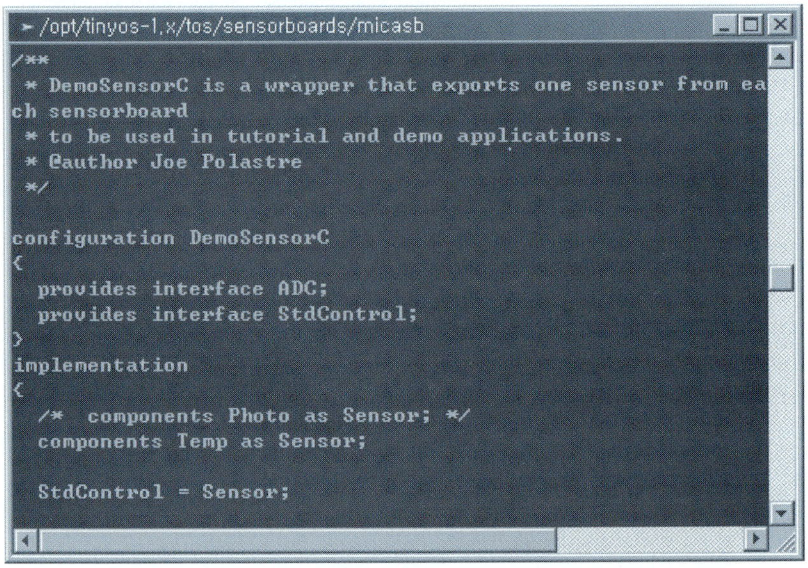

```
/**
 * DemoSensorC is a wrapper that exports one sensor from ea
ch sensorboard
 * to be used in tutorial and demo applications.
 * @author Joe Polastre
 */

configuration DemoSensorC
{
  provides interface ADC;
  provides interface StdControl;
}
implementation
{
  /*  components Photo as Sensor; */
  components Temp as Sensor;

  StdControl = Sensor;
```

코드 수정이 끝났다면 다시 컴파일하여 업로딩해보자.

물론 기존의 코드는 지우도록 한다. 업로딩이 정상적으로 되었다면 온도 변화에 따른 LED display의 변화를 보기위해 입김으로 따뜻한 바람을 불어보도록 하자.

6.5 H-mote를 사용한 응용 실습

이 장에서 소개한 Sense프로그램을 컴파일하여 Hyper-Hmote 보드에 업로딩해 보자. 방법은 앞장에서 소개하였다.

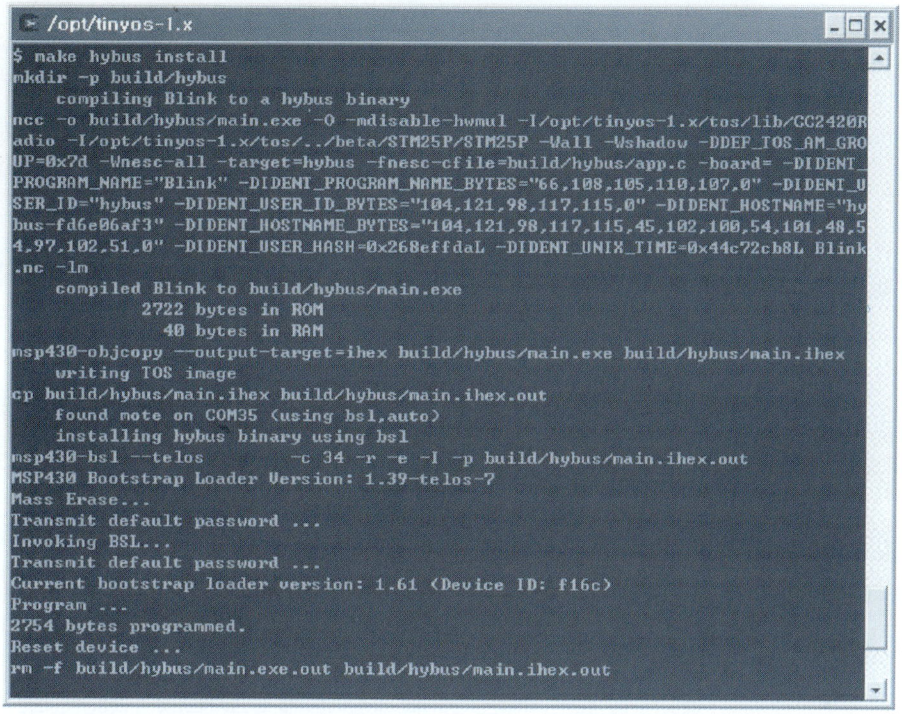

업로딩이 잘되었다면 빛의 세기를 LED로 표현해주는 것을 볼 수 있을 것이다.

다음으로 센서가 빛에 반응하는 것이 아니라 온도에 반응하도록 코드를 수정해보자.

Sense.nc에서 빛의 세기에 반응한 값을 얻기 위해 묶은 컴포넌트 Photo.nc를 수정해준다.

tos/sensorboards/hybus1/DemoSensorC.nc에 위치한다.

DemoSensorC.nc를 보자. 아래 코드는 빛의 세기만을 센싱하도록 정의하고 있다.

```
components Photo as Sensor;
```

이 값을 온도를 센싱하도록 아래와 같이 수정한다.

```
components InternalTempC as Sensor;
```

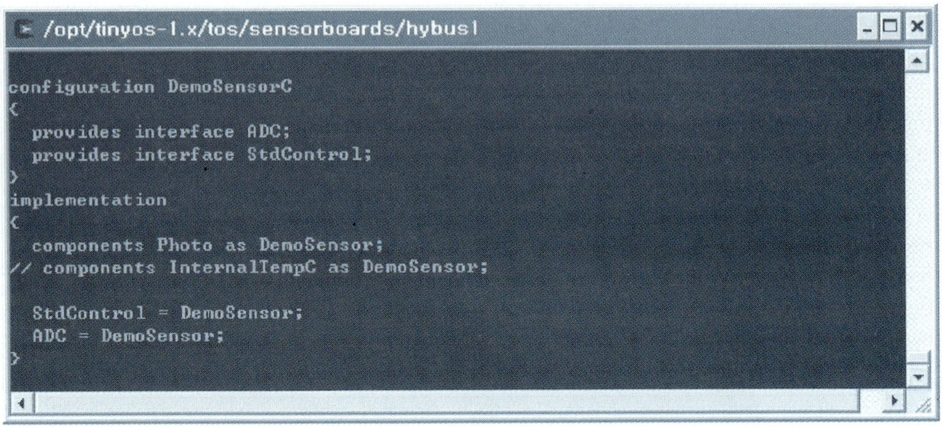

코드 수정이 끝났다면 다시 컴파일하여 업로딩해보자. 물론 기존의 코드는 지우도록 한다. 업로딩이 정상적으로 되었다면 온도 변화에 따른 LED display의 변화를 보기 위해 입김으로 따뜻한 바람을 불어보도록 하자.

6.6 센서 응용 실습

1. 센서 응용 프로그램에 UART 기능을 추가하여 출력되는 값을 시리얼 프로그램 등을 이용해 출력해보자. 출력되는 값은 0~7로 밝을수록 값이 높아진다.
   (참고 파일 : apps/Hybus_PhotoTest 의 내용 중, UART component의 사용)
   ➜ 출력 예

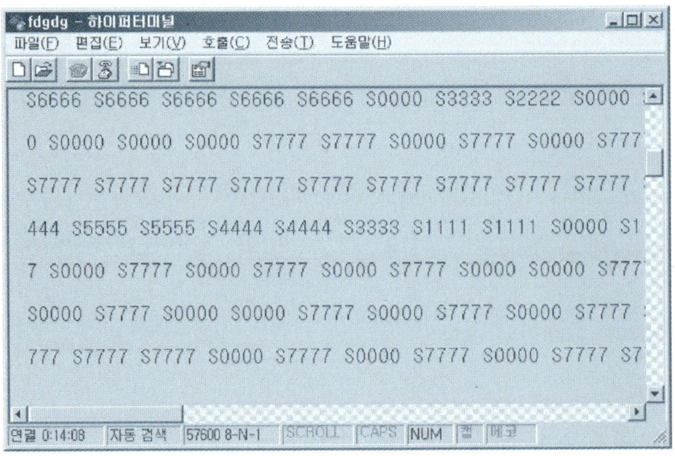

2. 센서 응용 프로그램에 sensor board의 sounder 기능을 추가해서 어두울 때 소리를 내는 동작을 하도록 프로그래밍해보자. 다음을 참고한다.

- tos/sensorboards/micasb/Sounder.nc와 인터페이스 StdControl 컴포넌트를 이용한다.
- SenseM.nc에 StdControl as Sounder Control을 추가한다.
- implementation에서 Sounder 컴포넌트를 초기화시키도록 call init()를 작성하고, Sounder Control.start()를 호출(call)하면 sounder가 켜지고 Sounder Control.stop()를 호출(call)하면 sounder가 꺼지도록 구현한다.

풀이

- Extend the capability of the application by chirping the sensor board's sounder when it is dark.

```
1. Composition elements
        Sense.nc
        SenseM.nc
        Sounder.nc
        SounderM.nc

2. Source
 - Sense.nc
// Main Configuration
configuration Sense {
// this module does not provide any interface
}
implementation
{
  // Used modules and configuration files
  components Main, SenseM, LedsC, TimerC, DeMossnsorC as Sensor, Sounder;
  Main.StdControl -> Sensor;
  Main.StdControl -> TimerC;
  Main.StdControl -> SenseM;
  SenseM.PhotoADC -> Sensor.ADC;
  SenseM.SoundCtl -> Sounder.StdControl;
  SenseM.Leds -> LedsC;
  SenseM.Timer -> TimerC.Timer[unique("Timer")];

 - SenseM.nc
module SenseM {
  provides {
```

제6장

```
    interface StdControl;
  }
  uses {
    interface Timer;
    interface ADC as PhotoADC;
    interface StdControl as SoundCtl;
    interface Leds;
  }
}
implementation {
  // declare module static variables here
  /**
   * Module scoped method. Displays the lowest 3 bits to the LEDs and output sound
   * with RED being the most signficant and YELLOW being the least significant.
   *
    * @return returns <code>SUCCESS</code>
    **/
   // Output sound task function
  task void soundStart()
  {
    call SoundCtl.start();
  }
  task void soundStop()
  {
    call SoundCtl.stop();
  }
  // display is module static function
  result_t display(uint16_t value)
  {
    if (value &1) call Leds.yellowOn();
    else call Leds.yellowOff();
    if (value &2) call Leds.greenOn();
    else call Leds.greenOff();
    if (value &4)
    {
       call Leds.redOn();
       post soundStart();          // Output sound of buzzer When It is dark
    }                              // value : 0xXXX4, 0xXXX5, 0xXXX6, 0xXXX7
    else
    {
       call Leds.redOff();
       post soundStop();
    }
    return SUCCESS;
  }
```

```
/**
 * Initialize the component. Initialize Leds
 *
 * @return returns <code>SUCCESS</code> or <code>FAILED</code>
 **/
// implement StdControl interface
command result_t StdControl.init() {
  return call Leds.init();
}
/**
 * Start the component. Start the clock.
 *
 * @return returns <code>SUCCESS</code> or <code>FAILED</code>
 **/
command result_t StdControl.start() {
  return call Timer.start(TIMER_REPEAT, 500);
}
/**
 * Stop the component. Stop the clock.
 *
 * @return returns <code>SUCCESS</code> or <code>FAILED</code>
 **/
command result_t StdControl.stop() {
  return call Timer.stop();
}
/**
 * Read sensor data in response to the <code>Timer.fired</code> event.
 *
 * @return The result of calling ADC.getData().
 **/
event result_t Timer.fired() {
  call PhotoADC.getData();              // Get digit data from ADC
  return SUCCESS;
}

/**
 * Display the upper 3 bits of sensor reading to LEDs
 * in response to the <code>ADC.dataReady</code> event.
 * @return Always returns <code>SUCCESS</code>
 **/
 // ADC data ready event handler
async event result_t PhotoADC.dataReady(uint16_t data) {
  display(7-((data)>>7) &0x7));
  return SUCCESS;
}
```

```
}

 - Sounder.nc
// SoundM's Configuration
includes sensorboard;  // PATH : tos/sensorboard/micasb/
configuration Sounder
{
  provides interface StdControl;
}
implementation
{
  components SounderM;
  StdControl = SounderM;
}

 - SounderM.nc
// This module is sounder
module SounderM {
  provides interface StdControl;
}
implementation
{
  command result_t StdControl.init() {  // Initialize sound module
    TOSH_MAKE_SOUNDER_CTL_OUTPUT();
    TOSH_CLR_SOUNDER_CTL_PIN();
    dbg(DBG_BOOT, "SOUNDER initialized.₩n");
    return SUCCESS;
  }

  command result_t StdControl.start() { // Start a buzzer operation
    TOSH_SET_SOUNDER_CTL_PIN();
    dbg(DBG_SOUNDER, "SOUNDER started.₩n");
    return SUCCESS;
  }

  command result_t StdControl.stop() { // Stop a buzzer operation
    TOSH_CLR_SOUNDER_CTL_PIN();
    dbg(DBG_SOUNDER, "SOUNDER stopped.₩n");
    return SUCCESS;
  }
}
```

제 7 장

응용 데이터 프로세싱을 위한 Task 소개

이 장에서는 응용 프로그램에서 "background" 프로세싱을 위해 일반적으로 사용되는 task라는 개념을 소개한다. 여기서는 6장에서 다룬 응용 프로그램 Sense를 수정한 SenseTask라는 응용 프로그램을 사용한다.

7.1 Task 생성과 스케줄링

TinyOS는 task와 hardware event handlers로 구성된 2 단계의 스케줄링 계층을 제공한다.

async 키워드가 command나 event에 선언되면 하드웨어 이벤트 핸들러에 의해서 실행하게 된다.

이것은 언제나 선점한 다른 코드에 의해 실행될 수 있다는 말로, async command와 async event는 작은 양의 작업을 빠르게 수행한다.

하지만 추가적으로 async commnad나 event가 접근하는 공유하고 있는 모든 데이터는 data race 가능성을 주의해야 한다.

Tasks는 background 데이터 처리 같은 긴 프로세스 수행을 하는 데 사용되고 하드웨어 이벤트 핸들러에 의해 선점될 수 있다.

태스크는 다음의 구문을 사용하여 implementation module을 선언한다.

```
task void taskname() {...}
```

taskname()에는 원하는 것이면 어떤 것이든 상징적인 이름을 할당할 수 있고, 태스크는 반드시 void를 반환하거나 아무 인자도 취해서는 안 된다.

뒤에 있을 실행을 위해 task를 신속히 처리하기 위해 다음의 구문을 사용한다.

```
post taskname();
```

태스크는 command, event, 또 다른 task 속에서 post처리될 수 있다.

post 작동은 FIFO 순서로 움직이는 내부적 task queue에 task를 쌓는 일을 한다. 태스크는 실행될 때, 다음 태스크가 동작하기 전에 수행을 완료하려고 해야 하기 때문에 태스크는 오랜 시간동안 반복되거나 큰 덩어리는 안 된다.

태스크는 서로 선점될 수 없지만 하드웨어 이벤트 핸들러에 의해 선점된다.

긴 오퍼레이션을 연속적으로 작동시키는 것이 필요하다면 덩치 큰 task를 사용하는 것보다는 각각의 오퍼레이션을 위해 분리한 task를 빨리 처리해야 한다.

7.2 SenseTask 응용 프로그램

Sense 응용 프로그램을 수정한 /apps/SenseTask를 설명한다.

컴포넌트 SenseTaskM은 최신의 조도 센서 샘플을 포함하고 있는 원형의 데이터 버퍼(rdata)를 유지한다.

putdata()함수는 버퍼에 새로운 샘플을 넣는 데 사용된다.

이벤트 dataReady()는 단순히 버퍼에 데이터를 모아서 처리하기 위해 process Data()라고 태스크를 post처리한다.

```
// ADC data ready event handler
async event result_t ADC.dataReady(uint16_t data) {
putdata(data);
post processData();
return SUCCESS;
}
```

async 이벤트가 수행된 후에 다른 태스크들은 실행을 기다리고 있으면 태스크 processData()는 동작한다. 최근의 ADC 샘플을 합산하고 LED에는 합산된 값의 상위 3bit를 표현한다.

```
SenseTaskM.nc, continued
 task void processData() {
 int16_t i, sum=0;

 atomic {
 for (i=0; i < size; i++)
 sum += (rdata[i] >> 7);
 }
 display(sum >> log2size);
 }
```

태스크 processData() 안에 있는 atomic 키워드는 nesC atomic 문의 사용법을 설명한다.

중괄호({})의 코드 부분은 선점 없이 실행하라는 뜻이다. 예를 들면, 보호되고 있는 공유된 버퍼 rdata에 접근한다.

시스템이 민감하게 반응하지 않게 만드는 것인 Atomic 문은 하드웨어 인터럽트 핸들링을 지연시킨다. 이 효과를 극소화하기 위해, 외부 command나 event가 실행될 때에 컴포넌트가 묶여 있는 상태에 의존하면 가능하고 nesC의 atomic문은 avoid 형의 커맨드 호출이나 이벤트 신호를 사용해야 한다.

7.3 SenseTask 응용 실습

SenseTask 응용 프로그램에서 rdata 배열 요소들을 합계에 추가하는 태스크 porcessData()를 분해해보자. processData()는 완전한 합계 처리과정을 계속하기 위해 자신을 post처리하고 배열의 마지막 요소가 처리되면 LED에 표시하고 있다. 하지만 processedData()는 ADC.dataReady()부터 post 처리되기 때문에 연산에 의해 합쳐진 값이 LED에 뿌려지기 전에 대기하고 있는 새로운 태스크 인스턴스가 수행되지 못하도록 처리하기 위해 flag 추가를 필요로 한다. 응용 프로그램을 수정하여 rdata 버퍼에 데이터가 가득차서 합계가 계산된 후에 LED를 디스플레이해주도록 플래그 처리해주자.

제7장

풀이

- Try to break up the processData() task so that each invocation of the task only adds one element of the rdata array to sum.

```
1. Composition elements
        SenseTask.nc
        SenseTaskM.nc

2. Source
 - SenseTask.nc
// Main Configuration
configuration SenseTask {
// this module does not provide any interfaces
}
implementation
```

```
{
  components Main, SenseTaskM, LedsC, TimerC, DeMossnsorC as Sensor;
  Main.StdControl -> TimerC;
  Main.StdControl -> Sensor;
  Main.StdControl -> SenseTaskM;
  SenseTaskM.Timer -> TimerC.Timer[unique("Timer")];
  SenseTaskM.ADC -> Sensor;
  SenseTaskM.Leds -> LedsC;
}

 - SenseTaskM.nc
module SenseTaskM {
  provides {
    interface StdControl;
  }
  uses {
    interface Timer;
    interface ADC;
    interface Leds;
  }
}
implementation {
  enum {
    log2size = 3,                    // log2 of buffer size
    size=1 << log2size,              // Circular buffer size
    sizemask=size - 1,               // bit mask
  };

  // declare module static variables here
  int8_t head;        // index to the head of the circular buffer
  int16_t rdata[size];  // circular buffer
  bool flag;      // display flag (enable/disable)
  int16_t sum;

 /**
   * Module scoped method. Save sensor data into circular buffer.
   *
   * @return returns void
   **/
  inline void putdata(int16_t val)          // head : range 0 to 7
  {
    int16_t p;
    atomic
    {
        p = head;
```

```
            head = (p+1) & sizemask;   // bit mask
            rdata[p] = val;
            dbg(DBG_UART, "putdata : %d₩n", rdata[p]);
            if (head == 0)
                flag = TRUE;               // display() is enable
        }
    }
    /**
     * Module scoped method. Displays the lowest 3 bits to the LEDs,
     * with RED being the most signficant and YELLOW being the least significant.
     *
     * @return returns <code>SUCCESS</code>
     **/
    // display is a module static function
    result_t display(uint16_t value)
    {
        if (value &1) call Leds.yellowOn();
        else call Leds.yellowOff();
        if (value &2) call Leds.greenOn();
        else call Leds.greenOff();
        if (value &4) call Leds.redOn();
        else call Leds.redOff();
        atomic {
        flag = FALSE;             // display() is disable
        }
        sum = 0;                  // clear sum value
        return SUCCESS;
    }

    /**
     * Module task. Process sensor reading, compute the average, and
     * display it.
     * @return returns void
     **/
    task void processData()       // task function
    {
//      int16_t i, sum = 0;
        atomic
//          for (i=0; i<size; i++)
        {
            sum += (rdata[head-1] >> 7);
            dbg(DBG_UART, "sum = %d₩n", sum);
        if (flag == TRUE)
            display(sum >> log2size);
        }
```

```
}
/**
 * Initialize the component. Initialize Leds
 *
 * @return returns <code>SUCCESS</code> or <code>FAILED</code>
 **/
command result_t StdControl.init() {
  atomic head =0;
  atomic flag = FALSE;
  return call Leds.init();
}

/**
 * Starts the timer.
 *
 * @return The value of calling <tt>Timer.start()</tt>.
 **/
command result_t StdControl.start() {
  call Timer.start(TIMER_REPEAT, 500);
  return SUCCESS;
}

/**
 * Stops the timer.
 *
 * @return The value of calling <tt>Timer.stop()</tt>.
 **/
command result_t StdControl.stop() {
  call Timer.stop();
  return SUCCESS;
}

/**
 * Read sensor data in response to the <code>Timer.fired</code> event.
 *
 * @return The value of calling <tt>ADC.getData()</tt>.
 **/
event result_t Timer.fired() {
  return call ADC.getData();              // Convert Analog to Digital
}


/**
 * In response to <code>ADC.dataReady</code>, store sensor data
 * and post task for averaging.
```

```
  * @return returns <code>SUCCESS</code>
  **/
 async event result_t ADC.dataReady(uint16_t data) { // Data is ready
   putdata(data);
   post processData();
   return SUCCESS;
 }
}
```

제 8 장

무선통신 프로그램

이 장에서는 2가지 개념, 즉 컴포넌트 도표의 계층적 분해와 무선 통신 사용에 대해 설명한다.

CntRoLedsAndRfm은 현재의 카운터 값을 다수의 출력 인터페이스 즉, LED와 무선 스택으로 내보내는 것으로 Blink의 변형이다.

RfmToLeds는 무선으로 데이터를 받아서 LED에 표현해 준다. CntToLedsAndRfm으로 프로그래밍된 모트는 카운터 값을 무선으로 전송하는 일을 한다. RfmToLeds로 프로그래밍된 모트는 수신한 카운터 값을 LED에 표현해준다. [그림 8-1]처럼 모트 1에는 송신용 응용 프로그램인 CntToLedsAndRfm을 포팅하고 모트2에는 수신용 응용 프로그램인 RfmToLeds을 포팅하면 2개의 모토가 송신됨을 알 수 있다.

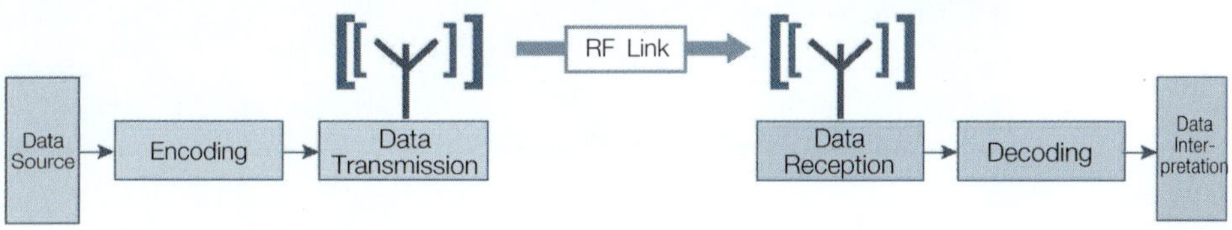

[그림 8-1] 무선통신처리 과정

만약에 mica2나 mica2dot를 사용한다면, 모트가 가지고 있는 무선 주파수 (433~916MHz)에 맞게 선택해주어야 하며, 컴파일러에게 사용하고 있는 주파수를 알려주어야 한다. 그리고 "apps" 디렉토리에 있는 "Makelocal"을 수정해주어야 한다.

/tos/platform/mica2/CC1000Const.h에 미리 정해진 값인 CC1K_DEF_ PRESET이나 묵시적으로 정해지는 주파수 값인 CC1K_DEF_FREQ로 정의해주어야 한다.

$cd /opt/tinyos-1.x/TOS/platform/mica2

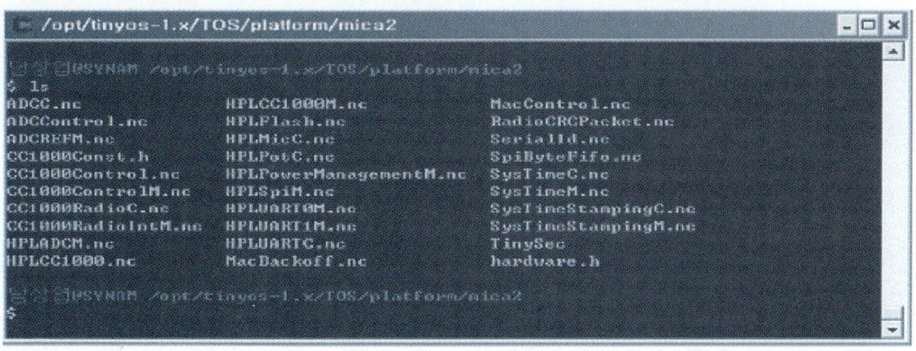

제8장

Vi cc1000Const.h에서 주파수 설정(cc1k_915_998_MHz)

```
/opt/tinyos-1.x/TOS/platform/mica2
#define CC1K_315_178_MHZ         0x04

#ifdef CC1K_DEFAULT_FREQ
#define CC1K_DEF_PRESET (CC1K_DEFAULT_FREQ)
#endif
#ifdef CC1K_MANUAL_FREQ
#define CC1K_DEF_FREQ (CC1K_MANUAL_FREQ)
#endif

#ifndef CC1K_DEF_PRESET

//#define CC1K_DEF_PRESET        (CC1K_433_002_MHZ)
#define CC1k_DEF_PRESET (CC1k_915_998_MHZ)
#endif


//#define CC1K_SquelchInit         0x02F8 // 0.90V using the bandgap reference
#define CC1K_SquelchInit         0x138
#define CC1K_SquelchTableSize    9
#define CC1K_MaxRSSISamples      5
#define CC1K_Settling            1
#define CC1K_ValidPrecursor      2
```

8.1 LED를 이용한 RF 응용-CntToLedsAndRfm

CntToLedsAndRfm.nc의 디렉토리를 찾아 컴파일하고 업로딩해보자.

```
/opt/tinyos-1.x/apps/CntToLedsAndRfm

남상엽@SYNAM /opt/tinyos-1.x/apps/CntToLedsAndRfm
$ make micaz reinstall mib510,/dev/ttyS0
cp build/micaz/main.srec build/micaz/main.srec.out
    installing micaz binary using mib510
uisp -dprog=mib510 -dserial=/dev/ttyS0 --wr_fuse_h=0xd9 -dpart=ATmega128 --wr_f
se_e=ff  --erase --upload if=build/micaz/main.srec.out
Firmware Version: 2.1
Atmel AVR ATmega128 is found.
Uploading: flash

Fuse High Byte set to 0xd9

Fuse Extended Byte set to 0xff
rm -f build/micaz/main.exe.out build/micaz/main.srec.out

남상엽@SYNAM /opt/tinyos-1.x/apps/CntToLedsAndRfm
$ _
```

이 응용 프로그램은 단지 configuration 컴포넌트로만 이루어져 있고, module 컴포넌트는 라이브러리에 있다는 것을 참고하자.

```
CntToLedsAndRfm.nc
configuration CntToLedsAndRfm { }implementation {components Main, Counter,
IntToLeds, IntToRfm, TimerC;-> Counter.StdControl;-> IntToLeds.StdControl;->
IntToRfm.StdControl;Main.StdControl -> TimerC.StdControl;-> TimerC.Timer
[unique("Timer")];<- Counter.IntOutput;-> IntToRfm; }
```

(Main.StdControl 또는 Counter.IntOutput 같은) 단일 인터페이스의 요구사항은 다수의 implementations을 위해 일반적으로 전자 회로에서 한 게이트의 출력을 다른 곳으로 배분하여 연결한 출력선의 수를 말하는 데이터처럼 배분되어 사용되는 것을 말한다. 팬아웃(fanned-out)될 수 있다.

여기서는 Main.StdControl를 컴포넌트 Counter, IntToLeds, IntRoRfm, TimerC와 묶었다. 이 컴포넌트는 tos/lib/Counter 디렉토리에 위치하고 있다. 다양한 컴포넌트의 이름은 그 자신이 무슨 동작을 하는 것인지 말해 주고 있다.

카운터는 자신을 유지하기 위해 이벤트 Timer.fired()를 받는다. IntToLeds와 IntToRfm은 16bit 값으로 호출하는 커맨트 output()과 result_t로 호출하는 이벤트 outputComplete()를 가진 인터페이스 IntOutput을 제공한다. IntToLeds는 LED에 자신의 값을 하위 3bit에 표현한다. 그리고 IntToRfm은 무선으로 16bit 값을 브로드캐스팅한다.

그래서 인터페이스 Counter.Timer를 TimerC.Timer에 묶고, Counter.IntOutput은 IntToLeds와 IntToRfm 둘 다를 묶는다.

NesC 컴파일러는 모든 Counter의 요청을 위해 코드를 생성한다. 커맨드 IntOutput.output()는 커맨드 IntToLeds와 IntToRfm 둘 모두를 요청한다.

묶기 화살표는 항상 어느 한쪽의 방향으로만 갈 수 있다는 것을 기억하자.

화살표는 항상 사용하는 interface로부터 제공해주는 implementation을 가리킨다.

Mica 모트를 사용한다고 가정하고, make mica install을 사용하여 build해서 설치해보자. mote의 LED에 3bit 이진수 카운터를 보게 될 것이다.

물론 모트는 무선으로 값을 보내고 있다. 이 부분은 뒤에서 살펴본다.

Hyper H-mote를 사용한다고 가정하고, make hybus install을 사용하여 build해서 설치해보자.

mote의 LED에 3bit 이진수 카운터를 보게 될 것이다. 물론 모트는 무선으로 값을 보내고 있다. 이 부분은 뒤에서 살펴본다.

1) 메시지 전송 컴포넌트 – IntToRfm

IntToRfm은 인터페이스 IntOutput를 통해 출력 값을 받고 이것을 무선으로 브로드캐스팅하는 단순한 컴포넌트이다. TinyOS의 무선 통신은 네트워크 상에서 각 패킷에게 수신 노드가 요청하는 handler ID를 정해준 액티브 메시지(AM)를 따른다. 정수인 handler ID나 '포트 번호'는 메시지의 헤더에 포함되어 전송된다. 메시지가 수신될 때, 수신 이벤트는 핸들러 ID에 신호를 주는 것과 관련이 있다. 그리고 다른 각각의 모트들이 서로 다른 이벤트를 수신하는 것은 동일하게 핸들러 ID와 관련이 있다. 메시지 계층에서, 성공적인 통신을 위해 필요한 5가지 측면이 있다.

① 보내는 메시지 데이터를 기술하는 것
② 메시지를 받는 노드를 기술하는 것
③ 송출되는 메시지와 관련있는 메모리가 재사용될 수 있을 때를 결정하는 것
④ 들어오는 메시지를 버퍼에 저장하기
⑤ 접수되는 메시지를 처리하기

작은 AM 안에서 메모리 관리는 작은 크기의 임베디드 환경에서 매우 요구된다.

```
IntToRfm.nc

configuration IntToRfm
{
  provides interface IntOutput;
  provides interface StdControl;
 }implementation
 {
components IntToRfmM, GenericComm as Comm;

 IntOutput = IntToRfmM;
 StdControl = IntToRfmM;

IntToRfmM.Send -> Comm.SendMsg[AM_INTMSG];
IntToRfmM.StdControl -> Comm;
}
```

이 컴포넌트는 인터페이스 IntOutput과 StdControl을 제공한다. 여기서 우리는 처음 configuration이 interface를 제공하는 것을 볼 수 있었다. 앞장들에서는 항상 다른 컴포넌트를 묶기 위해서 configuration을 사용하였다. 이번 경우에는 IntToRfm configuration 자신이 또 하나의 configuration이 묶을 수 있는 컴포넌트이다. 이해가 되는가?

implementation 부분에서

```
components IntToRfmM, GenericComm as Comm;
```

"GenericComm as Comm" 구문은 이 configuration이 컴포넌트 GenericComm를 사용할 뿐 아니라 (local) 이름으로 Comm을 주고 있다. 여기에서처럼 한 라인만 바꾸면 다른 통신 모듈에서 GenericComm을 대신하여 쉽게 교환이 될 수 있다. 그래서 Comm으로 묶인 모든 줄마다 바꿀 필요는 없다.

아래 줄에서 몇 가지 새로운 구문을 살펴보자.

```
IntOutput = IntToRfmM;
StdConrol = IntToRfmM;
```

동등 표시(=)는 IntToRfmM 안의 implementation과 IntToRfm에 의해 제공된 인터페이스 IntOutput이 "동등"하다는 것을 가리키는 데 사용한다. 여기에서는 화살표(->)를 사용하지 않는다. 이 경우는 IntToRfmM에 있는 implementation과 함께 IntToRfm에 의해 제공된 인터페이스가 "동등하다"고 생각한다.

마지막 두 라인을 살펴보자.

```
IntToRfmM.Send -> Comm.SendMsg[AM_INTMSG]
  IntToRfmM.StdControl -> Comm;
```

마지막 라인은 단순한데 IntToRfmM.StdControl을 GenericComm. StdControl에 묶는다.

첫 줄은 파라미터화한 인터페이스의 또 다른 사용을 보여준다. 이 경우에는

IntToRfmM의 인터페이스 Send를 Comm에서 제공된 인터페이스 SendMsg에 묶고 있다.

컴포넌트 GenericComm은 다음과 같이 선언되어 있다.

```
provides {
  ...
  interface SendMsg[uint8_t id];
  ...
}
```

말을 바꾸면, 각기 uint8_t 값을 가진 인터페이스 SendMsg의 인스턴스 256개를 제공하는 것이다. 이것이 액티브 메시지 핸들러 ID를 서로 묶는 방법이다. IntToRfm에서 핸들러 ID AM_INTMSG에 부합하게 인터페이스 SendMsg을 GenericComm.SendMsg에게 묶고 있다. AM_INTMSG는 tos/lib/Counters/IntMsg.h에 정의하고 있는 전역 값이다.

커맨드 SendMsg가 요청될 때 필수적으로 추가적인 인자처럼 핸들러 ID가 제공된다.

```
command result_t SendMsg.send[unit8_t id]( ... ) { ... };
```

물론 여기서 파라미터화한 인터페이스가 정확히 필요한 것은 아니다. 만약 SendMsg.send가 인자값처럼 핸들러 ID를 취하는 경우에는 수행될 필요가 있다는 것이다. 이것은 단지 nesC에서 파라미터화한 인터페이스를 사용하는 예문에 지나지 않는다.

2) 무선통신 구현 – IntToRfmM

다음은 어떻게 IntToRfm이 묶여 있는지는 알고 있을 것이다.

그러면 다음은 어떻게 메시지 통신이 구현되는가에 대해 IntToRfmM.nc의 커맨드 IntOutput.output()를 살펴보자.

```
IntToRfmM.nc

 bool pending;
 struct TOS_Msg data;

/* ... */

command result_t IntOutput.output(uint16_t value) {
IntMsg *message = (IntMsg *)data.data;

if (!pending) {
pending = TRUE;

message->val = value;
atomic {
message->src = TOS_LOCAL_ADDRESS;
}

if (call Send.send(TOS_BCAST_ADDR, sizeof(IntMsg),
&data))
return SUCCESS;
pending = FALSE;
}
return FAIL;
}
```

커맨드는 tos/lib/Counter/IntMsg.h에서 선언하고 있는 IntMsg라고 불리는 메시지 구조가 사용되고 있다.

val과 src 필드와 함께 한 단순한 구조이다.

첫 번째는 데이터 값이 되고, 두 번째는 메시지의 소스 주소가 된다.

지역 소스 주소를 위해 전역 상수 TOS_LOCAL_ADDRESS을 사용하는 2개의 필드를 할당한다. 그리고 목적지 주소(TOS_BCAST_ADDR은 무선 브로드캐스트 주소이다), 메시지 크기와 메시지 데이터와 같이 Send.send()를 호출한다.

SendMsg.sned()에 의해 사용된 "row" 메시지 데이터 구조는 tos/system/AM.h에서 선언하고 있는 TOS_Msg를 구축하고 있다.

이것은 목적지 주소, 메시지 형태(AM 핸들러 ID), 길이, 유효탑재량 등을 위한 필드를 가지고 있다.

최대 유효탑재량 크기는 TOSH_DATA_LENGTH이고 디폴트 값으로 29가 정해져 있다.

더 큰 데이터 패킷을 실험해 보면 어느 정도 코드 해킹을 필요로 한다. 여기서는 TOS_Msg 구조의 데이터 유효탑재량 필드 안에 IntMsg를 요약해 본다.

커맨드 SendMsg.send()는 나눠진 단계로 되어 있다. 메시지 전송이 끝나면 이벤트 SendMsg.sendDone() 신호를 준다.

만약 Send()가 성공하면, 메시지는 전송을 위해 큐에 넣고, 실패하면 메시지 컴포넌트는 메시지를 받는 것이 불가능하다.

TinyOS AM 버퍼는 병렬작업을 허용하고 무거운 메모리 관리를 피하기 위해 엄격히 어느 하나를 선택해서 주인을 가진 프로토콜을 따른다. 만약 메시지 계층에서 커맨드 Send()를 수용하면, send 버퍼를 자신의 것으로 가지게 되고 요청한 컴포넌트 send가 완료될 때, 즉 이벤트 sendDone()이 알려 줄 때까지 버퍼는 수정될 수 없다.

IntToRfmM은 버퍼 상태의 흔적을 유지하기 위한 의존적인 기호를 사용한다. 만약 이전의 메시지가 보내는 중이면, 버퍼는 수정될 수 없다. 그래서 output() 연산에 떨어지게 되고 FAIL을 리턴하게 된다.

만약 send 버퍼의 사용이 가능하면, 버퍼를 채울 수 있고 메시지를 보낼 수 있다.

3) GenericComm Network Stack

IntToRfm의 인터페이스 SendMsg는 GenericComm으로 묶여진다.

GenericComm.nc(tos/system/)을 살펴보면, 통신을 구현하기 위해 낮은 레벨의 인터페이스들을 사용하는 것을 알 수 있다. 이것은 AM 주고받기를 구현하기 위한 AMStandard, 모트의 시리얼 포트로 통신을 하기 위한 UARTNo CRCPacket, 무선으로 통신을 하기 위한 RadioCRCPacket 등등이 있다.

이 모듈들을 자세히 모두 알 필요는 없지만 지금 GenericComm.nc의 묶임 상태는 따라야 한다.

만약 궁금한 것이 있다면, 어떻게 ActiveMessage층을 만드는지에 대해 자세히 보기 위해 AMStandard를 검사하자. 예를 들어, 메시지를 버퍼를 얻기 위해 태스크를 posting해서 SendMsg.send()를 구현하고 시리얼 포트로 보낸다. 만약 도착 주소가 TOS_UART_ADDR이거나 아니면 그 밖의 다른 무선이다. 실제 무선이나 UART로 byte를 전송하는 메커니즘을 보기 위해 코드의 다양한 층을 공부해보자.

8.2 메시지 수신 프로그램 – RfmToLeds

RfmToLeds 응용 프로그램을 구현해보자.

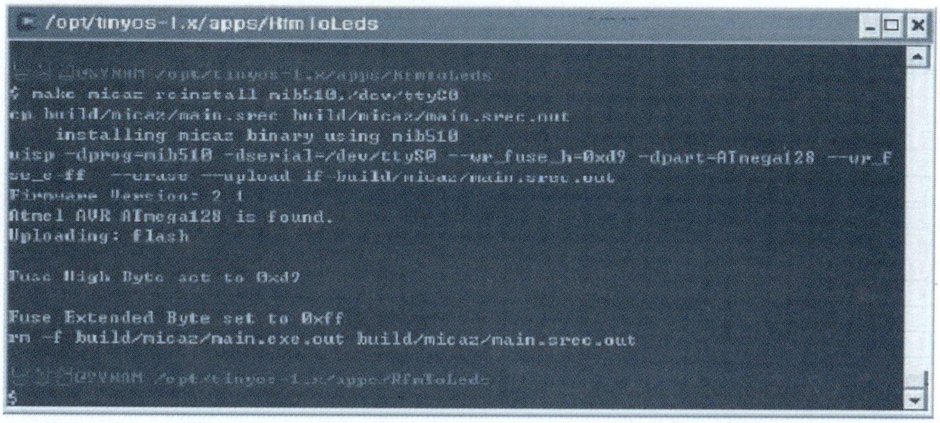

RfmToLeds 응용 프로그램은 메시지를 받기 위한 컴포넌트 RfmToInt를 사용하는 단순한 configuration에 의해 정의된다. 그리고 컴포넌트 IntToLeds는 받은 값을 LED에 표현한다.

IntToRfm처럼, 컴포넌트 RfmToInt는 메시지를 받기 위해 GenericComm을 사용한다. RfmToInt.nc의 대부분은 친숙하다.

그런데 이 코드를 살펴보자.

```
RfmToIntM.ReceiveMsg -> GenericComm.ReceiveMsg[AM_INTMSG];
```

이것은 Active Message가 인터페이스 RfmToIntM.ReceiveMsg를 묶어야 하는 AM_INTMSG handler ID를 접수하는 것을 어떤 방식으로 하는지 설명해 준다.

여기서 화살표의 방향은 약간 혼란스럽다.

tos/interfaces/ReceiveMsg.nc에 위치한 인터페이스 ReceiveMsg는 단지 수신된 메시지를 지적하는 것으로써 신호를 받은 receive() 이벤트를 선언한다.

그래서 비록 이 인터페이스가 호출한 아무런 commands도 가지지 않지만 단지 이벤트는 신호를 받기만 할 뿐이다.

RfmTo IntM은 인터페이스 ReceiveMsg를 사용한다.

들어오는 메시지를 위해 메모리 관리는 원래 동적이다. 메시지는 도착하고 버퍼에

채워진다. 그리고 Active Message층은 핸들러 형태를 해독하고 신속히 처리한다. 버퍼는 응용 프로그램 컴포넌트에 넘겨진다. 하지만 극적으로 응용 프로그램 컴포넌트는 버퍼의 완성을 포인터로 반환한다.

예를 들면 다음 RfmToIntM.nc를 살펴보자.

```
RfmToIntM.nc

 /* ... */
event TOS_MsgPtr ReceiveIntMsg.receive(TOS_MsgPtr m)
{
IntMsg *message = (IntMsg *)m->data;
call IntOutput.output(message->val);

return m;
}
```

마지막 줄은 오리지널 메시지 버퍼를 반환하는 것이다. 응용 프로그램은 이것으로 수행완료된다.

만약 컴포넌트가 나중에 사용하기 위해 메시지 내용 저장이 필요하면, 새로운 버퍼에 메시지를 복사한다. 그렇지 않다면 네트워크 스택에 의해 사용되는 새로운 메시지 버퍼를 반환해주어야 한다.

1) 기초 세부내용

TinyOS 메시지는 같은 무선 주파수를 공유하고 다양하게 구별을 허용하는 모트 그룹의 '그룹 ID' 헤더에 포함한다. 만약 연구실에 다수의 모트 그룹이 존재한다면 다른 그룹의 수신 메시지를 피하기 위해 그룹 ID에 unique 8bit 값을 설정해야 한다.

디폴트 그룹 ID는 0x7D이다. 그룹 ID는 전처리기 심볼 DEFAULT_LOCAL_GROUP에서 정의함으로써 값을 정할 수 있다.

```
DEFAULT_LOCAL_GROUP = 0x42          #for example...
```

모든 응용 프로그램에서 그룹 ID를 정하기 위해 "Makelocal" 파일을 이용하여 사용한다.

추가적으로, 메시지 헤더는 16bit 목적 노드 주소를 운반한다.

그룹 안의 각 통신 노드는 컴파일 시에 유일하게 할당된 주소를 부여받는다.

2개의 일반적인 예약된 목적 주소는 전체 노드에게 브로드캐스트하기 위한 TOS_BCAST_ADDR(0xfff), 시리얼 포트로 전송하기 위한 TOS_UART_ADDR(0x007e)가 있다.

이 노드 주소는 위에서 설명한 2개의 예약된 값 이외의 어떤 값이 된다.

모트의 지역 주소를 자세히 적어주기 위해 다음의 install 구문을 사용한다.

```
make mica install.〈addr〉
```

〈addr〉이 있는 곳은 모트에 프로그래밍하기 원하는 노드 ID를 적어준다.

예를 들면,

```
make mica install.38
```

mica를 위한 응용 프로그램을 컴파일하고 ID 38번을 가진 모드를 프로그래밍한다.

H-mote를 사용하는 경우

```
make hybus install.〈addr〉
```

〈addr〉이 있는 곳은 모트에 프로그래밍하기 원하는 노드 ID를 적어준다.

예를 들면,

```
make hybus install.38
```

mica를 위한 응용 프로그램을 컴파일하고 ID 38번을 가진 모드를 프로그래밍한다.

8.3 무선통신 응용 프로그램 실습

1. 만약에 다수의 CntToLedsAndRfm 노드를 빌드해서 그들을 작동시키면 어떤 일이 발생할 것이지 말해보라.
2. 한 모트는 CntToLedsAndRfm으로, 다른 한 모트는 RfmToLeds로 프로그래밍하자. CntToLedsAndRfm으로 프로그래밍된 모트를 켜면, RfmToLeds가 카운터 동작하는 것을 볼 수 있을 것이다. 잘 동작한다면 무선 센서 네트워크를 구현한 것이다. 이 무선 센서 네트워크 구현을 변경해 보자. 센싱한 값을 RF로 보내서 LED로 표현하도록 해보자.
(힌트 : apps/SenseToRfm를 참고하자. apps/Sense/application program을 수정하여 사용한다.)

풀이

- Try to change CntToLedsAndRfm to implement a wireless sensor?
  Please, Check out "apps/SenseToRfm/"
- Modify apps/Sense/application program

```
1. Composition elements
        - Sense.nc
        - SenseM.nc

2. Source
 - Sense.nc
configuration Sense {
// this module does not provide any interface
}
implementation
{
  components Main, SenseM, LedsC, TimerC, DeMossnsorC as Sensor, Sounder,
                    IntToRfm;        // Add to IntToRfm component
  Main.StdControl -> Sensor;
  Main.StdControl -> TimerC;
  Main.StdControl -> SenseM;
  Main.StdControl -> IntToRfm;            // Wiring for initialization of RF module
  SenseM.PhotoADC -> Sensor.ADC;
  SenseM.SoundCtl -> Sounder.StdControl;
  SenseM.Leds -> LedsC;
  SenseM.Timer -> TimerC.Timer[unique("Timer")];
  SenseM.Output -> IntToRfm;
}
```

```
- SesseM.nc
module SenseM {
  provides {
    interface StdControl;}
  uses {
    interface Timer;
    interface ADC as PhotoADC;
    interface StdControl as SoundCtl;
    interface Leds;
    interface IntOutput as Output;
  }
}
implementation {

  // declare module static variables here
  /**
    * Module scoped method. Displays the lowest 3 bits to the LEDs,
    * with RED being the most signficant and YELLOW being the least significant.
    *
    * @return returns <code>SUCCESS</code>
    **/
  uint16_t recvData;     // Reception temp variable

  // Output sound task function
  task void soundStart()
  {
    call SoundCtl.start();
  }
  task void soundStop()
  {
    call SoundCtl.stop();
  }
  task void outRfm()    // This task that Output to RF modules
  {
    uint16_t outData;
    atomic {            // Protected data
        outData = recvData;
    }
    call Output.output(outData); // Output function
  }
  // display is module static function
  result_t display(uint16_t value)
  {
    if (value &1) call Leds.yellowOn();
    else call Leds.yellowOff();
```

```
    if (value &2) call Leds.greenOn();
    else call Leds.greenOff();
    if (value &4)
    {
       call Leds.redOn();
       post soundStart();
    }
    else
    {
       call Leds.redOff();
       post soundStop();
    }
    atomic {
         recvData = value;
    }
    post outRfm();       // The outRfm Task is posted to display() function
    return SUCCESS;
  }

/**
  * Initialize the component. Initialize ADCControl, Leds
  *
  * @return returns <code>SUCCESS</code> or <code>FAILED</code>
  **/
 // implement StdControl interface
 command result_t StdControl.init() {
   return call Leds.init();
 }

 /**
  * Start the component. Start the clock.
  *
  * @return returns <code>SUCCESS</code> or <code>FAILED</code>
  **/
 command result_t StdControl.start() {
   return call Timer.start(TIMER_REPEAT, 500);
 }

 /**
  * Stop the component. Stop the clock.
  *
  * @return returns <code>SUCCESS</code> or <code>FAILED</code>
  **/
 command result_t StdControl.stop() {
   return call Timer.stop();
```

```
  }

  /**
   * Read sensor data in response to the <code>Timer.fired</code> event.
   *
   * @return The result of calling ADC.getData().
   **/
  event result_t Timer.fired() {
    call PhotoADC.getData();
    return SUCCESS;
  }

  /**
   * Display the upper 3 bits of sensor reading to LEDs
   * in response to the <code>ADC.dataReady</code> event.
   * @return Always returns <code>SUCCESS</code>
   **/
  // ADC data ready event handler
  async event result_t PhotoADC.dataReady(uint16_t data) {
    display(7 - ((data >> 7) & 0x7));

//     atomic {
//       recvData = data;
//     }
//     post outRfm();
    return SUCCESS;
  }
  event result_t Output.outputComplete(result_t success) {
    if (success == 1)
        return SUCCESS;
    else
        return FAIL;
  }
}
```

제 9 장

TOSSIM을 이용한 TinyOS 응용 시뮬레이션

9.1 응용 프로그램 생성 및 실행

9.2 디버그 문장 추가

9.3 gdb 디버깅 툴 사용

9.4 TinyViz 응용 프로그램 실행

9.5 TOSSIM 응용 실습

TinyOS시뮬레이터 TOSSIM은 TinyOS 코드로 직접 컴파일한다. make pc로 빌드해 보면 시뮬레이션은 데스크탑이나 랩탑에서 동작하도록 되어 있다.

TOSSIM은 동시에 수 천개의 노드를 시험해볼 수 있다. 시뮬레이션 안의 모든 모트는 같은 TinyOS 프로그램으로 동작한다.

TOSSIM은 사용자가 재컴파일할 필요없이 다각도로 응용 프로그램을 실행할 수 있는 실시간 변경 디버깅 출력을 제공한다.

TinyViz는 정보를 시각적으로 제공해주고 시뮬레이션의 디버깅 메시지, 무선과 UART 패킷, 기타의 것들을 통제할 수 있도록 제공하는 자바기반의 GUI이다.

시뮬레이션은 네트워크와 상호작용하는 몇 가지의 메커니즘을 제공하며, 패킷 소통량을 모니터링할 수 있다. 그리고 패킷은 정적으로나 동적으로 네트워크에 주입될 수 있다. 이 장에서는 패킷 주입하는 것에 대해서는 다루지 않고 다른 장에서 다룬다.

9.1 응용 프로그램 생성 및 실행

TOSSIM은 응용 프로그램 디렉토리 안에서 make pc함으로써 컴파일된다. 추가적으로 이미 지정된 시뮬레이터의 특정한 파일을 컴파일한다. 이 파일들은 TCP 소켓에 대한 네트워크 모니터링 같은 기능을 제공해준다.

apps/CntToLedsAndRfm 디렉토리에 들어가보자. 이 응용 프로그램은 4Hz 카운터를 갖고 동작하고 모트가 3개의 LED를 가지고 있다고 전제한다.

각 카운터가 동작할 때, 응용 프로그램은 3개의 LED에 3bit를 표현하고 패킷에는 전체 16bit를 전송한다. 앞장에서 배운 것처럼 Mica 모트에 응용 프로그램을 빌드해서 설치해 보면 LED가 토글한다. make pc로 TOSSIM 버전의 응용 프로그램을 빌드해 보면 실행이 되는 TOSSIM은 build/pc/main.exe이다. build/pc/ main.exe --help를 타이핑하면 커맨드 라인으로 된 사용법의 요약을 볼 수 있다.

TOSSIM은 실험할 노드의 숫자를 매개변수로 필요로 하는 단일한 파일이다. 1개의 노드를 시뮬레이션하기 위해 build/pc/main.exe 1을 설정한다. 대부분 무선 비트 이벤트를 나타내는 출력을 보게 된다.

필수로 TOSSIM은 디버깅 정보를 출력한다. 무선 비트 이벤트는 시뮬레이터에서 발생할 수 있는 최대의 이벤트로 20 또는 40kHz로 fire된다.

그리고 이것은 CntToLedsAndRfm 출력의 대부분을 갖고 있다. 주어진 응용 프로그램은 각 개의 무선 비트보다는 패킷 출력과 모트 LED에 관계된다.

TOSSIM 출력은 셸에서 DBG 환경 변수를 설정함으로써 구성된다. export DBG=am을 설정하면 단순히 LED와 AM(active message) 패킷 출력을 만드는 일을 한다. 단일 모트 시뮬레이션을 다시 실행시켜 보면 다음과 유사한 출력을 보게 될 것이다.

```
~ /opt/tinyos-1.x/apps/CntToLedsAndRfm/build/pc
        ff ff 04 7d 04 09 01 00 00 00 00 00 00 00 00 00 00 00 00
00 00 00 00 00 00 00 00 00 00 9e e9 00 00 00 00 0f 19 00 00
0: Sending message: ffff, 4
        ff ff 04 7d 04 0a 01 00 00 00 00 00 00 00 00 00 00 00 00
00 00 00 00 00 00 00 00 00 00 2a 9f 00 00 00 00 01 a5 00 00
0: Sending message: ffff, 4
        ff ff 04 7d 04 0b 01 00 00 00 00 00 00 00 00 00 00 00 00
00 00 00 00 00 00 00 00 00 00 f6 04 00 00 00 00 23 42 00 00
0: Sending message: ffff, 4
        ff ff 04 7d 04 0c 01 00 00 00 00 00 00 00 00 00 00 00 00
00 00 00 00 00 00 00 00 00 00 42 72 00 00 00 00 6d e9 00 00
0: Sending message: ffff, 4
        ff ff 04 7d 04 0d 01 00 00 00 00 00 00 00 00 00 00 00 00
00 00 00 00 00 00 00 00 00 00 6f 23 00 00 00 00 77 71 00 00
0: Sending message: ffff, 4
        ff ff 04 7d 04 0e 01 00 00 00 00 00 00 00 00 00 00 00 00
00 00 00 00 00 00 00 00 00 00 db 55 00 00 00 00 d9 14 00 00
0: Sending message: ffff, 4
        ff ff 04 7d 04 0f 01 00 00 00 00 00 00 00 00 00 00 00 00
00 00 00 00 00 00 00 00 00 00 07 ce 00 00 00 00 9b c1 00 00
0: Sending message: ffff, 4
        ff ff 04 7d 04 10 01 00 00 00 00 00 00 00 00 00 00 00 00
00 00 00 00 00 00 00 00 00 00 b3 b8 00 00 00 00 1d 4f 00 00
0: Sending message: ffff, 4
        ff ff 04 7d 04 11 01 00 00 00 00 00 00 00 00 00 00 00 00
$ _
```

패킷의 6번째 바이트는 적어도 2바이트 카운터의 중요한 바이트를 포함한다. 이 예제에서 첫 번째 패킷은 HEX값 0x32(32)이고 두 번째는 HEX값 0x21(33)이다.

LED가 카운터의 바닥 3비트를 보여주는 것처럼, 첫 번째 패킷은 LED를 끄고, 두 번째 패킷은 LED를 켜게 된다. 거의 모든 메시지는 0 : 을 선행해서 나타난다.

이것은 메시지가 mote 0 실행에 관계된다는 의미이다. build/pc/main.exe 2로 2개의 모트의 시뮬레이션을 실행시켜보자.

몇 초 동안 실행한 후에 ctrl-C로 시뮬레이션을 멈춰보면 모트 1과 모트 2 둘 다에 대한 메시지를 보게 될 것이다.

DBG에 crc 설정하고 2개의 모트를 위한 CntToLedsAndRfm 시뮬레이션을 실행시켜보자.

2개의 모트가 서로 성공적으로 패킷을 받는 것을 볼 수 있다.

DBG 모드의 모든 설정은 build/pc/main.exe --help를 설정할 수 있다. 이것은 출력화면에 목록으로 만들어 준다.

9.2 디버그 문장 추가

4개의 DBG모드는 응용 컴포넌트를 위해 예약되어 있고 디버깅은 usr1, usr2, usr3, temp를 사용한다. TinyOS 코드에서 디버그 메시지 명령어는 다음의 구분을 갖고 있다.

```
dbg(<mode>, const char* format, ...);
```

모드 파라미터는 DBG 모드에서 출력될 메시지를 기술한다. 모드의 모든 세트는 tos/types/dbg_modes.h에 있다. 형식과 뒤따르는 파라미터는 출력을 문자열 기록으로 나타내고 의미적으로 printf()를 갖고 있다. 예를 들어, 편집기로 tos/lib/Counters/Counter.nc를 열어보면 Timer.fired() 안에서 return문 이전에 다음 라인이 추가한다.

```
dbg(DBG_TEMP, "Counter: Value is %i₩n", (int)state);
```

DBG를 temp로 세팅하고 싱글 모트 시뮬레이션을 실행시켜 보면 카운터가 증가하는 것을 볼 수 있다.

일반적으로, TinyOS 코드에서 DBG 모드 이름은 DBG_prepended와 함께 시뮬레이터가 동작할 때 사용하는 이름이다. 예를 들면, am는 DBG_AM, packet은 DBG_PACKET, boot은 DBG_BOOT이다.

시뮬레이터가 동작할 때 multiple mode를 enable할 수 있는 것처럼, multiple mode에서 single debug message가 활성화될 수 있다.

각 모드는 큰 비트 마스크 내에서 한 비트이다. 모드는 모든 표준 논리 연산자를 사용할 수 있다. (예, |, ~). 예로 다음을 추가하여 디버그 메시지를 변경해보자.

```
dbg(DBG_TEMP|DBG_USR1, "Counter: Value is %i₩n", (int)state);
```

만약에 temp나 usr1를 enable시키면 메시지가 출력될 것이다. 이 경우를 보기 위해 응용 프로그램을 구동시켜보자.

9.3 gdb 디버깅 툴 사용

TOSSIM의 뛰어난 장점은 본래 pc에서 돌아가는 gdb 같은 전통적인 디버깅 툴을 사용할 수 있다. 그러나, TOSSIM은 다량의 모트를 위한 불연속형 이벤트 시뮬레이션이기 때문에 전통적인 단계에서처럼 디버깅 테크닉은 이벤트 기반에 작업할 수 있지만 크로스 이벤트 기반에서는 작업할 수 없다.

하지만 아쉽게도 gdb는 일반적으로 C를 위해 디자인되었지 nesC를 위해서는 디자인되지 않았다. nesC 컴포넌트 모델은 특정 command가 component, interface 그리고 commnad의 기술을 요구하고 단일 커맨드가 다수의 provider를 가질 수 있다.

만약 예제로 BlinkM.nc 파일에 인터페이스 Leds의 커맨드 redToggle를 입구에서 멈추게 하려고 한다면 다음처럼 설정한다.

```
gdb build/pc/main.exe// start gdb

(gdb) break *BlinkM$Leds$redToggle
Breakpoint 1 at 0x4089a: file :/progra~1/UCB/cygwin/opt/tiny
os-1.x/tos/interface/Leds.nc, line 81.

run 1// run  one mote
```

구문을 이끄는 *는 gdb가 함수의 이름을 정확히 실행하기 위해서 필요하다.

9.4 TinyViz 응용 프로그램 실행

TinyViz는 디버깅, 시각화, TinyOS 응용 프로그램인 TOSSIM 시뮬레이션의 상호작용을 위해 신장성 있는 그래픽 유저 인터페이스를 제공한다.

TinyViz를 사용하면, 관심있는 이벤트에 breakpoint를 찍어서 쉽게 TinyOS 응용 프로그램을 추적할 수 있다. 추가적으로 TinyViz는 특정한 방법으로 응용 프로그램 데이터를 시각화하기 위해 자신만의 TinyViz 모듈을 작성하기 위해서나 동작중인 시뮬레이션과 상호작용하기 위해 간단한 "plugin" API를 허용한다.

1) 시작하기

시작하기 위해 모트가 주기적으로 주변의 이웃들에게 메시지를 전송하는 apps/TestViz 응용 프로그램을 보라. 응용 프로그램 자체는 흥미로운 것이 아니지만 TinyViz의 기본 형태를 설명한다. make pc로 응용 프로그램을 빌드해보라.

TinyViz를 컴파일하려면 tools/java/net/tinyos/sim 디렉토리로 이동해서 make를 수행한다.

이 디렉토리에서 볼 수 있는 tinyviz 스크립트와 함께 동작할 수 있는 독립 실행형 Java JAR 파일인 tiniviz.jar 같은 TinyOS 프로그램을 빌드한다. 명령 줄에 직접 tinyviz를 실행이 가능하도록 경로에 이 스크립트를 써넣어라.

다음처럼 TinyViz를 시작하면, TestTinyViz 응용 프로그램이 동작한다.

```
export DBG=usr1
tinyviz -run build/pc/main.exe 30
```

그러면 다음에 나오는 그림을 볼 수 있다. 왼쪽에 센서 네트워크 그림이 생생하게 나타난다. 오른쪽에는 TinyViz가 작업하는 방법을 조종하는 plugins 시리즈와 상호작용하는 컨트롤 패널이 있다.

모트 윈도우에서 모트를 클릭함으로써 선택할 수 있고, 모트 그룹 주변을 사각형으로 드래깅하여 모트 그룹을 선택할 수 있다. 모트를 드래깅해서 주변으로 이동시키는 것도 가능하다. 모트를 선택하는 것은 한 plugin과 모트의 전원 상태의 껐다 켰다하는 것 같은 조작에 있어 의미있는 것이다.

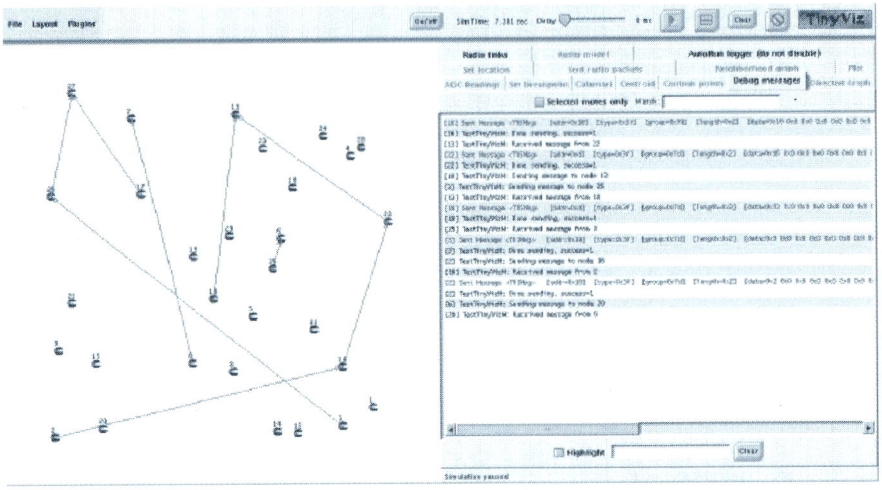

'pause/play' 버튼은 시뮬레이션을 정지시키거나 재동작시킨다. 'glid button'은 바둑판 모양의 격자를 화면에 표시하거나 없애는 동작을 한다. 'clear' 버튼은 상태화면을 깨끗하게 지운다. 'stop' 버튼은 시뮬레이션을 정지시킨다. 화면 표시가 느리게 하는 'delay' 슬라이더는 각 TOSSIM 이벤트 핸들링 사이의 delay를 보여준다. 이것은 적은 수의 모트를 가지고 'real time'으로 시뮬레이션 동작을 보기를 원할 때 유용하다. 'on/off'버튼은 선택된 모트의 전원 상태를 조절할 수 있다.

2) Plugins

TinyViz Plugin은 시뮬레이션에서 디버그 메시지, 무선 메시지 등 같은 이벤트를 관찰하고, 시뮬레이션 파라미터 설정과 시험되는 모트가 읽을 센서 값 설정 등과 같은 시뮬레이션 작동이 화면에 표현하는 정보를 재연하는 소프트웨어 모듈이다.

TinyViz는 tools/java/net/tinyos/sim/plugins 디렉토리 아래의 내장된 plugin들과 같이 움직이고 자신만의 것을 만들 수 있다.

모든 plugin이 모든 응용 프로그램을 위해 사용되지 않는다. 예로 Calamari plugin은 Calamari 위치 서비스를 위해 주로 사용되지만 다른 곳에도 일반적으로 유용하다.

Plugin은 시뮬레이션 중에 관심을 갖고 있는 정보에 따라 선택적으로 enabled되거나 disabled될 수 있다. Plugin 메뉴로부터 plugin을 선택할 수 있다. plugin이 enabled 될 때, 컨트롤 패널 윈도우 안에 추가적인 정보를 갖고 있는 상응하는 탭이 활성화되고 컨트롤이 plugin에 의해 제공된다.

Plugin은 원하는 대로 plugin 그룹을 enable이나 disable시킬 수 있도록 서로 독립적이 되도록 지어졌다.

주로 사용하는 주요 plugin은 다음과 같다.

(1) Debug messages

시뮬레이션에 의해 발생한 모든 디버그 메시지를 윈도우에 보여준다. 선택한 그룹에 한해서 디버그 메시지를 선택할 수 있다. 그리고 일정 패턴에 일치하는 메시지는 돋보이게 할 수 있다. 독립 실행형 설정으로 돌아가는 TOSSIM처럼 DBG 환경 변수값에 의해 디버그 메시지 설정이 조종된다. 그래서 만약 DBG_USR1과 DBG_AM 형태의 디버그 메시지를 보고 싶으면 다음과 같이 TinyViz를 실행시켜라.

```
DBG=usr1,am tinyviz -run build/pc/main.exe 30
```

(2) Set breakpoint

어떤 조건을 만날 때 시뮬레이션이 멈추도록 breakpoint를 설치해보자. 바로 가능한 조건은 ① substring이 디버그 메시지와 일치하거나 ② 보내는 무선 메시지 내용과 일치할 경우이다. 다수의 breakpoint를 설정할 수 있고 그것들은 breakpoint 목차에서 선택하는 것으로 enabled되거나 disabled될 수 있다.

(3) ADC readings

각 모트 다음에 각각의 ADC 채널의 가장 최근의 값을 보여준다.

(4) Sent radio packets

Debug message plugin처럼 윈도우에 보낸 모든 무선 패킷이 보여준다. Debug message plugin 또한 이 정보를 보여준다.

(5) Radio links

그림으로 무선 메시지 활동을 화면에 보여준다. 모트가 메시지를 브로드캐스트할 때 파란 원이 그 주변에 그려진다. 모트가 또 다른 모트에 메시지를 보낼 때, 직접적인 화살이 두 모트 사이에 그려진다. 전송의 성공여부와 상관없이 모든 메시지 전송을 볼 수 있다. 만약 모트가 메시지 보내기를 시도하는데 그것이 변질되거나 손실되어도 화살표는 여전히 그려진다.

(6) Set location

apps/TestTinyViz/Location.nc에 위치하고 있는 인터페이스 location을 통해서 이용할 수 있는 각 모트의 가상 위치를 만든다. 이것은 모트의 가상 위치를 결정하기 위한 각 모트에 동등한 각 X, Y, Z를 위한 3개의 “fake” ADC 채널 값에 의해 완성된다. 이것은 TinyOS 응용 프로그램이 실험될 때 실제 위치 서비스를 대신해서 연기한다는 의미이다.

(7) Radio model

무선 접속가능성의 다양한 모델과 그들의 위치에 따라 두 mote 사이의 비트 에러 비율을 정한다. 이 plugin을 설정하면 시뮬레이션 안에서 실제 같은 접속 가능성 모델 사용을 허용하게 된다. 2개의 부속된 모델은 RFM1000 무선의 패킷 접속 가능성의 야외 행적에 기초한 “Empirical”과, 서로에게 주어진 고정된 거리를 가진 모든 모트는 완벽한 접속 가능성을 가지지만 다른 모트와는 접속 가능성이 없는 “Fixed radius”가 있다. 컨트롤 패널에 “scaling factor”의 설정은 단순히 모델의 거리 파라미터를 측정한다.

측정요소를 증가하면 선택한 모델의 연결가능성이 줄어든다. 화면에서 모트를 선택하는 것에 의해 다른 모트와의 연결가능성을 볼 수 있다. 각 모서리 끝에 옆에 보여지는 숫자는 패킷의 수신 확률이다.

화면에 모트가 돌아다니는 것처럼 하기 위해 비율 요소를 변화시키고 모델 파라미터가 업데이트되는 “update model”을 클릭해보자.

3) Layout

모트의 레이아웃은 random, grid-based, “grid+random” 레이아웃을 포함하는 레이아웃 메뉴에 의해 조절된다. 또한 파일을 저장하거나 로드시킬 수 있다. 화면상의 모트의 위치는 2가지 방법으로 사용된다.

첫 번째는 RadioModelPlugin을 작동시켜 무선 접속 가능성을 결정하는 데 사용한다. 두 번째는 LocationPlugin을 사용할 때 모트의 가상 위치를 설정하는 데 사용한다.

4) 시험해보기

다양한 형태로 시험해보기 위해 준비해보자.

① 아직 실행되지 않고 있다면 TinyViz를 DBG=usr1, tinyviz-run build/pc/ main.exe 30로 실행하라.

② Plugin 메뉴에서 플러그인 Debug message, Radio links, Set breakpoint를 선택하라.

③ 시뮬레이션에서 생성되는 디버그 메시지를 모두 보여주는 Debug message 탭을 컨트롤 패널에서 클릭하라. 주어진 모트를 클릭하고(예로 3번 모트) "Selected motes only"를 클릭하면 오직 선택한 모트만이 화면에 보여지도록 할 수 있다.

④ 컨트롤 패널의 바닥에 있는 박스 안에 단계(예를 들면, "Received")를 설정한다. 그리고 나서 "Highlight"를 클릭하라. 선택한 문자열에 맞는 모든 메시지는 돋보이게 될 것이다. 이것은 시각적으로 관심을 갖고 있는 메시지를 살펴보는 데 매우 유용하다.

⑤ 시뮬레이션을 멈추고 나서 "Set breakpoint" 탭을 클릭하라. "Current breakpoint"라고 불리는 컨트롤 패널의 위쪽에 선택할 수 있는 풀다운 바가 나타나게 하고 "Add debug message breakpoint"를 선택하라. "Message contains" 박스에 "Received message"를 설정하고, 그리고 "Enable breakpoint"를 클릭하라. 그러면 일치하는 디버깅 메시지가 출력될 때마다 시뮬레이션을 멈추게 하는 새로운 breakpoint가 추가될 것이다. pause/play 버튼을 클릭해서 시뮬레이션을 재시작하라. 시뮬레이션은 멈추게 되고 스크린의 바닥에 있는 컨트롤 패널이 다음과 같은 것을 출력할 것이다.

```
Breakpoint 0 fired: Debug message: [24] DebugMsgEvent [24: TestTinyVizM:
Received message from 13]
```

앞의 디버그 메시지는 breakpoint를 작동시킨다는 단순한 의미이다. 다시 play 버튼을 클릭하면 시뮬레이션이 재시작되고 breakpoint는 다시 걸리게 할 것이다.

⑥ 컨트롤 패널 위쪽의 바에서 "Current breakpoint"를 선택하라. breakpoint list에 있는 것을 클릭함으로써 breakpoint를 무효화시키게 된다.

⑦ Plugin으로부터 radio model plugin을 선택해보고 컨트롤 패널의 "Radio model" 탭을 클릭하라. 그러면 radio model 목록으로부터 "Fixed radius (100.0)"이 골라질 것이다. 모든 모트를 선택하도록 마우스를 가로질러 드래그하라. 그러면 무선 모델의 큰 반경에 따라 다른 모트와 연결가능성이 있는 가까이 있는 모든 모트를 가리키는 매우 밀집된 그물형태를 보게 될 것이다.

"Distance scaling factor"박스에 4를 타이핑해서 넣고, 그리고 나서 "update model"을 클릭해보자.

약간의 시간이 지나서 무선 모델은 업데이트되고 연결 가능성을 표현한 그물형태 결과가 훨씬 더 드문드문 나타날 것이다.

한번 시뮬레이션을 재시작하더라도 더 이상 통신하지 않는 노드들이 여전히 서로에게 메시지를 보낼 것이다. 이유는 TestTinyViz 응용 프로그램이 메시지를 보내는 노드들의 list를 축적하고 있는데 그 바탕을 이루는 연결가능성 모델의 변화가 list를 수정하지는 못하기 때문이다. 그러나 만약에 각 노드들로부터 디버그 메시지를 본다면, 기대한 것처럼 그것은 노드들이 그들이 연결된 노드들로부터 메시지를 받고 있는 것이다.

5) 자동실행 – Scripting TOSSIM runs

TinyViz Autorun 형태는 TinyViz를 조종하는 파일 안에 파라미터 값을 설정해줌으로써 환경설정을 써 넣고("script") TinyOS 시뮬레이션을 시행시킬 수 있다.

이것은 자동적으로 plugin을 enable시키고, breakpoint를 정하고, 다수의 시뮬레이션을 구동시키고, 로그 데이터를 쌓고, 각 시뮬레이션 동작 전후의 명령어 둘 다를 실행하게끔 해준다. 이것은 분석 도구로 TinyViz를 사용할 때 유용하다.

TestTinyViz 디렉토리 안의 apps/TestTinyViz/sample.autorun 파일을 보라.

자동 실행 파일은 하나 또는 그 이상의 시뮬레이션이 동작할 수 있도록 일일이 열거한다. 시뮬레이션은 "numsec" 옵션으로 적어 넣어준 시뮬레이션할 시간이 경과하거나 "stopstring" 옵션으로 디버그 메시지에 부속문자열과 일치할 경우이거나 시뮬레이션 자체가 exit될 때(예를 들면, 충돌이 생기거나 고의적으로 exit()를 호출할 때) 정지하게 된다. 각 시뮬레이션의 파라미터는 빈 줄에 의해 분리된다. 파라미터가 파일 안에서 한 시뮬레이션을 위해 설정될 때 그것은 다음에 이어질 시뮬레이션 쪽에도 적용되어 실행할 때마다 다시 파라미터를 설정하는 불편을 덜어준다.

여기에 예제 파일이 있다.

```
# This is a sample TinyViz autorun file. To use it, run
# tinyviz -autorun sample.autorun
# Set the layout
layout gridrandom
# Enable some plugins
plugin DebugMsgPlugin
plugin RadioLinkPlugin
plugin RadioModelPlugin
# Total number of simulated seconds to run
numsec 20
# Name of the executable file
executable build/pc/main.exe
# DBG messages to include
dbg usr1
# The radio model and scaling factor to use
radiomodel disc100
radioscaling 5
# Number of motes
nummotes 10
# Command to run before starting
precmd echo "This is a command that will run before the simulation"
# File to log all DBG messages to
logfile logfile-20.txt

# The blank line above indicates that we are starting another simulation
# This time run with a different number of motes
nummotes 30
logfile logfile-30.txt
```

자동실행(Autorun) 파일에서 하나는 20개 모트, 또 하나는 30개 모트로 된 2개의 시뮬레이션이라는 것을 서술해 준다. 모든 디버그 메시지는 2개의 다른 log 파일에 기록된다. tools/java/net/tinyos/sim/plugins에 있는 자바 클래스에 의해서 명기되어 있는 약간 다른 plugins을 enable한다.

다음과 같이 설정해서, 자동실행 파일과 함께 시뮬레이션을 구동시키자.

```
tinyviz -autorun sample.autorun
```

TinyViz가 시작되면, 적합한 plugins과 환경 설정되고 enable된다. 그리고 자동적으로 10 시뮬레이션 초 동안 각 시뮬레이션을 동작하고 종료한다. 자동실행을 시뮬레이션 연속적으로 설정해놓을 수 있다. 실행시켜놓고 얼마 후에 보면 데이터가 log-file에 기록되어 있는 것을 볼 수 있을 것이다.

자동실행은 tools/java/tinyos/sim/AutoRun 소스 파일에 있는 arConfig 클래스에서 보여지는 것 외에도 많은 형태를 제공한다. AutoRun에 의해 사용되지 않는 파일 안에서는 모든 옵션이 상세히 기록되어야 한다. 예를 들어보면, radiomodel 옵션은 무선 모델의 환경을 설정하기 위해 RadioModelaPlugin에 의해 번역되어야 한다.

6) Writing TinyViz plugins

TinyViz의 가장 유용한 형태는 시뮬레이션과 상호 작용하기 위해 자신만의 plugins을 작성한다. plugins을 작성하는 것은 여기서 취급하는 내용을 벗어난다. 하지만 어디서 시작해야 할지에 대해 2가지 요점을 주기 원한다. 간결하고 잘 정리가 된 plugin이 구현된 tools/java/net/tinyos/sim/plugins/RadioLink Plugin.java를 보자.

필히 plugins은 TOSSIM 시뮬레이션과 TinyViz 프레임워크(framework)로부터 이벤트를 수신할 방법을 제공해주어야 한다. Plugins은 내부적 상태의 변화, 화면의 갱신, 시뮬레이션으로 되돌아가는 것이 가능한 명령어에 의한 이벤트에 반응한다.

TinyViz는 초기화, 디버그 메시지, 무선 메시지, 모트 위치의 변화(예로, 사용자가 모트를 움직였을 때), 새로운 모트가 시뮬레이션에 합쳐졌을 때 등을 위해 이벤트를 위한 plugins으로 이벤트를 운반한다. Plugins은 모트 윈도우가 다시 그려지거나 plugin이 enable되거나 disable될 때 호출되는 추가적인 방법을 제공한다.

예제로 RadioLinkPlugin.java를 사용하는 것은, 자신만의 plugins을 쭉 쓰는 것이다. 일반적으로 모든 plugin은 TinyViz 디렉토리의 하위 디렉토리 plugins에 있어야

만 한다.

plugins을 수정할 때는 tools/java/net/tinyos/sim에 있는 주 TinyViz 디렉토리에서 make를 타이핑하는 것으로 tinyviz.tar를 재컴파일하는 것이 필요하다는 것을 유념하라. 단지 plugin 디렉토리에서 make라고 타이핑하는 것으로 적합하게 되는 것이 아니다.

9.5 TOSSIM 응용 실습

여기서는 단지 약간의 기능과 유용성에 대해 다루었을 뿐이다. TOSSIM이 낟알 모양의 비트에 TinyOS 네트워킹 스택을 실험하는 것처럼, 논쟁이 될 만한 다양한 무선 모델을 실험해볼 수 있다. 다양한 디버그 모드를 추가해서 디버깅 테스트해보자.

풀이

- Simulating TinyOS Applications in TOSSIM

1. Concept
 - TOSSIM, The TinyOS simulator, compiles directly from TinyOS code.
 - TOSSIM is compiled by typing make pc in an application directory.
 - The TOSSIM executable is build/pc/main.exe.
 - TOSSIM prints out all or a part of debugging information.
 - TOSSIM output can be configured by setting the DBG environment variable in a shell
2. DBG modes
 - Show DBG modes in a following sentences. (tos/types/dbg_modes.h)
 - For example, DBG=led, am in a shell. (LEDs status and Active Messages)

```
#define DBG_NAMETAB ₩
        {"all", DBG_ALL}, ₩
        {"boot", DBG_BOOT|DBG_ERROR}, ₩
        {"clock", DBG_CLOCK|DBG_ERROR}, ₩
        {"task", DBG_TASK|DBG_ERROR}, ₩
        {"sched", DBG_SCHED|DBG_ERROR}, ₩
        {"sensor", DBG_SENSOR|DBG_ERROR}, ₩
        {"led", DBG_LED|DBG_ERROR}, ₩
        {"crypto", DBG_CRYPTO|DBG_ERROR}, ₩
        {"route", DBG_ROUTE|DBG_ERROR}, ₩
        {"am", DBG_AM|DBG_ERROR}, ₩
        {"crc", DBG_CRC|DBG_ERROR}, ₩
```

제9장

```
        {"packet", DBG_PACKET | DBG_ERROR}, ₩
        {"encode", DBG_ENCODE | DBG_ERROR}, ₩
        {"radio", DBG_RADIO | DBG_ERROR}, ₩
        {"logger", DBG_LOG | DBG_ERROR}, ₩
        {"adc", DBG_ADC | DBG_ERROR}, ₩
        {"i2c", DBG_I2C | DBG_ERROR}, ₩
        {"uart", DBG_UART | DBG_ERROR}, ₩
        {"prog", DBG_PROG | DBG_ERROR}, ₩
        {"sounder", DBG_SOUNDER | DBG_ERROR}, ₩
        {"time", DBG_TIME | DBG_ERROR}, ₩
        {"power", DBG_POWER | DBG_ERROR}, ₩
        {"sim", DBG_SIM | DBG_ERROR}, ₩
        {"queue", DBG_QUEUE | DBG_ERROR}, ₩
        {"simradio", DBG_SIMRADIO | DBG_ERROR}, ₩
        {"hardware", DBG_HARD | DBG_ERROR}, ₩
        {"simmem", DBG_MEM | DBG_ERROR}, ₩
        {"usr1", DBG_USR1 | DBG_ERROR}, ₩
        {"usr2", DBG_USR2 | DBG_ERROR}, ₩
        {"usr3", DBG_USR3 | DBG_ERROR}, ₩
        {"temp", DBG_TEMP | DBG_ERROR}, ₩
        {"error", DBG_ERROR}, ₩
        {"none", DBG_NONE}, ₩
        { NULL, DBG_ERROR }
#define DBG_ENV                "DBG"
```

3. Adding Debugging Statements
- Syntax : dbg(<mode>, const char* format, ...);
- For example 1, dbg(DBG_TEMP, "Counter is %i₩n", (int)state);
- For example 2, dbg(DBG_TEMP | DBG_USR1, "Counter is %i₩n", (int)state);
- Definition of modes is in the header file. (tos/types/dbg_modes.h)

```
#ifndef DBG_MODES_H
#define DBG_MODES_H

typedef long long TOS_dbg_mode;

#define DBG_MODE(x)  (1ULL << (x))

enum {
  DBG_ALL =            (~0ULL),          /* umm, "verbose"          */

/*====== Core mote modes =============*/
  DBG_BOOT =            DBG_MODE(0),     /* the boot sequence          */
```

```
  DBG_CLOCK =          DBG_MODE(1),   /* clock                          */
  DBG_TASK =           DBG_MODE(2),   /* task stuff                     */
  DBG_SCHED =          DBG_MODE(3),   /* switch, scheduling             */
  DBG_SENSOR =         DBG_MODE(4),   /* sensor readings                */
  DBG_LED =            DBG_MODE(5),   /* LEDs                           */
  DBG_CRYPTO =         DBG_MODE(6),   /* Cryptography/security          */
/*====== Networking modes ============*/
  DBG_ROUTE =          DBG_MODE(7),   /* network routing                */
  DBG_AM =             DBG_MODE(8),   /* Active Messages                */
  DBG_CRC =            DBG_MODE(9),   /* packet CRC stuff               */
  DBG_PACKET =         DBG_MODE(10),  /* Packet level stuff             */
  DBG_ENCODE =         DBG_MODE(11),  /* Radio encoding/decoding        */
  DBG_RADIO =          DBG_MODE(12),  /* radio bits                     */

/*====== Misc. hardware & system =====*/
  DBG_LOG =            DBG_MODE(13),  /* Logger component               */
  DBG_ADC =            DBG_MODE(14),  /* Analog Digital Converter       */
  DBG_I2C =            DBG_MODE(15),  /* I2C bus                        */
  DBG_UART =           DBG_MODE(16),  /* UART                           */
  DBG_PROG =           DBG_MODE(17),  /* Remote programming             */
  DBG_SOUNDER =        DBG_MODE(18),  /* SOUNDER component              */
  DBG_TIME =           DBG_MODE(19),  /* Time and Timer components      */
  DBG_POWER =          DBG_MODE(20),  /* Power profiling                */

/*====== Simulator modes =============*/
  DBG_SIM =            DBG_MODE(21),  /* Simulator                      */
  DBG_QUEUE =          DBG_MODE(22),  /* Simulator event queue          */
  DBG_SIMRADIO =       DBG_MODE(23),  /* Simulator radio model          */
  DBG_HARD =           DBG_MODE(24),  /* Hardware emulation             */
  DBG_MEM =            DBG_MODE(25),  /* malloc/free                    */
//DBG_RESERVED =       DBG_MODE(26),  /* reserved for future use        */
/*====== For application use =========*/
  DBG_USR1 =           DBG_MODE(27),  /* User component 1               */
  DBG_USR2 =           DBG_MODE(28),  /* User component 2               */
  DBG_USR3 =           DBG_MODE(29),  /* User component 3               */
  DBG_TEMP =           DBG_MODE(30),  /* Temorpary testing use          */
  DBG_ERROR =          DBG_MODE(31),  /* Error condition                */
  DBG_NONE =     0,                   /* Nothing                        */
  DBG_DEFAULT =        DBG_ALL        /* default modes, 0 for none      */
};
```

제 10 장

PC의 데이터 출력 응용

10.1 오실로스코프 응용 프로그램 개요

이 장의 목표는 PC로부터 모트로 통신하는 것뿐만 아니라 센서 값을 읽은 것을 보여주는 것까지를 PC로 센서 네트워크를 통합하는 것이다.

첫 번째, 시리얼 포트로 데스크 탑 컴퓨터에서 센서 네트워크 데이터를 읽어들일 때 사용하는 기본적인 도구를 소개한다. 다음으로는 그림으로 센서의 읽은 값을 보여주는 Java 응용 프로그램을 설명한다. 마지막으로는, 모트에게 데이터를 돌려보내는 방법을 보여주는 loop 통신으로 마무리한다.

1) Oscilloscope application

이 장에서 사용하는 모트 응용 프로그램은 apps/Oscilloscope에 있다. 이것은 photo 센서로부터 데이터를 읽는 단일 모듈로 구성되어 있다. 모듈은 센서가 읽은 값 10개를 버퍼에 저장하고 이 정보를 한 패킷에 실어서 시리얼 포트로 송신한다. 모트는 시리얼로 패킷을 송신할 뿐이다(무선으로 보내는 방법은 apps/OscilloscopeRF을 참고하라).

Oscilloscope 응용 프로그램을 모트에 컴파일해서 설치한다. 조도 값을 얻기 위해 모트와 센서 보드를 연결하는 것이 필요하다. 자신이 가진 센서 보드의 형태에 따라서 micasb나 basicsb로 apps/Oscilloscope/Makefile 파일에서 센서 보드 옵션을 설정해야 한다.

응용 프로그램을 사용하기 위해 프로그래밍 보드에 센서를 탑재한 모트를 필요로 한다. mica 센서 보드의 크기 때문에 mote에 연결하거나 직접적으로 프로그래밍 보드에 연결하는 것이 어렵다. 이 문제를 피하기 위한 방법은 프로그래밍 보드와 센서 보드 커넥터 사이에 짧은 케이블을 사용해서 연결하는 것이다.

Oscilloscope 응용 프로그램이 작동할 때, 센서가 읽은 값이 코드에 의해 default로 정해진 경계(0x0300)를 넘을 때 빨강 LED가 토글거린다. 하지만 어둠 속에서도 빛이 꺼지지 않는다면 이 값을 더 높여야 할 것이다. 노랑 LED는 패킷이 시리얼 포트로 전송될 때 깜박인다.

10.2 패킷 디스플레이 - "Listen" tool

PC와 mote 사이에 연결을 완성하기 위한 첫 단계는 시리얼 포트 케이블을 프로그래밍 보드에 연결하고 Java가 있는지, java.comm 패키지가 설치되었는지를 확인하는 것이다. 모트(mote)에 Oscilloscope 코드를 프로그래밍한 후에, tools/java 디렉토리로 이동하여 다음을 설정한다.

```
make
export MOTECOM=serial@serialport:baudrate
```

환경변수 MOTECOM은 수신해야 할 패킷이 어떤 것인가를 Java Listen tool에게 말하고 대부분의 다른 도구에게도 한다.

여기에 serial@serialport:baudrate는 시리얼 포트로 연결되어 있는 모트를 수신한다. serialport라고 쓰여진 곳은 프로그래밍 보드에 연결되어 있는 serial port이고 baud rate는 모트의 특정 baud rate이다.

Hyper H-mote의 baud rate는 57600이다. 그리고 baud rate가 선택된 경우에는 mote 이름을 baud rate처럼 사용할 수 있다.

따라서 Hyper H-mote를 위해서는 다음에 사용할 수 있다.

```
export MOTECOM=serial@〈serial_port〉:telos
export MOTECOM=serial@〈serial_prot〉〉:57600
```

mica와 mica2dot 모트를 위해서 baud rate는 19200이고 mica2를 위한 baud rate는 57600이다. 그리고 baud rate가 선택된 경우에는 mote 이름을 baud rate처럼 사용할 수도 있다. 따라서 다음과 같이 사용할 수 있다.

```
export MOTECOM=serial@COM1:19200
export MOTECOM=serial@COM1:mica    # mica baud rate
export MOTECOM=serial@COM2:mica2   # mica baud rate,
```

다른 시리얼 포트에서는 다음과 같이 설정한다.

```
export MOTECOM=serial@COM3:57600  #explicit mica2 baud rate
```

알맞은 MOTECOMM을 정한 후, java net.tinyos.tools.Listen을 동작시킨다. 다음과 같은 결과를 볼 수 있다.

```
% java net.tinyos.tools.Listen
serial@COM1:19200: resynchronising
7e 00 0a 7d 1a 01 00 0a 00 01 00 46 03 8e 03 96 03 96 03 96 03 97
03 97 03 97 03 97 03 97 03
7e 00 0a 7d 1a 01 00 14 00 01 00 96 03 97 03 97 03 98 03 97 03 96
03 97 03 96 03 96 03 96 03
7e 00 0a 7d 1a 01 00 1e 00 01 00 98 03 98 03 96 03 97 03 97 03 98
03 96 03 97 03 97 03 97 03
```

시리얼 포트로부터 받은 각 패킷의 생(raw) 데이터를 단순히 출력한다.

만약에 javax.comm 패키지가 정상적으로 설치되어 있지 않다면, 프로그램은 시리얼 포트를 찾을 수 없다. 그리고 스크린에 데이터 라인을 볼 수 없다면, 그것은 잘못된 COM 포트를 선택했거나 모트가 정확하게 컴퓨터와 연결되지 않은 것이다.

10.3 패킷의 구조

작동시킬 응용 프로그램은 단순히 모트로부터 오는 패킷을 출력하는 동작을 한다. 모트로부터 출력되어 나오는 각 데이터 패킷은 몇 개의 데이터 필드를 포함한다. 이 필드 중에 어떤 것은 일반적인 Active Message 필드이고, tos/types/ AM.h에 정의되어 있다. 메시지에 실을 수 있는 데이터 탑재량은 apps/ Oscilloscope/Oscope Msg.h에서 정의되어 있는 응용 프로그램에 의해 정해진다. Oscilloscope 응용 프로그램을 위한 전반적인 메시지 형식은 다음과 같다.

- Destination address(2bytes)
- Active Message handler ID(1byte)
- Group ID(1byte)
- Message length(1byte)
- Payload(up to 29bytes)

- source mote ID(2bytes)
- sample counter(2bytes)
- ADC channel(2bytes)
- ADC data readings(10 readings of 2bytes each)

그래서 앞에 소개한 형식을 따라 다음처럼 데이터 패킷을 해석할 수 있다.

dest addr	handler ID	group ID	msg len	source addr	counter	channel	readings
7e 00	0a	7d	1a	01 00	14 00	01 00	96 03 97 03 97 03 98 03 97 03 96 03 97 03 96 03 96 03 96 03

그리고 데이터는 little-endian 형식으로 모트에 의해 보내진다. 그러므로 96 03 2개의 바이트는 가장 큰 바이트 0x03과 가장 작은 바이트 0x96으로 단일 센서가 읽은 값으로 표현된다. 그래서 이것은 0x0396 또는 십진수 918이 된다.

여기에 패킷에 쓰여진 데이터를 보여주는 OscilloscopeM.nc의 인용 코드가 있다.

```
OscilloscopeM.nc

  async event result_t ADC.dataReady(uint16_t data) {
   struct OscopeMsg *pack;

   atomic {
     pack = (struct OscopeMsg *)msg[currentMsg].data;

     // add the new sensor reading to the packet
     // and update the number of bytes in this packet
     pack->data[packetReadingNumber++] = data;

     readingNumber++; // increment total number of bytes

     dbg(DBG_USR1, "data_event₩n");

     // if the packet is full, send the packet out
     if (packetReadingNumber == BUFFER_SIZE) {
       post dataTask();
     }
```

```
    }

    if (data > 0x0300)
      call Leds.redOn();
    else
      call Leds.redOff();
    return SUCCESS;
  }
  task void dataTask() {
    struct OscopeMsg *pack;
    atomic {
      pack = (struct OscopeMsg *)msg[currentMsg].data;
      packetReadingNumber = 0;
      pack->lastSampleNumber = readingNumber;
    }

    pack->channel = 1;
    pack->sourceMoteID = TOS_LOCAL_ADDRESS;

    /* Try to send the packet. Note that this will return
     * failure immediately if the packet could not be queued for
     * transmission.  */
    if (call DataMsg.send(TOS_UART_ADDR, sizeof(struct OscopeMsg), &msg
        [currentMsg]))
      {
        atomic {
          currentMsg ^= 0x1; // flip-flop between two message buffers
        }
        call Leds.yellowToggle();
      }
  }
```


10.4 SerialForwarder 프로그램

Listen 프로그램은 모트와 통신하는 가장 기초적인 방법으로 직접 시리얼 포트를 열어서 스크린에 수신한 패킷을 쏟아 버리는 일을 한다. 물론 모트를 통해 수집한 데이터를 시각화하는 것은 어렵다. 하지만 우리가 진정 원하는 것은 센서 네트워크로부터 오는 데이터를 검색하고 감시할 수 있는 더 나은 방법일 것이다.

SerialForwarder 프로그램은 인터넷 망을 통해 다른 프로그램에서 센서 네트워크와 통신하기 위해, 시리얼 포트로부터 패킷 데이터를 읽고 인터넷 연결으로 전송하는 데 사용한다. SerialForwarder를 실행하기 위해, tools/java로 이동해서 프로그램을 실행해보자.

```
java net.tinyos.sf.SerialForwarder -comm serial@COM1:〈baud rate〉
```

실행하면 다음 그림과 유사한 GUI 윈도우를 열게 된다.

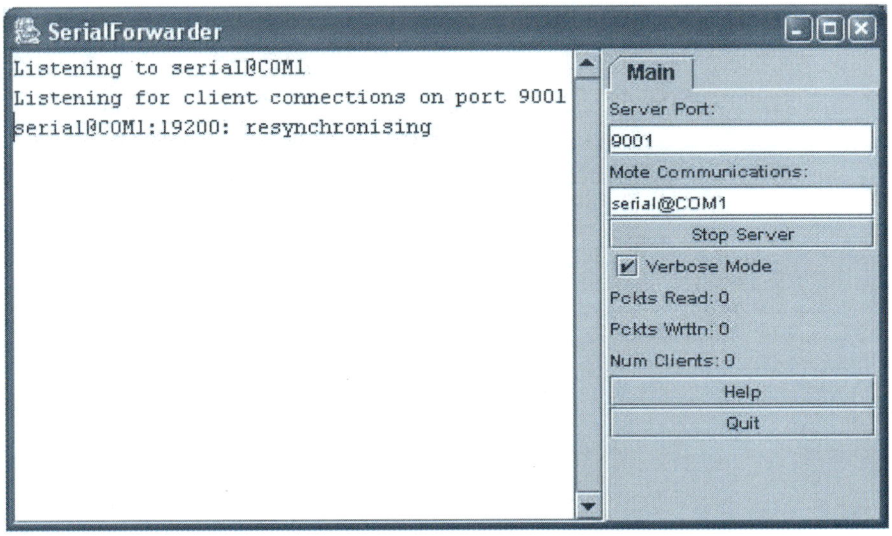

-comm 인자는 SerialForwarder가 COM1 시리얼 포트로 통신하고 있는 것을 말해준다. -comm 인자는 위에서 보았던 MOTECOM 환경변수와 같은 구문을 사용하여 패킷이 SerialForwarder로 전송하는 것을 설명한다(유효한 소스 리스트를 얻기 위해 'java net.tinyos.packet.BuildSource'를 실행할 수 있다).

대부분의 다른 프로그램과 달리 SerialForwarder는 MOTECOM 환경변수에 신경쓰지 않는다. 패킷 소스를 서술해주기 위해 -comm 인자를 사용해야 한다. 그 이유는 전형적으로 시리얼 포워더를 서술해주기 위해 MOTECOM 환경변수과 같은 구문에서 정의해주고 그 시리얼 포워더는 시리얼 포트와 통신(talk)할 것이기 때문이다.

〈baud rate〉 인자는 SerialForwarder가 서술된 baud rate로 통신하는 것을 말한다.

SerialForwarder는 자신이 패킷 데이터를 보여주지 않고 오히려 창의 아래 오른쪽

코너에 패킷 데이터를 갱신한다. 한번 작동되면, 시리얼 포워더는 주어진 TCP포트(디폴트 값이 9001이다.)로 네트워크 클라이언트 접속을 위해 수신한다. 그리고 단순히 TinyOS 메시지를 시리얼 포트로부터 네트워크 클라이언트 접속 안으로 송신해주고, 반대의 역할을 한다. 다수의 응용 프로그램이 동시에 시리얼 포워더에 연결될 수 있고, 그들 중 대부분은 센서 네트워크로부터 메시지 복사본을 수신하게 된다.

더 많은 정보가 SerialForwarder에서 가능하고 패킷 소스는 SerialForwarder Documentation을 찾을 수 있다.

10.5 오실로스코프 GUI 실행

모트로부터 들어오는 데이터를 그림으로 표현한다. SerialFowarder가 실행되는 것을 남겨놓고, 다음 명령어를 실행시킨다.

```
java net.tinyos.oscope.oscilloscope
```

모트로부터 센서가 읽은 값을 그림으로 표시해주는 팝업 창이 뜬다. 만약에 "port COM1 busy"라는 에러 메시지가 나온다면, Listen 예제의 끝에 MOTECOM 환경변수를 세팅한 것을 해제하는 것을 잊었기 때문이므로 지금 해제한다. 네트워크에 시리얼 포워더를 연결하고 패킷 데이터를 검색하여 각 패킷으로부터 센서가 읽은 값을 분석해서 그것을 그래프에 그려주고 있다.

그래프상의 x-축은 패킷 카운터 수이고 y-축은 빛을 측정한 값이다. 만약에 모트가 한동안 동작하였다면, 패킷 카운터는 몹시 커질 것이다. 그러면 읽은 값이 그래프에 나타나지 않을 수 있다. 전원 주기를 따라서 모트를 리셋하여 패킷 카운터를 0으로 만든다. 화면상에서 아무런 조도 값을 볼 수 없다면, Y축에 줌을 밀어 보면 아마 값이 표시 범위를 벗어났을 것이다. "Scrolling" 버튼을 선택하면 샘플 수가 표시 범위를 벗어났을 것인데 "Scrolling"은 자동적으로 가장 최근의 값으로 이동해준다.

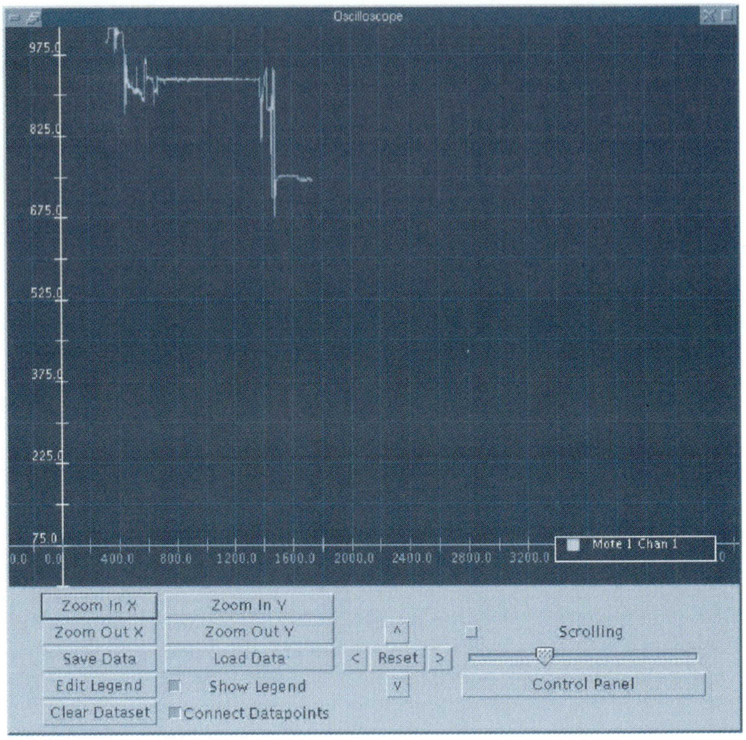

10.6 MIG의 구현

MIG(Message Interface Generator)는 자동적으로 모트 응용 프로그램에 사용하는 Active Message 형태의 Java 클래스를 생성하는 데 사용하는 도구이다.

MIG는 모트 응용 프로그램의 메시지 바이트 형태에서 포장한 것과 포장하지 않은 필드의 세부적인 것을 처리하는 메시지 형태를 위한 nesC 구조 정의를 읽고 각 메시지 형태를 위한 자바 클래스를 생성한다.

MIG 사용은 자바 응용 프로그램에서 메시지 형식을 해석의 문제로부터 보호해 준다. MIG는 MIG로 생성되어 있는 메시지 클래스를 통해서 메시지를 주고받기 위한 수많은 루틴을 제공하는 net.tinyos.message 패키지와 함께 사용한다. NCG(nesC Constant Generator)는 다른 응용 프로그램과 함께 사용하기 위한 nesC 파일로부터 상수를 뽑아내는 도구이고 전형적으로 MIG와 함께 사용한다.

시리얼 포워더와 통신을 하는 tools/java/net/tinyos/oscope/GraphPanel.java(오실로스코프 프로그램의 일부분)의 코드를 보면 먼저 프로그램은 시리얼 포워더를 연결하고, 패킷이 도착할 때 요청되는 핸들러를 등록한다. 이 모든 것은 인터페이스 net.tinyos.message.MoteIF를 통해서 수행된다.

```
GraphPanel.java
        // OK, connect to the serial forwarder and start receiving data
        mote = new MoteIF(PrintStreamMessenger.err, oscilloscope.group_id);
        mote.registerListener(new OscopeMsg(), this);
```

MoteIF는 모트로부터 메시지를 주고받기 위한 자바 인터페이스를 나타낸다. 호스트와 시리얼 포워더의 포트 번호는 환경 변수 MOTECOM 정보를 포함한다. 조건으로 Active Message 그룹 ID뿐만 아니라 상태 메시지인 Sysem.err를 보내는 곳을 가리키는 PrintStreamMessage와 함께 MoteIF를 초기화한다. 그룹 ID는 반드시 자신이 사용하는 모트 그룹 ID와 맞아야 한다.

OscopeMsg 메시지 형태를 위한 메시지 수신자(listener)를 등록한다. OscopeMsg는 OscopeMsg.h에서 본 OscopeMsg 구조를 위한 nesC 정의에 준해서 MIG를 통해 자동적으로 생성된다. 다음과 같이 설정한다.

```
OscopeMsg.java:
    $(MIG) -java-classname=$(PACKAGE).OscopeMsg $(APP)/OscopeMsg.h
OscopeMsg -o $@
```

필수적으로, 헤더 파일 apps/Oscilloscope/OscopeMsg.h 안에 OscopeMsg 구조 메시지 형태로부터 OscopeMsg.java를 생성한다.

그래프 패널은 시리얼 포워더로부터 메시지를 수신하기 위한 인터페이스를 정의한 인터페이스 MessageListner를 구현한다. 적합한 형태의 메시지를 수신할 때마다, messageReceived() 방법은 그래프 패널 안에서 요청된다. 다음과 같이 설정한다.

```
GraphPanel.java
  public void messageReceived(int dest_addr, Message msg) {
    if (msg instanceof OscopeMsg) {
      oscopeReceived( dest_addr, (OscopeMsg)msg);
    } else {
      throw new RuntimeException("messageReceived: Got bad message type: "+msg);
```

```
    }
  }

  public void oscopeReceived(int dest_addr, OscopeMsg omsg) {
    boolean foundPlot = false;
    int moteID, packetNum, channelID, channel = -1, i;

    moteID = omsg.get_sourceMoteID();
    channelID = omsg.get_channel();
    packetNum = omsg.get_lastSampleNumber();

    /* ... */
```

messageReceived()는 2개의 인자와 함께 호출한다. 패킷의 목적지 주소와 메시지(net.tinyos.message.Message) 자신이다. 메시지는 정의된 메시지 형태의 응용 프로그램을 위한 기본적인 클래스이다. 이 경우 메시지를 사용하는 실제 메시지 형태를 나타내는 OscopeMsg로 배정한다.

일단 OscopeMsg를 가지면 편리한 get_sourceMotelD(), get_lastSampleNumber(), get_channel() 방법을 사용하는 것으로부터 필드를 추출할 수 있다. 만약에 OscopeMsg.h 안에 OscopeMsg 구조를 보면, 이 방법들이 각각 메시지 형태 안에 필드와 일치하는 것을 볼 수 있다.

```
OscopeMsg.h
struct OscopeMsg
{
    uint16_t sourceMoteID;
    uint16_t lastSampleNumber;
    uint16_t channel;
    uint16_t data[BUFFER_SIZE];
};
```

MIG로 생성된 클래스 각 필드는 이것과 연결된 적어도 8개의 방법을 갖는다.

- isSigned_fieldname : 필드 부호를 가진 필드인지 아닌지를 가리킨다.
- isArray_fieldname : 필드가 배열인지 아닌지를 가리킨다.
- get_fieldname : 필드의 값을 반환한다.

- set_fieldname : 필드의 값을 설정한다.
- offset_fieldname : 필드를 위한 offset(바이트로)값을 반환한다.
- offsetBits_fieldname : 필드를 위한 offset(비트로)값을 반환한다.
- size_fieldname : 필드의 길이를(바이트로) 반환한다.
- sizeBits_fieldname : 필드의 길이를(비트로) 반환한다.

추가적인 방법이 배열로 된 필드를 위해 생성된 것이다. message Received()의 나머지가 메시지 밖에 센서가 읽은 값을 채우고 그래프 형태로 표시한다.

10.7 MIG를 통한 메시지 전송

MIG를 사용하여 모트에게 메시지를 보내는 것이 가능하다. Oscilloscope 응용 프로그램은 모트의 패킷 카운터를 리셋시키는 AM_OSCOPERESETMSG 형태로 메시지를 보낸다. GraphPanel.java에 clear_data()를 보면, 어떻게 메시지가 모트에게 전송되는지를 알 수 있다.

```
GraphPanel.java
        try {
          mote.send(MoteIF.TOS_BCAST_ADDR, new OscopeResetMsg());
        } catch (IOException ioe) {
          System.err.println("Warning: Got IOException sending reset message: "+ioe);
          ioe.printStackTrace();
        }
```

필요한 것은 목적지 주소와 보내기 원하는 메시지를 함께 MoteIF.send()를 요청하는 것이다. 여기서, nesC 코드로 쓰여진 TOS_BCAST_ADDR과 동일한 MoteIF.TOS_BCAST_ADDR은 브로드캐스트 목적지 주소를 표현하는 데 사용한다.

10.8 응용 실습 및 H-mote에서 구현

apps/Oscilloscope 모트 응용 프로그램은 시리얼 포트와 조도 센서를 사용하기 위해 작성되었다. 오실로스코프 파일 디렉토리로 이동해서 컴파일해서 업로딩한다.

```
$cd /opt/tinyos-1.x/apps/Oscilloscope
$make micaz install mib510,/dev/ttyS0
```

MIB510 게이트웨이 보드 위에는 모트(MPR2400)를, 아래에는 센서보드(MTS300)를 부착해보자.

이제 자바 실행 디렉토리로 이동해서 환경 설정을 해주고 자바 프로그램을 실행시켜보자.

```
$cd /opt/tinyos-1.x/tools/java
$export MOTECOM=serial@COM1:57600
$java net.tinyos.tools.Listen
```

수집된 정보가 시리얼 포트를 통해 수신되는 것을 화면에서 볼 수 있다.

```
ctrl-c(멈춘다.)

$java net.tinyos.oscope.oscilloscope
```

화면에서 그래프로 수신된 값을 확인할 수 있다.

이번에는 노드들이 무선으로 송신한 값을 받아서 시리얼로 수신해주는 오실로스코프 RF를 실행시켜보자(노드를 3개 사용하는 경우).

모트 1개는 PC와 연결할 베이스 스테이션으로, 나머지 2개는 무선 수집 노드로 사용한다. 다음과 같이 컴파일 및 업로딩을 수행한다.

① Base Station(micaz 1 사용)

```
$cd /opt/tinyos-1.x/apps/TOSBase
(uploading할 프로그램이 있는 TOSBase디렉토리로 이동)
$make micaz install mib510,/dev/ttyS0
(컴파일 및 빌드한 이미지를 mib510에 부착된 노드의 flash에 write)
```

② 무선으로 Node1을 사용할 경우 ; 오실로스코프 RF 처리(micaz 2 사용)

```
$cd /opt/tinyos-1.x/apps/OscilloscopeRF      ;(무선)
$make micaz install.1 mib510,/dev/ttyS0      ;install(n),(n;node#)
```

③ 무선으로 Node2를 사용할 경우; 오실로스코프 RF 처리(micaz 3 사용)

```
$cd /opt/tinyos-1.x/apps/OscilloscopeRF      ;(무선)
$make micaz install.2 mib510,/dev/ttyS0      ;install(n),(n;node#)
```

완료되었으면 이제 센싱 노드로 사용할 node1, 2에 센서(MTS300)를 부착하고, 시리얼 게이트보드 MIB510에는 TOSbase에서 컴파일한 모트를 부착한다. 전원을 인가해준다. 2개의 노드에서 데이터가 송신하기 때문에 녹색 LED가 이전보다 빨리 깜빡이는 것을 볼 수 있다. 눈으로 확인하기 위해 자바 프로그램을 실행시켜보자.

```
$java net.tinyos.tools.Listen

ctrl-c(멈춘다.)

$java net.tinyos.oscope.oscilloscope
```

H-Mote의 경우는 다음과 같다.

apps/Oscilloscope 모트 응용 프로그램은 시리얼 포트와 조도 센서를 사용하기 위해 작성되었다. 오실로스코프 파일 디렉토리로 이동해서 컴파일해서 업로딩한다.

```
$cd /opt/tinyos-1.x/apps/Oscilloscope
$make hybus
$make hybus install.0
```

이제 자바 실행 디렉토리로 이동해서 환경 설정을 해주고 자바 프로그램을 실행시켜보자.

```
$cd /opt/tinyos-1.x/tools/java
$export MOTECOM=serial@〈serial_port〉:telos
$java net.tinyos.tools.Listen
```

제10장

수집된 정보가 시리얼 포트를 통해 수신되는 것을 화면에서 볼 수 있다.

```
ctrl-c(멈춘다.)
$java net.tinyos.oscope.oscilloscope
```

화면에서 그래프로 수신된 값을 확인할 수 있다.

이번에는 노드들이 무선으로 송신한 값을 받아서 시리얼로 수신해주는 오실로스코프 RF를 실행시켜 보자(노드를 3개 사용하는 경우).

모트 1개는 PC와 연결할 베이스 스테이션으로, 나머지 2개는 무선 수집 노드로 사용한다. 다음과 같이 컴파일 및 업로딩을 수행한다.

① Base Station(hyper-tmote 사용)

```
$cd /opt/tinyos-1.x/apps/TOSBase
(uploading 할 프로그램이 있는 TOSBase디렉토리로 이동)
$make hybus install.0
( 컴파일 및 빌드한 이미지를 부착된 노드의 flash에 write)
```

② 무선으로 Node1을 사용할 경우 오실로스코프 RF 처리

```
$cd /opt/tinyos-1.x/apps/OscilloscopeRF     (무선)
$make hybus install.1          install(n),(n;node#)
```

③ 무선으로 Node2를 사용할 경우 오실로스코프 RF 처리

```
$cd /opt/tinyos-1.x/apps/OscilloscopeRF     (무선)
$make hybus install.2          install(n),(n;node#)
```

완료되었으면 이제 센싱 노드로 사용할 node1,2에 센서를 부착하고, 시리얼 게이트보드 Hyper-H mote에는 TOSbase에서 컴파일한 모트를 부착한다. 전원을 인가해준다. 2개의 노드에서 데이터가 송신되기 때문에 녹색 LED가 이전보다 빨리 깜빡이는 것을 볼 수 있다. 눈으로 확인하기 위해 자바 프로그램을 실행시켜보자.

```
$java net.tinyos.tools.Listen
ctrl-c(멈춘다.)

$java net.tinyos.oscope.oscilloscope
```

10.9 TinyDB 및 mote-view 응용 실습

이 장에서 소개한 내용 외에 Java로 구현이 된 다른 응용 프로그램을 실행시켜보자.

1. TinyOS센서의 네트워크로부터 정보발췌를 위한 검색처리 시스템인 TinyDB를 실행시켜보자. TinyDB는 다음과 같은 특징을 가진다.
   - 원하는 추출 데이터 나열을 위해 SQL인터페이스 제공
   - 센서 네트워크 소프트웨어와 자바 바탕의 클라이언트 간 인터페이스
   - 환경 모니터링(저 비율 데이터 수집) 응용

   노드 3개를 사용하는 경우(Base station, Node1, Node2) 다음과 같이 실행시키면 된다.

   (1) TinyDBApp디렉토리로 이동
   $cd /opt/tinyos-1.x/apps/TinyDBApp
   (2) 컴파일과 업로딩(각 노드별)
   $make micaz install mib510,/dev/ttyS0;(base node)
   $make micaz install.1 mib510,/dev/ttyS0;(node1)
   $make micaz install.2 mib510,/dev/ttyS0;(node 2)
   (3) mica2인 경우 주파수 설정
   $cd /opt/tinyos-1.x/TOS/platform/mica2
   $ Vi cc1000Const.h에서 주파수 설정(cc1k_915_998_MHZ)
   (4) 통신방법 설정
   $ export MOTECOM=serial@COM1:57600
   (5) Java 프로그램 실행
   $ /opt/tinyos-1.x/tools/java
   $ java net.tinyos.tinydb.TinyDBMain

2. 제공된 CD에는 Mote-View라는 프로그램이 있다. 포함되어 있는 문서를 참조해서 Mote-View를 이용한 센서 네트워크를 구현해보도록 하자.

제 11 장

패킷 응용

이 장에서는 단순한 멀티홉 브로드캐스팅 프로토콜의 사용뿐만 아니라 PC로부터 센서 네트워크 안으로 패킷(Injecting and Broadcasting)을 주입하는 단순한 도구를 사용하는 것을 다룬다.

11.1 커맨드 패킷

첫 번째로 무선으로 "command" 패킷을 받고 LED를 켜고 끄는 것 같은 얼마간의 행동을 수행하도록 해석하는 단순한 응용 프로그램을 설명한다. apps/SimpleCmd 응용 프로그램으로 하나의 모트를 프로그래밍하고 또 다른 하나는 apps/ TOSBase로 프로그래밍을 한다. 다음으로 컴포넌트의 시리얼 포트를 이용하여 프로그래밍 보드를 연결한다. apps/TOSBase로 프로그래밍된 모트는 프로그래밍 보드 위에 놓는다. TOSBase는 베이스 스테이션처럼 동작한다. 게이트웨이는 PC와 SimpleCmd로 프로그래밍된 모트 사이에 무선통신을 허용한다.

10장에서 사용한 것처럼 SerialForwarder를 실행한다.

```
java net.tinyos.sf.SerialForwarder -comm serial@COM1
```

〈port_number〉는 motelist를 통해 확인할 수 있다.

자바 응용 프로그램 tools/java/net/tinyos/tools/BcastInject는 명령 패킷을 PC로부터 센서 네트워크 안으로 주입한다. 다음을 이용하여 실행한다.

```
java net.tinyos.tools.BcastInject 〈group_id〉 〈command〉
```

〈group_id〉가 있는 곳이 네트워크 안에서 사용되고 있는 십진수의 Active Message 그룹 ID이다(예를 들어서, 0x7d인 디폴트 그룹 ID는 십진수 125이다). 수많은 옵션으로 명령을 줄 수 있지만, 이 장에서는 SimpleCmd 응용 프로그램에 나오는 것들만 이해하는 것으로 한정한다.

- led_on - Turn on the yellow LED
- led_off - Turn off the yellow LED

- radio_louder - Increase radio power
- radio_quieter - Decrease radio power

적합한 인자 값으로 BcastInject를 동작시킴으로써 노랑 LED를 켜고 끌 수 있다. SimpleCmdM.nc 코드를 보면, 응용 프로그램이 도착해서 커맨드 형태처럼 메시지 필드를 해석하여 들어오는 메시지를 단지 기다리는 일을 하는 것을 알 수 있을 것이다. BcastInject와 SimpleCmd는 커맨드 형태가 뜻하는 것과 동일해야 한다.

11.2 멀티홉 브로드캐스팅

여기서는 응용 프로그램 SimpleCmd를 확장하고 네트워크 안에 다른 모트로부터 받은 커맨드 메시지를 전송한다. 이것은 한번 수행된 커맨드 메시지를 재브로드캐스팅함으로써 이루어지게 된다. 이 방법으로 모트의 통신범위를 확장하는 간단한 multi-hop 라우팅 네트워크를 형성해볼 수 있다.

이 코드는 apps/SimpleCmd/BcastM.nc이다. 각 수신된 메시지 안에 포함된 명령어 처리과정을 추가하여 전에 본 적이 없다면 재전송(re-broadcasts)한다. Bcast 응용 프로그램을 설치하기 위해서 apps/SimpleCmd/Makefile을 수정해야 하고 Makefile 안의 코드를 아래와 같이 변경해야 한다.

```
    COMPONENT=SimpleCmd
                ---> COMPONENT=Bcast

BcastM.nc
event TOS_MsgPtr ReceiveCmdMsg.receive(TOS_MsgPtr pmsg){
TOS_MsgPtr ret = msg;
result_t retval;
struct SimpleCmdMsg *data= (struct SimpleCmdMsg *)pmsg->data;

// Check if this is a new broadcast messagecall Leds.greenToggle();
if (is_new_msg(data)) {
remember_msg(data);
retval = call ProcessCmd.execute(pmsg) ;

// Return a message buffer to the lower levels, and hold on to the
// current buffer
```

```
ret = msg;
msg = pmsg;
}
return ret;
}
```

주어진 명령어가 전에 본 적이 있는지 없는지를 결정하기 위해, 컴포넌트 BcastM은 메시지 안에 포함되어 있는 순서번호 발자취를 추적한다. 만약에 현재 메시지의 순서번호가 현재 메시지의 127 안쪽이면, 커맨드는 수용되어서 처리되고 전송되고 아니면 버린다.

BcastInject 프로그램이 자신의 순서번호가 요청되는 전역에 걸쳐서 유지된다. 이 정보는 tools/java/bcast/bcast.properties에 저장된다.

만약에 BcastInject에 의해 생성된 순서번호 파일이 제거된다면 1로 리셋된다. 만약에 "new" 다음에 메지시를 번역하기 원한다면 power-cycle이 필요할 것이다. 이전 순차번호에 1을 더하는 것보다는 차라리 예를 들어 메시지가 손상되는 경우 같이 무선 스택에 의해서 버려지는 것을 허용하는 순차 번호의 넓은 범위로 메시지가 수용되는 것이 낫다. 이것은 조잡한 메커니즘이다. 실제 프로그램에서는 패킷 인식 같은 기능들을 더 포함하고 싶다.

11.3 멀티홉 응용 프로그램 실습

앞에서 다룬 응용 프로그램에 사운더(Sounder)를 켜고 끌 수 있도록 Simple Cmd에 명령을 추가하고 멀티홉도 가능하도록 확장해보자. 다음처럼 수정하는 것이 필요할 것이다.

- In SimpleCmd.nc → sounder component를 응용 프로그램에 묶어라.
- In SimpleCmdM.nc → sounder를 초기화하고 sounder를 켜고 끌 수 있는 새로운 행동을 위한 명령어를 추가하라.
- In SimpleCmdMsg.h → sounder를 켜고 끄는 새로운 명령어 타입을 추가하라.
- In BcastInject.java → sounder on/off command를 지원하는 커맨드 타입 set에 추가하라. 반드시 SimpleCmdMsg.h 안에 있는 코드 같은 커맨드 타입을 사용한다.
- 2개의 모트가 Bcast(apps/SimpleCmd)로 작동하도록 해보자.

SimpleCmdM.nc를 다시 보자 – 모트를 통해 메시지가 전송(forward)되는 시간 중에 녹색과 빨강색 LED가 메시지의 "hop count"를 가리키는 데 사용하고 있는 것을 알 수 있을 것이다. 모트 하나는 hop counter 1을 얻도록, 다른 하나의 모트는 hop counter 2를 얻도록 위치시켜 놓고 멀티홉을 통해 잘 구현이 되었는지 확인해보자.

풀이

- Add commands that will allow SimpleCmd to turn its sounder on and off.
- Please, modify the SimpleCmd.nc, SimpleCmdM.nc, SimpleCmdMsg.h.
- In BcastInject.java, add the sounder on/off command to the set of supported command types.
- Multihop Broadcasting

1. Composition elements
    - SimpleCmd
        - SimpleCmd.nc
        - SimpleCmdM.nc
        - SimpleCmdMsg.h
    - Bcast
        - Bcast.nc
        - BcastM.nc
2. Source

◎ SimpleCmd

- SimpleCmd.nc

```
includes SimpleCmdMsg;
configuration SimpleCmd {
  provides interface ProcessCmd; // Interface that process the received data command
}
implementation {
  components Main, SimpleCmdM, GenericComm as Comm, PotC, LedsC, Sounder;
  Main.StdControl -> SimpleCmdM;
  SimpleCmdM.Leds -> LedsC;
  ProcessCmd = SimpleCmdM.ProcessCmd;
  SimpleCmdM.CommControl -> Comm;
  SimpleCmdM.ReceiveCmdMsg -> Comm.ReceiveMsg[AM_SIMPLECMDMSG];
  SimpleCmdM.SoundCtl -> Sounder.StdControl;
  SimpleCmdM.ControlCmd -> SimpleCmdM.ProcessCmd;
  SimpleCmdM.Pot -> PotC;
}
```

- SimpleCmdMsg.h

```
enum {
 AM_SIMPLECMDMSG = 8,
```

```
 AM_LOGMSG=9
};

enum {              // Define command integer number
  LED_ON = 1,
  LED_OFF = 2,
  RADIO_LOUDER  = 3,
  RADIO_QUIETER = 4,
  START_SENSING = 5,
  READ_LOG = 6,
  SOUND_ON = 7,
  SOUND_OFF = 8
};

typedef struct {
    int nsamples;
    uint32_t interval;
} start_sense_args;

typedef struct {
    uint16_t destaddr;
} read_log_args;

// SimpleCmd message structure
typedef struct SimpleCmdMsg {
    int8_t seqno;           // Sequence number
    int8_t action;          // Command
    uint16_t source;
    uint8_t hop_count;
    union {
      start_sense_args ss_args;
      read_log_args rl_args;
      uint8_t untyped_args[0];
    } args;
} SimpleCmdMsg;

// Log message structure
typedef struct LogMsg {
    uint16_t sourceaddr;
    uint8_t log[16];
} LogMsg;

 - SimpleCmdM.nc
includes SimpleCmdMsg;              // SimpleCmdMsg.h
module SimpleCmdM {
```

```
  provides {
    interface StdControl;
    interface ProcessCmd;
  }

  uses {
    interface Leds;
    interface Pot;
    interface ReceiveMsg as ReceiveCmdMsg;
    interface StdControl as CommControl;
    interface StdControl as SoundCtl;
    interface ProcessCmd as ControlCmd;
  }
}
/*
 *  Module Implementation
 */

implementation
{
  // module scoped variables
  TOS_MsgPtr msg;
  int8_t pending;
  TOS_Msg buf;

  /**
   *
   * This task evaluates a command and execute it if it is a supported
   * command.The protocol for the command interpreter is that
   * it operates on the message and returns a (potentially modified)
   * message to the calling layer, as well a status word for whether
   * the message should be futher processed.
   *
   * @return Return: None
   **/
  task void cmdInterpret() {
    struct SimpleCmdMsg * cmd = (struct SimpleCmdMsg *) msg->data;
    // do local packet modifications: update the hop count and packet source
    cmd->hop_count++;
    cmd->source = TOS_LOCAL_ADDRESS;

    // Interpret the command: Display the level on red and green led
    if (cmd->hop_count & 0x1)
      call Leds.greenOn();
    else
```

```
      call Leds.greenOff();
    if (cmd->hop_count & 0x2)
      call Leds.redOn();
    else
      call Leds.redOff();

    // Execute the command
    switch (cmd->action) {
      case LED_ON:
        call Leds.yellowOn();
        break;
      case LED_OFF:
        call Leds.yellowOff();
        break;
      case RADIO_QUIETER:
        call Pot.increase();
        break;
      case RADIO_LOUDER:
        call Pot.decrease();
        break;
      case SOUND_ON:
        call SoundCtl.start();
        break;
      case SOUND_OFF:
        call SoundCtl.stop();
        break;
      default:
        break;
    }
    pending =0;
    signal ProcessCmd.done(msg, SUCCESS);
}

/**
 * Initialization for the application:
 *  1. Initialize module static variables
 *  2. Initialize communication layer
 *  @return Returns <code>SUCCESS</code> or <code>FAILED</code>
 **/

command result_t StdControl.init() {
  msg = &buf;
  pending = 0;
  return rcombine(call CommControl.init(), call Leds.init());
}
```

```
/** start communication layer **/
  command result_t StdControl.start(){
    return (call CommControl.start());
  }
/** stop communication layer **/
  command result_t StdControl.stop(){
    return (call CommControl.stop());
  }
  /**
   * Posts the cmdInterpret() task to handle the recieved command.
   * @return Always returns <code>SUCCESS</code>
   **/
  command result_t ProcessCmd.execute(TOS_MsgPtr pmsg) {
    pending =1;
    msg = pmsg;
    post cmdInterpret();
    return SUCCESS;
  }
  /**
   * Called upon message reception and invokes the ProcessCmd.execute()
   * command.
   * @return Returns a pointer to a TOS_Msg buffer
   **/
  event TOS_MsgPtr ReceiveCmdMsg.receive(TOS_MsgPtr pmsg){
    TOS_MsgPtr ret = msg;
    result_t retval;
    retval = call ControlCmd.execute(pmsg) ;
    if (retval==SUCCESS) {
      return ret;
    } else {
      return pmsg;
    }
  }

  /**
   * Called upon completion of command execution.
   * @return Always returns <code>SUCCESS</code>
   **/
  event result_t ControlCmd.done(TOS_MsgPtr pmsg, result_t status) {
    return status;
  }
} // end of implementation

 - Bcast.nc
includes SimpleCmdMsg;
```

```
/**
 *
 * This configuration module wires BcastM module to components:
 * Main, SimpleCmd, GenericComm and LedsC.
 */
configuration Bcast { }
implementation {
  components Main, BcastM, SimpleCmd, GenericComm as Comm, LedsC;
  Main.StdControl -> BcastM;
  BcastM.Leds -> LedsC;
  BcastM.ProcessCmd-> SimpleCmd.ProcessCmd;
  BcastM.CommControl -> Comm;
  BcastM.SendCmdMsg -> Comm.SendMsg[AM_SIMPLECMDMSG];
  BcastM.ReceiveCmdMsg -> Comm.ReceiveMsg[AM_SIMPLECMDMSG];
}

 - BcastM.nc
includes SimpleCmdMsg;

module BcastM {
    provides    interface StdControl;
    uses {
      interface ProcessCmd;
      interface Leds;
      interface Pot;
      interface ReceiveMsg as ReceiveCmdMsg;
      interface SendMsg as SendCmdMsg;
      interface StdControl as CommControl;
    }
}

/*
 *  Module Implementation
 */

implementation
{
  TOS_MsgPtr msg;
  int8_t bcast_pending;
  TOS_Msg buf;
  int8_t lastSeqno;

  /**
   * Task:  Broadcast a mwssage
   *
```

```
   * @return Always returns <code>SUCCESS</code>
   **/
  task void forwarder() {
    call SendCmdMsg.send(TOS_BCAST_ADDR, 8, msg);            // Broadcasting
  }

  /**
   * Reset the bcast_pending flag to 0 if pmsg was sent successfully
   *
   * @return Returns the value of 'status'
   **/

event result_t SendCmdMsg.sendDone(TOS_MsgPtr pmsg, result_t status) {
    if (status == SUCCESS) bcast_pending = 0;
    return status;
  }

  /**
   * Initalize the application.
   * @return A boolean indicating success or failure of the application
   * initialization.
   **/
  command result_t StdControl.init() {
    msg = &buf;
    bcast_pending = 0;
    lastSeqno=0;

    return (call CommControl.init());
  }
  /** start generic communication interface **/
  command result_t StdControl.start(){
    return (call CommControl.start());
  }

  /** stop generic communication interface **/
  command result_t StdControl.stop(){
    return (call CommControl.stop());
  }

  /**
   * A module-scoped inline function.
   *
   * Decide whether a received message is new: its sequence number has to be
   * within 127 of the previous sequence number. Also drops the message
   * if the module is still dealing with the previous broadcast.
```

```
  **/
  inline char is_new_msg(struct SimpleCmdMsg *bmsg) {
    if (bcast_pending)
        return 0;
/*
    if ((bmsg->seqno > 0) && (bmsg->seqno < 128))
        return 1;
    else
        return 0;
*/
    return (((bmsg->seqno - lastSeqno))>0) || ((bmsg->seqno+127)<lastSeqno) );
  }

  /**
   * A module-scoped inline function. Updates the last sequence number
   * and set the broadcast sending flag.
   **/
  inline void remember_msg(struct SimpleCmdMsg *bmsg) {
    lastSeqno = bmsg->seqno;
    bcast_pending = 1;
  }

  /**
   * Handles the AM type 8 receiving event signaled from ReceiveMsg.
   * Checks if this is a new message and calls ProcessCmd.execute()
   * if so.
   * @return A TOS_MsgPtr.
   **/
  event TOS_MsgPtr ReceiveCmdMsg.receive(TOS_MsgPtr pmsg){
    TOS_MsgPtr ret = msg;
    result_t retval;
    struct SimpleCmdMsg *data= (struct SimpleCmdMsg *)pmsg->data;

    // Check if this is a new broadcast message
    call Leds.greenToggle();
    if (is_new_msg(data)) {
      remember_msg(data);
      retval = call ProcessCmd.execute(pmsg) ;

      // Return a message buffer to the lower levels, and hold on to the
      // current buffer
      ret = msg;
      msg = pmsg;
    }
    return ret;
```

```
  }

  /**
   * Handles the ProcessCmd.done event signaled by ProcessCmd.
   * Once command execution has completed, forward the message.
   * @return Always returns <code>SUCCESS</code>
   **/
  event result_t ProcessCmd.done(TOS_MsgPtr pmsg, result_t status) {
    msg = pmsg;
    //call Leds.redToggle();
    if (status) {
      post forwarder();
    } else {
      bcast_pending = 0;
    }
    return SUCCESS;
  }
} // end of implementation
```

제 12 장

데이터 저장 프로그램

이 장에서는 원격 데이터 기록과 수집을 위해 꽤 완성도 있는 응용 프로그램인 SenseLightToLog에 대해 설명한다. 이것은 2개의 새로운 명령어를 포함한 SimpleCmd의 확장된 형태이다. 모트 하나는 센서가 읽은 값을 수집하는 일과 EEPROM에 그 정보를 쓰는 데 사용하고, 또 하나는 EEPROM으로부터 센서가 읽은 값을 무선으로 전송하는 데 사용한다.

12.1 데이터 저장 프로그램 – SenseLightToLog

SenseLightToLog의 높은 수준의 기능은 apps/SenseLightToLog/SimpleCmdM.nc 컴포넌트를 살펴보면서 가장 잘 이해할 수 있다. 11장에서 근본이 되는 컴포넌트 SimpleCmd의 확장된 버전이다. cmdInterpret() 태스크는 2개의 추가적인 명령어를 수용한다.

1) START_SENSING

이 명령어는 기록된 샘플링 횟수에 따라 기술된 샘플의 숫자를 수집하고 샘플을 모트의 EEPROM에 저장하기 위한 Sensing 인터페이스를 요청한다. 인터페이스 LoggerWrite는 데이터를 EEPROM에 기록하기 위해 사용한다.

2) READ_LOG

이 명령어는 EEPROM으로부터 데이터 라인을 검색해서 무선 패킷으로 전송(broadcast)한다.

(1) 센싱 인터페이스

컴포넌트 SenseLightToLog에 의해서 구현된 센싱 인터페이스 배후에서 움직이는 수많은 센싱 정보를 얻는 개념을 뽑아보았다. 이 인터페이스는 센싱된 연속정보를 초기화하는 start() 커맨드를 제공하고 센싱이 완료되었을 때 done() 이벤트를 신호한다(signal).

```
SenseLightToLogM.nc
  command result_t Sensing.start(int samples, int
  interval_ms) {
    nsamples = samples;
    call Timer.start(TIMER_REPEAT, interval_ms);
    return SUCCESS;
  }

  event result_t Timer.fired() {
    nsamples--;
    if (nsamples== 0) {
      call Timer.stop();
      signal Sensing.done();
    }
    call Leds.redToggle();
    call ADC.getData();
    return SUCCESS;
  }

  async event result_t ADC.dataReady(uint16_t this_data){
   atomic {
    int p = head;
    bufferPtr[currentBuffer][p] = this_data;
    head = (p+1);
    if (head == maxdata) head = 0; // Wrap around circular buffer
    if (head == 0) {
        post writeTask();
     }
    }
    return SUCCESS;
  }

  task void writeTask() {
    char* ptr;
    atomic {
      ptr = (char*)bufferPtr[currentBuffer];
      currentBuffer ^= 0x01; // Toggle between two buffers
    }
    call LoggerWrite.append(ptr);
  }
```

start()가 요청될 때, timer는 주어진 간격으로 작동하기 시작한다. timer 이벤트가 해제(fire)될 때, ADC.getData()는 센서가 읽은 값을 얻어 오기를 요청한다. 이벤트

ADC.dataReady()는 센서가 읽은 값을 원형 버퍼에 저장하게 한다. 수집돼서 적당한 샘플의 횟수가 되면 이벤트 Sensing.done() 신호(signal)를 보낸다.

SimpleCmd가 READ_LOG 명령어를 수신할 때, LoggerRead를 통해 읽은 EEPROM을 초기화한다. 읽기가 완료되면 데이터는 패킷으로 전송(broadcast)된다. 다음에 설명하고 있는 BcastInject 도구를 작동시킬 때 보여지는 각 로그 엔트리는 16bytes로 되어 있다.

async 이벤트 ADC.dataReady() 안에 atomic 상태를 유념하자. atomic은 공유된 변수 head, bufferPtr, currentBuffer에 접근하는 것을 보호한다. 명령어 LoggerWriter.append()가 async 이벤트 ADC.dataReady()부터가 아니라 태스크로부터 호출된다고 생각된다. 그 이유는 LoggerWrite.append()는 async가 아니기 때문에 다른 코드를 안전하게 선점하지 못하고 async 이벤트로 호출되지 않기 때문이다.

12.2 데이터 수집

1) Logger component, interface, usage와 제한사항

mica 모트와 Hyper H-mote는 512kbyte의 플래시 EEPROM을 갖고 있다. EEPROM은 모트를 위해 지속성 있는 저장장치로써 역할을 한다. 그리고 센서 데이터나 디버깅 레이스 같은 데이터 수집에 관한 많은 응용 프로그램을 위해 제공된다. 인터페이스 EEPROMRead와 EEPROMWrite는 이 하드웨어에 대해 깨끗한 공간을 제공한다. EEPROM은 line으로 불리는 16byte 블록으로 읽고 쓴다. EEPROM에 대한 읽고 쓰기는 구분된 단계로 동작한다. 한 동작은 우선적으로 읽기 쓰기 연산을 초기화해야 하고 또 하나의 연산이 수행되기 전에 상응하는 완료 이벤트를 기다린다.

더욱더 EEPROM에 접근하는 것을 단순화하기 위해 컴포넌트 로거(Logger)가 제공되어진다. (tos/system/LoggerM.ne를 보라). Logger는 연속적으로 접근되는 원형 버퍼처럼 EEPROM을 다루기 위해 읽고 쓸 다음의 EEPROM 라인을 위한 내부 포인터를 유지한다. 로거는 EEPROM의 초기에는 읽거나 쓰지 않는다. 예를 들어, 모트의 네트워크 재프로그래밍을 사용할 때 이 영역은 모트의 TOS_LOCAL_ADDRESS를 저장한다.

인터페이스 LoggerRead와 LoggerWrite는 각각 저마다 읽고 쓰기를 위해 사용된다. LoggerRead는 다음의 명령어를 제공한다.

- readNext(buffer) : 로그의 다음 라인을 읽는다.
- read(line, buffer) : 로그의 임의의 라인을 읽는다.
- resetPointer() : 로그의 초기부분에 현재 라인 포인터를 위치시킨다.
- setPointer(line) : 주어진 라인에 현재 라인 포인터를 위치시킨다.

마찬가지로 LoggerWrite는 다음의 명령을 제공한다.

- append(buffer) : 로그에 데이터를 추가한다.
- write(line, buffer) : 주어진 라인의 로그에 데이터를 쓴다.
- resetPointer() : 로그의 시작부분에 현재 라인 포인트를 위치시킨다.
- setPointer(line) : 주어진 라인에 로그 데이터를 쓴다.

2) 로깅 성능

컴포넌트 로거는 아주 놓은 성능을 제공하지 않는다. 고주파 샘플링(5kHz 정도 달하는)에 관심이 있다면 컴포넌트 ByteEEPROM을 사용하는 apps/HighFrequency Sampling 응용 프로그램을 보자.

3) SenseLightToLog를 이용하여 데이터 수집

한 개의 모트는 SenseLightToLog로 프로그래밍하고 다른 한 개의 모트에는 TOSBase로 프로그래밍한다. 조도 센서의 조도를 읽기 원한다면 mote에 센서 보드를 부착하여 노드를 구성한다. 첫 번째 단계는 센서가 읽은 다수의 값을 얻은 모드를 지정한다.

다음처럼 환경을 설정한다.

```
export MOTECOM=serial@COM1:19200
```

환경 설정이 끝나면 다음과 같이 동작하도록 구현한다.

```
java net.tinyos.tools.BcastInject start_sensing 〈num_samples〉 〈interval〉
```

num_sample은 취할 값(8 또는 16라고 기록된)의 샘플 숫자이고, interval은 (100 기록된) 1/1000초(시간단위)이다. 예를 들면 다음과 같다.

```
java net.tinyos.tools.BcastInject start_sensing 16 100
```

모트로부터 기록 데이터(log data)를 얻기 위해서 다음과 같이 설정한다.

```
java net.tinyos.tools.BcastInject read_log 〈mote_address〉
```

mote_address가 있는 기록 데이터를 읽을 주소이다. 예를 보면 다음과 같다.

```
% java net.tinyos.tools.BcastInject read_log 2

Sending payload: 65 6 0 0 0 2 0 0 0 0 0
serial@COM1:19200: resynchronizing
Waiting for response to read_log...
Received log message: Message 〈LogMsg〉 [sourceaddr=0x2]
Log values: 48 1 38 1 33 1 32 1 32 1 33 1 34 1 34 1
```

위 프로그램은 read_log에 대답하기 위해서 10초를 기다리고 있다. 만약 응답을 볼 수 없다면 다시 시도해보자. 응답을 얻을 수 없다면, 아마도 모트가 각 명령을 수신할 때마다 초록 LED를 깜박이는 명령어를 얻지 못했거나, 바른 mote_address를 적어 넣지 않은 원인일 수 있다. 각기 다음에 있을 read_log 명령어를 보내면 모트로부터 다음의 로그 엔트리를 읽을 것이다. 만약에 읽기 포인터를 리셋하고 싶다면, 그것은 파워 사이클에 따라서만 가능하다. 현재의 읽기 포인터는 휘발성 메모리에 있지만 EEPROM 데이터는 파워 사이클에 걸쳐서 지속된다는 것을 기억하자.

12.3 데이터 로깅 응용 프로그램 실습

데이터 로깅(data logging) 응용 프로그램의 모듈 소스 파일을 분석하고 알고리즘을 표현해보자.

풀이

- Data logging application
- Implement the SenseLightToLog Application include the sensing interface and logging performance
- Data collection using SenseLightToLog
- Analyze the data logging application module' s source file.

1. Composition elements
   - SenseLightToLog
     - SenseLightToLog.nc
     - SenseLightToLogM.nc
     - SimpleCmd.nc
     - SimpleCmdM.nc
     - SimpleCmdMsg.h
2. Commands of a application
   - START_SENSING : This command invokes the Sensing interface to collect a specified number of samples at a specified sampling data, and to store these samples in mote's EEPROM. The LoggerWrite interface is used to write the data to the EEPROM
   - READ_LOG : This command will retrieve a line of data from the EEPROM and broadcast it in a radio packet.

3. Source

◎ SenseLightToLog

- SenseLightToLog.nc

```
configuration SenseLightToLog {
  provides interface Sensing;
}
implementation {
  components Main, SenseLightToLogM, SimpleCmd, LedsC;
  components GenericComm as Comm, TimerC, Logger, Photo;
  Main.StdControl -> SenseLightToLogM;
  SenseLightToLogM.Leds -> LedsC;
  SenseLightToLogM.Timer -> TimerC.Timer[unique("Timer")];
  SenseLightToLogM.LoggerWrite -> Logger.LoggerWrite;
  SenseLightToLogM.SubControl -> Comm;
```

```
  SenseLightToLogM.SubControl -> Photo;
  SenseLightToLogM.SubControl -> Logger;
  SenseLightToLogM.ADC -> Photo;
  Sensing = SenseLightToLogM.Sensing;
}
 - SenseLightToLogM.nc
module SenseLightToLogM {
  provides interface StdControl;
  provides interface Sensing;

  uses {
    interface ADC;
    interface StdControl as SubControl;
    interface Leds;
    interface Timer as Timer;
    interface LoggerWrite;
    interface ProcessCmd as CmdExecute;
  }
}
implementation
{
  enum {
    maxdata = 8  // Circular buffer size
  };

  // declare module static variables here
  char head;                 // index to the head of the circular buffer
  uint8_t currentBuffer;     // current index to the circular double buffer
  int data[maxdata*2];       // circular double buffer
  int *bufferPtr[2];         // two pointers to the double buffer
  short nsamples;            // number of samples

 /**
   * Initialize the application.
   * @return Initialization status.
   **/
  command result_t StdControl.init() {
    atomic {
      head = 0;
      currentBuffer = 0;
      bufferPtr[0] = &(data[0]);
      bufferPtr[1] = &(data[8]);
    }
    return rcombine(call SubControl.init(), call Leds.init());
  }
```

```
/**
 * Start the application.
 * @return Start status.
 **/
command result_t StdControl.start() {
  return call SubControl.start();
}
/**
 * Stop the application.
 * @return Stop status.
 **/
command result_t StdControl.stop() {
  return call SubControl.stop();
}

/**
 * This command belongs to the <code>Sensing</code> interface.
 * It starts the timer to generate periodic events.
 *
 * @return Always returns <code>SUCCESS</code>
 **/
command result_t Sensing.start(int samples, int interval_ms) {
  nsamples = samples;                    // Number of samples
  //call Leds.yellowOff();
  call Timer.start(TIMER_REPEAT, interval_ms);
  return SUCCESS;
}
/**
 * Event handler to the <code>Timer.fired</code> event.
 * @return Always returns <code>SUCCESS</code>
 **/
event result_t Timer.fired() {
  nsamples--;
  if (nsamples== 0) {
    // Stop the timer
    call Timer.stop();
    signal Sensing.done();
  }
  call Leds.redToggle();
  call ADC.getData();
  return SUCCESS;
}
/**
 * Default event handler to the <code>Sensing.done</code> event.
 * @return Always returns <code>SUCCESS</code>
```

```
  **/
  default event result_t Sensing.done() {
    return SUCCESS;
  }
  task void writeTask() {
    char* ptr;
    atomic {
      ptr = (char*)bufferPtr[currentBuffer];
      currentBuffer ^= 0x01;
    }
    call LoggerWrite.append(ptr); // Write Photo sensing data to EEPROM at the mote
  }

  /**
   * Event handler to the <code>ADC.dataReady</code> event.
   *
   * Store the reading in the buffer, when the buffer fills up,
   * write it out to the logger, and switch to another circular buffer.
   * @return Always returns <code>SUCCESS</code>
   **/
  async event result_t ADC.dataReady(uint16_t this_data){  // Circular queue buffer
    atomic {
      int p = head;
      bufferPtr[currentBuffer][p] = this_data;
      head = (p+1);
      if (head == maxdata) head = 0;
      if (head == 0) {
        post writeTask();  // Write Photo sensing data to EEPROM at the mote
      }
    }
    return SUCCESS;
  }

  /**
   * Event handler for the <code>LoggerWrite.writeDone</code> event.
   * Toggle the yellow LED if status is true.
   *
   * @return Always returns <code>SUCCESS</code>
   **/
  event result_t LoggerWrite.writeDone( result_t status ) {
    //if (status) call Leds.yellowOn();
    return SUCCESS;
  }
  /**
   * Event handler to the <code>CmdExecute.done</code> event. Do nothing.
```

```
   * @return Always returns <code>SUCCESS</code>
   **/
  event result_t CmdExecute.done(TOS_MsgPtr pmsg, result_t status ) {
    return SUCCESS;
  }
}

 - SimpleCmd.nc
includes SimpleCmdMsg;

configuration SimpleCmd {
  provides interface ProcessCmd;
}
implementation {
  components Main, SimpleCmdM, SenseLightToLog, Logger,
    GenericComm as Comm, PotC, LedsC;
  Main.StdControl -> SimpleCmdM;
  SimpleCmdM.Leds -> LedsC;
  ProcessCmd = SimpleCmdM.ProcessCmd;
  SimpleCmdM.CommControl -> Comm;
  SimpleCmdM.ReceiveCmdMsg -> Comm.ReceiveMsg[AM_SIMPLECMDMSG];
  SimpleCmdM.SendLogMsg -> Comm.SendMsg[AM_LOGMSG];
  SimpleCmdM.LoggerRead -> Logger;
  SimpleCmdM.Pot -> PotC;
  SimpleCmdM.Sensing -> SenseLightToLog.Sensing;
}


 - SimpleCmdM.nc
includes SimpleCmdMsg;

/**
 *
 * This is an enhanced version of SimpleCmd that understands the
 * START_SENSING and READ_LOG commands.
 **/
module SimpleCmdM {
  provides {
    interface StdControl;
    interface ProcessCmd;
  }

  uses {
    interface Leds;
    interface Pot;
```

```
    interface ReceiveMsg as ReceiveCmdMsg;
    interface StdControl as CommControl;
    interface LoggerRead;
    interface SendMsg as SendLogMsg;
    interface Sensing;
  }
}

implementation
{
  // declare module static variables here
  TOS_MsgPtr cur_msg;          // The current command message
  TOS_Msg log_msg;             // The current log message
  bool send_pending;           // TRUE if a message send is pending
  bool eeprom_read_pending; // TRUE if an EEPROM read is pending
  TOS_Msg buf;                 // Free buffer for message reception

  /**
   * This task evaluates a command and executes it.
   * Signals ProcessCmd.sendDone() when the command has completed.
   * @return Return: None
   **/

    task void cmdInterpret() {
    struct SimpleCmdMsg *cmd = (struct SimpleCmdMsg *)cur_msg->data;
    result_t status = SUCCESS;
    // do local packet modifications: update the hop count and packet source
    cmd->hop_count++;
    cmd->source = TOS_LOCAL_ADDRESS;

    // Execute the command
    switch (cmd->action) {
    case LED_ON:
      call Leds.yellowOn();
      break;
    case LED_OFF:
      call Leds.yellowOff();
      break;
    case RADIO_QUIETER:
      call Pot.increase();
      break;
    // Added functions
    case RADIO_LOUDER:
      call Pot.decrease();
      break;
```

제12장

```
    case START_SENSING:                    // The Sensing Interface
      // Initialize the sensing component, and start reading data from it.
      call Sensing.start(cmd->args.ss_args.nsamples,          // Called the sensing
interface
                         cmd->args.ss_args.interval);
      break;
    case READ_LOG:                         // Logging performance
      //Check if the message is meant for us, if so issue a split phase call
      //to the logger
      call Leds.redOff();
      call Leds.yellowOff();
      if ((cmd->args.rl_args.destaddr == TOS_LOCAL_ADDRESS) &&
          (eeprom_read_pending == FALSE)) {
        if (call LoggerRead.readNext(((struct LogMsg *)log_msg.data)->log)) {
          call Leds.yellowOn();
          eeprom_read_pending = TRUE;
        }
      }
      break;
    default:
      status = FAIL;
    }
    signal ProcessCmd.done(cur_msg, status);
  }
  /**
   * Signalled in response to the event from <code>Sensing.done</code>.
   * @return Always returns <code>SUCCESS</code>
   **/
  event result_t Sensing.done() {
    return SUCCESS;
  }

  /**
   *  Initialize the application.
   *  @return Success of component initialization.
   **/
  command result_t StdControl.init() {
    cur_msg = &buf;
    send_pending = FALSE;
    eeprom_read_pending = FALSE;    // Enable/Disable flag of reading EEPROM
    return rcombine(call CommControl.init(), call Leds.init());
  }

  /**
   * Start the application.
```

```
  * @return Always returns <code>SUCCESS</code>
  **/
 command result_t StdControl.start(){
   return SUCCESS;
 }

 /**
  * Stop the application.
  * @return Always returns <code>SUCCESS</code>
  **/
 command result_t StdControl.stop(){
   return SUCCESS;
 }

 /**
  * Signalled when the log has completed the reading,
  * and now we're ready to send out the log message.
  * @return Always returns <code>SUCCESS</code>
  **/
 event result_t LoggerRead.readDone(uint8_t * packet, result_t success) {
   // Send message only if read was successful
   struct LogMsg *lm;
   if (success && eeprom_read_pending && !send_pending) {
     lm = (struct LogMsg *)(log_msg.data);
     lm->sourceaddr = TOS_LOCAL_ADDRESS;
     if (call SendLogMsg.send(TOS_BCAST_ADDR, sizeof(struct LogMsg), &log_msg))
{
       call Leds.redOn();
       send_pending = TRUE;
     }
   }
   eeprom_read_pending = FALSE;
   call Leds.yellowOff();
   return SUCCESS;
 }

 /**
  * Post a task to process the message in 'pmsg'.
  * @return Always returns <code>SUCCESS</code>
  **/
 command result_t ProcessCmd.execute(TOS_MsgPtr pmsg) {
   cur_msg = pmsg;
   post cmdInterpret();
   return SUCCESS;
 }
```

```
/**
 * Called upon message receive; invokes ProcessCmd.execute().
 **/
event TOS_MsgPtr ReceiveCmdMsg.receive(TOS_MsgPtr pmsg){
  result_t retval;
  TOS_MsgPtr ret = cur_msg;

  call Leds.greenToggle();
  retval = call ProcessCmd.execute(pmsg);
  if (retval==SUCCESS) {
    return ret;
  } else {
    return pmsg;
  }
}

/**
 * Default event handler for <code>ProcessCmd.done</code>.
 * @return The value of 'status'.
 **/
default event result_t ProcessCmd.done(TOS_MsgPtr pmsg, result_t status) {
  return status;
}

/**
 * Reset send_pending flag to FALSE in response to
 * <code>SendLogMsg.sendDone</code>.
 * @return The value of 'status'.
 **/
event result_t SendLogMsg.sendDone(TOS_MsgPtr pmsg, result_t status) {
  call Leds.redOff();
  send_pending = FALSE;
  return status;
}
} // end of implementation
```

제 13 장

Mote KIT 응용 Level 1

이 장에서는 5장에서 소개한 적이 있는 Blink 기본 프로그램을 수정하여 시리얼 통신, 무선(RF) 통신, 센싱(sensing)을 하도록 확장/구현해 본다. 한 단계씩 따라해보자. nesC 프로그래밍에 자신감이 붙을 것이다.

13.1 Blink를 이용한 응용 1–UART component

LED가 깜빡일 때마다 시리얼 콘솔 화면에 B를 출력하도록 Blink를 응용해보겠다. apps로 이동하여 mkdir Exercise로 새 디렉토리를 만들고 apps/Blink디렉토리를 Exercise로 복사한 다음 Exercise 디렉토리로 이동하여 다음과 같이 Blink.nc 컴포넌트를 수정한다.

1) Blink.nc

```
configuration Blink {
}
implementation {
components Main, BlinkM, SingleTimer, LedsC,
HPLUARTC
  Main.StdControl -> SingleTimer.StdControl;
  Main.StdControl -> BlinkM.StdControl
  BlinkM.Timer -> SingleTimer.Timer;
  BlinkM.UART -> HPLUARTC;
  BlinkM.Leds -> LedsC;
}
```

밑줄친 부분이 수정한 부분이다. 기존 blink 응용 프로그램에 시리얼 관련 interface인 HPLUART를 추가하였다. HPLUART는 tos/interfaces에 있으며, 시리얼로 데이터를 받거나 보내는 역할을 한다. 인터페이스 HPLUART를 살펴보자. 소스는 tos/interface/HPLUART.nc이다.

```
async command result_t init();
UART를 초기화한다.

async command result_t stop();
UART를 off, 종료시킨다.
```

제13장

```
async command result_t put(uint8_t data);

1 byte의 데이터를 UART로 보낸다. putdone이라는 이벤트가 발생하기 전까지 put은 대기하다가
putdone이 발생하면 다음 put으로 넘어간다.

async event result_t get(uint8_t data);
1 byte의 데이터를 UART로부터 받는다.

async event result_t putDone();
put이 완료됨을 알린다. 다음 put을 야기시킨다.
```

다음과 같이 Exercise/Blink에서 모듈 컴포넌트 BlinkM.nc를 수정한다.

2) BlinkM.nc.

```
module BlinkM {
  provides {
    interface StdControl;
  }
  uses {
    interface Timer;
    interface Leds;
    interface HPLUART as UART; //인터페이스 HPLUART를 사용, UART로 지정
  }
}
implementation {

  /**
   * Initialize the component.
   *
   * @return Always returns <code>SUCCESS</code>
   **/
  command result_t StdControl.init() {
    call UART.init();// UART 초기화
    call Leds.init();
    return SUCCESS;
  }
/**
   * Toggle the red LED in response to the
   <code>Timer.fired</code> event.
   *
   * @return Always returns <code>SUCCESS</code>
   **/
  event result_t Timer.fired()
```

```
  {
    call Leds.redToggle();
    call UART.put('B');
// 타이머가 발생할 때마다, put을 호출해 1byte char인 'B'를 출력한다.
    return SUCCESS;
  }

  event async result_t UART.get(uint8_t data) {
                return SUCCESS
}

  event async result_t UART.putDone() {
                return SUCCESS;
         }
}
```

위에서 밑줄친 부분이 수정한 부분이다. 우선 시리얼 통신을 위해 BlinkM에 시리얼 통신을 위해 구현된 인터페이스 HPLUART를 UART란 이름으로 추가하였다. 그리고 StdControl.init()에서 UART.init()으로 UART 장치를 초기화시킨다. 타이머가 발생할 때마다 UART.put으로 B를 출력하도록 한다. 위에서 get이나 putdone은 직접 쓰이지는 않지만, 문법상 call한 인터페이스에 대해 선언된 command를 모두 적어주었다.

컴파일하고 인스톨시켜보자. 작동화면은 다음과 같다.

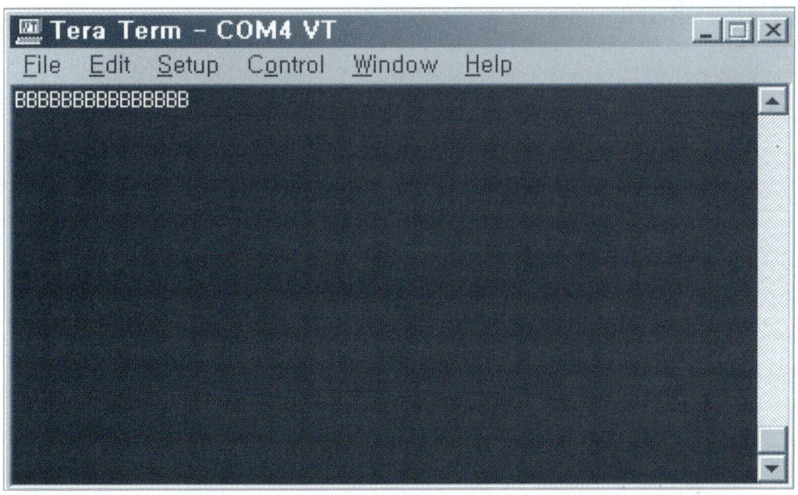

Red LED가 토글될 때마다 시리얼에서는 B가 찍힌다.

(터미널 세팅 : 57600, 8, N, 1, none)

13.2 Blink를 이용한 응용 2-RF component

앞에서는 Blink 프로그램에 UART를 첨가해 보았다. 이제 RF를 사용 가능하게 하는 interface를 첨가하여, 무선으로 노드의 LED를 제어해보자. 응용 시스템 구성도는 그림과 같다.

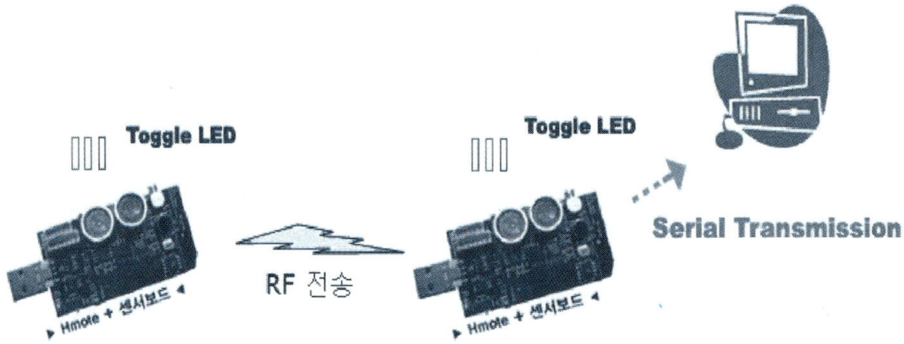

Blink를 이용한 응용(RF 컴포넌트)

먼저 컴포넌트 Blink.nc를 다음과 같이 수정해서 RF통신에 필요한 컴포넌트를 사용할 수 있도록 엮는다(wiring).

1) Blink.nc

```
configuration Blink {
}
implementation {
components Main, BlinkM, SingleTimer, LedsC, HPLUARTC,
IntToRfm
  Main.StdControl -> SingleTimer.StdControl;
  Main.StdControl -> BlinkM.StdControl;
  Main.StdControl -> IntToRfm.StdControl;
  BlinkM.Timer -> SingleTimer.Timer;
  BlinkM.UART -> HPLUARTC;
  BlinkM.Leds -> LedsC;
  BlinkM.IntOutput -> IntToRfm.IntOutput;
}
```

위에서 보듯이 사용할 컴포넌트는 IntToRfm인데 IntToRfm은 인터페이스

StdControl와 IntOutput 둘 다 제공하고 있다. 제공되는 2가지 형태의 인터페이스는 각각 main과 blinkM에 제공된다. 위치는 /tos/lib/Counter/IntToRfm.nc에 있다.

다음과 같이 Exercise/Blink에서 모듈 컴포넌트 BlinkM.nc를 수정한다.

2) BlinkM.nc

```
module BlinkM {
  provides {
    interface StdControl;
  }
  uses {
    interface Timer;
    interface Leds;
    interface HPLUART as UART;
    interface IntOutput;
//IntToRfm 이IntOutput type으로 BlinkM에 제공할 것이다.
  }
}
implementation {
int state;
  command result_t StdControl.init() {
    state=1;
    call UART.init();
    call Leds.init();
    return SUCCESS;
  }
command result_t StdControl.start() {
    // Start a repeating timer that fires every 1000ms
    return call Timer.start(TIMER_REPEAT, 1000)
  }
event result_t Timer.fired()
  {
    if (call IntOutput.output(state))
      state++;
    call Leds.redToggle();
    call UART.put('B');
    return SUCCESS;
  }

  event async result_t UART.get(uint8_t data) {
                return SUCCESS;
```

```
                //call UART.put(data);
        }

  event async result_t UART.putDone() {
                return SUCCESS;
        }
  event result_t IntOutput.outputComplete(result_t success)
  {
    if(success == 0) state --;
    return SUCCESS;
  }
}
```

밑줄친 부분이 수정한 부분이다. IntToRfm은 sendmsg라는 인터페이스를 사용하는데, sendmsg는 보낼 주소와 크기(length), 그리고 메시지를 파라미터로 받아서 이를 전송하는 중요한 인터페이스이다. 현재 디폴트로 AM.h에 정의된 메시지 타입, TOS_Msg 형태의 메시지로 전송할 수 있다.

IntOutput은 말 그대로 어떤 정수의 출력을 담당하는 인터페이스이다.

13.3 Blink를 이용한 응용 3-Sense component

이제 Blink에 sense component를 첨가해보자. 온도 센서를 통하여 습도 값을 구해본다.

1) Blink.nc

```
configuration Blink {
}
implementation {
components Main, BlinkM, SingleTimer, LedsC, HPLUARTC, IntToRfm, DeMossnsorC as Sensor
  Main.StdControl -> Sensor;
  Main.StdControl -> SingleTimer.StdControl;
  Main.StdControl -> BlinkM.StdControl;
Main.StdControl -> IntToRfm.StdControl;
BlinkM.ADC -> Sensor;
BlinkM.ADCControl -> Sensor;
```

```
  BlinkM.Timer -> SingleTimer.Timer;
  BlinkM.UART -> HPLUARTC;
  BlinkM.Leds -> LedsC;
  BlinkM.IntOutput -> IntToRfm.IntOutput;
}
```

위에서 보면 DeMossnsorC를 Sensor로 사용한다고 선언을 했다. Demo SensorC는 /tinyos-1.x/tos/sensorboard/의 각 해당하는 센서 보드에 하나씩 있다.

DeMossnsorC의 역할은 보드의 스펙 중, 사용할 센서를 한 가지 선택해서 대표 센서로서 사용하게끔 하는 데에 있다. 온도 센서를 제어한다면 Photo를 Temp로 바꾸기만 하면 된다.

```
configuration DeMossnsorC {
  provides interface ADC;
  provides interface StdControl;
}
Implementation {
  components Temp as Sensor;
  StdControl = Sensor;
  ADC = Sensor;}
```

2) BlinkM.nc

```
module BlinkM {
  provides {
    interface StdControl;
  }
  uses {
    interface Timer;
    interface Leds;
    interface HPLUART as UART;
    interface ADC;
    interface StdControl as ADCControl;
    interface IntOutput;
  }
}
implementation {
  int state;
```

```
uint16_t g_nHumidity_data = 0;
 //센싱한 값을, 변환 수식에 의해 실제 습도값으로 바꾸는 task//
  task void aa() {
            atomic {
                  uint8_t i;
                  uint16_t dec, result, tmpdata;
                  tmpdata = g_nHumidity_data;
                  dec = 10000;
                  call Leds.redToggle();
                  call UART.put('H');
                  TOSH_uwait(100);
                  for(i = 0; i < 5; i++)     // 변환 수식
{
                        result  = tmpdata/dec + '0';
                        tmpdata = tmpdata % dec;
                        if(i == 4) result = ' ';
                        call UART.put(result); // 습도값 출력
                        TOSH_uwait(100);
                        dec = dec / 10;
            }
                  }
      }

  command result_t StdControl.init() {
    state=1;
    call UART.init();
    return call Leds.init();
  }
  command result_t StdControl.start() {
    return call Timer.start(TIMER_REPEAT, 1000);
  }
  command result_t StdControl.stop() {
    return call Timer.stop();
  }
  event result_t Timer.fired()
  {
    if (call IntOutput.output(state))
      state++;
    return call ADC.getData();
  }
  async event result_t ADC.dataReady(uint16_t data) {
    call Leds.greenToggle();
    g_nHumidity_data = data; //get한 데이터를 g_nHumidity_data에 할당하여
    return post aa( ); //aa를 실행한다. Task aa는 g_nHumidity_data를
  }                    //수식에 의해 실제 습도값으로 바꾼다
```

```
  event async result_t UART.get(uint8_t data) {
                return SUCCESS;
  }

  event async result_t UART.putDone() {
                return SUCCESS;
  }
  event result_t IntOutput.outputComplete(result_t success)
  {
    if(success == 0) state --;
    return SUCCESS;
  }
}
```

제 14 장

Mote KIT 응용 Level 2

14.1 멀티홉 응용 프로그램의 개요

이 장에서는 앞에서 배운 내용을 토대로 Multihop 응용 프로그램을 구현해본다. 앞에서 배운 Oscilloscope는 TinyOS의 응용 프로그램에서 센서를 통해 수집한 값을 직접 Oscilloscope처럼 컴퓨터 상에서 확인할 수 있는 프로그램이었다. 이 Oscilloscope 응용 프로그램을 확장하여 노드끼리 송수신하여 통신 범위를 확장하는 Multihop 라우팅 네트워크를 구현해 수집한 값을 표현하도록 구현하여 본다. 소스는 apps/Oscilloscope에 위치하고 있다. Oscilloscope 디렉터리를 apps/OscilloMulti로 복사하여 소스 수정 작업을 한다. 디렉토리가 없다면 mkdir로 디렉터리를 생성한다.

시스템 구성은 그림과 같이 하면 된다.

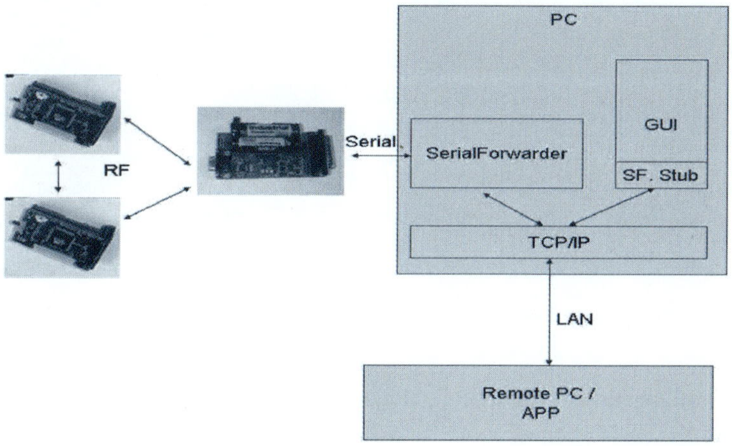

응용 시스템 구성도

14.2 오실로스코프와 멀티홉 응용

아래 소스 코드는 오리지널 코드에서 수정한 부분만을 나타내고 있다. 이 점을 참고해서 해당 소스 코드를 찾아가서 한줄 한줄 주의 깊게 수정해보자.

먼저 OscopeMsg.h 파일을 찾아가서 수정한다.

제14장

1) OscopeMsg.h

```
enum {
	BUFFER_SIZE = 7
};

struct OscopeMsg
{
	uint16_t sourceMoteID;
	uint32_t lastSampleNumber;
	uint16_t channel;
	uint16_t data[BUFFER_SIZE];
};

struct OscopeResetMsg
{
	uint32_t timestamp;
};

enum {
	AM_OSCOPEMSG = 10,
	AM_OSCOPERESETMSG = 32,
};
/*struct ResetMsg
{
uint32_t timestamp;
};
*/
```

Configuration 컴포넌트 Oscilloscope.nc를 다음과 같이 수정한다.

```
includes OscopeMsg;
includes MultiHop;
includes Bcast;

configuration Oscilloscope { }
implementation
{
components Main, OscilloscopeM
	, TimerC
	, LedsC
	, DeMossnsorC as Sensor
	, GenericCommPromiscuous as Comm
	, Bcast, MultiHopRouter as multihopM, QueuedSend ;
```

```
Main.StdControl -> Sensor;
Main.StdControl -> Comm;
Main.StdControl -> OscilloscopeM;
Main.StdControl -> TimerC;
Main.StdControl -> Bcast.StdControl;
Main.StdControl -> multihopM.StdControl;
Main.StdControl -> QueuedSend.StdControl;

OscilloscopeM.Timer -> TimerC.Timer[unique("Timer")];
OscilloscopeM.Leds -> LedsC;
OscilloscopeM.SensorControl -> Sensor;
OscilloscopeM.ADC -> Sensor;
OscilloscopeM.Bcast -> Bcast.Receive[AM_OSCOPERESETMSG];
Bcast.ReceiveMsg[AM_OSCOPERESETMSG]->
  Comm.ReceiveMsg[AM_OSCOPERESETMSG];

OscilloscopeM.RouteControl -> multihopM;
OscilloscopeM.Send -> multihopM.Send[AM_OSCOPEMSG];
multihopM.ReceiveMsg[AM_OSCOPEMSG]-> Comm.ReceiveMsg[AM_OSCOPEMSG];
}
```

Module 컴포넌트 OscilloscopeM.nc를 다음과 같이 수정한다.

2) OscilloscopeM.nc

```
includes OscopeMsg;
includes MultiHop;
includes Bcast;

Module OscilloscopeM
{
provides interface StdControl;
uses {
interface Timer;
interface Leds;
interface StdControl as SensorControl;
interface ADC;
// interface StdControl as CommControl;
// interface SendMsg as DataMsg;
interface Send;
```

```
// interface ReceiveMsg as ResetCounterMsg;
interface Receive as Bcast ;
interface RouteControl;
}
}
command result_t StdControl.start() {
call SensorControl.start();
if( TOS_LOCAL_ADDRESS != 0 )
{
call Timer.start(TIMER_REPEAT, 40);
}
// call CommControl.start();
return SUCCESS;
}

task void dataTask() {
struct OscopeMsg *pack;

/* Try to send the packet. Note that this will return
* failure immediately if the packet could not be queued for
* transmission.
*/
// if (call Send.send(TOS_BCAST_ADDR, sizeof(struct OscopeMsg),
// &msg[currentMsg]))
if (pack = (struct OscopeMsg *)call Send.getBuffer(&msg,&Len))
{}
}

event TOS_MsgPtr Bcast.receive(TOS_MsgPtr pMsg, void* payload, uint16_t payloadLen)
{
struct OscopeResetMsg * tmp_msg = ( struct OscopeResetMsg *) payload;
atomic
{
readingNumber = tmp_msg->timestamp;

// readingNumber2 = readingNumber1;
} call Leds.yellowToggle();
return pMsg;
}
```

apps/SimpleCmd/BcastM.nc를 다음과 같이 수정한다.

3) BcastM.nc

```
/*************************************************************************
* Initialization
*************************************************************************/

static void initialize() {
      iFwdBufHead = iFwdBufTail = 0;
      // BcastSeqno = -255;
      BcastSeqno = 0;
      Time_Stamp = 0;
}

/*************************************************************************
* Internal functions
*************************************************************************/

static bool newBcast(uint64_t proposed) {
/* This handles sequence space wrap-around. Overlow/Underflow makes
* the result below correct ( -, 0, + ) for any a, b in the sequence
* space. Results: result implies
* - a < b
* 0 a = b
* + a > b
*/

*/
```

4) Java 수정(/opt/tinyos-1.x/tools/java/net/tinyos/oscope)

Oscilloscope처럼 그래픽으로 처리하는 Java프로그램을 다음처럼 수정해준다.

① GraphPanel.java

```
int delay = 20000; //milliseconds

ActionListener taskPerformer = new ActionListener()
{
      public void actionPerformed(ActionEvent evt)
      {
```

```
        Date clock = new Date();
// long tmp = ( ( clock.getTime()% ( 1000 * 60 * 60 * 24 * 1000 ) ) / 10000 ) * 10000 ;
        int tmp = (int) (( ( clock.getTime()% ( 1000 * 60 * 60 * 24 * 1000 ) ) / 1000 ) * 1000 ) ;
        // byte[] array = new byte[4];
        // long and = 255;

        System.out.println( tmp );
        // array = setUIntElement(tmp);
        BcastMsg bcm = new BcastMsg();
        OscopeResetMsg orm = new OscopeResetMsg(bcm,bcm.offset_data(0), 4);
        orm.set_timestamp( (int) tmp ); bcm.set_seqno(bcast_seqno);
        bcast_seqno++; // = (bcast_seqno + 1) ;
        System.out.println( bcast_seqno );
        if( mote != null ){
        try {
        mote.send(MoteIF.TOS_BCAST_ADDR, bcm );
        }
        catch (IOException ioe) {
          System.err.println("Warning: Got IOException sending reset message: "+ioe);
          ioe.printStackTrace();
        }
        }
        }
};
new Timer(delay, taskPerformer).start();
```

② Bcast.java

```
public class BcastMsg extends net.tinyos.message.Message {

/** The default size of this message type in bytes. */
public static final int DEFAULT_MESSAGE_SIZE = 29;

/** The Active Message type associated with this message. */
// public static final int AM_TYPE = -1;
public static final int AM_TYPE = 32;
```

③ OscopeMsg.java

```
public class OscopeMsg extends net.tinyos.message.Message {
```

```
/** The default size of this message type in bytes. */
// public static final int DEFAULT_MESSAGE_SIZE = 26;
public static final int DEFAULT_MESSAGE_SIZE = 22; // Multihop header : 7 bytes
lastSampleNumber : 1 -> 2bytes
/** The Active Message type associated with this message. */
public static final int AM_TYPE = 10;

///////////////////////////////////////////////////////////////////////////////
public static final int MULTIHOP_HEADER_BYTE = 7;
public static final int MULTIHOP_HEADER_BIT = 56;
public static final int LASTSAMPLENUMBER_INCREASEMENT_BYTE = 2;
public static final int LASTSAMPLENUMBER_INCREASEMENT_BIT = 16;
public static final int PAYLOAD_DATA_NUM = 7;
///////////////////////////////////////////////////////////////////////////////

/** Create a new OscopeMsg of size 26. */
public OscopeMsg() {
super(DEFAULT_MESSAGE_SIZE);
amTypeSet(AM_TYPE);
}

/** Create a new OscopeMsg of the given data_length. */
public OscopeMsg(int data_length) {
super(data_length);
amTypeSet(AM_TYPE);
}

/**
* Create a new OscopeMsg with the given data_length
* and base offset.
*/
public OscopeMsg(int data_length, int base_offset) {
super(data_length, base_offset);
amTypeSet(AM_TYPE);
}

/**
* Create a new OscopeMsg using the given byte array
* as backing store.
*/
public OscopeMsg(byte[] data) {
super(data);
amTypeSet(AM_TYPE);
}
```

```
/**
* Create a new OscopeMsg using the given byte array
* as backing store, with the given base offset.
*/
public OscopeMsg(byte[] data, int base_offset) {
super(data, base_offset);
amTypeSet(AM_TYPE);
}

/**
* Create a new OscopeMsg using the given byte array
* as backing store, with the given base offset and data length.
*/
public OscopeMsg(byte[] data, int base_offset, int data_length) {
super(data, base_offset, data_length);
amTypeSet(AM_TYPE);
}

/**
* Create a new OscopeMsg embedded in the given message
* at the given base offset.
*/
public OscopeMsg(net.tinyos.message.Message msg, int base_offset) {
super(msg, base_offset, DEFAULT_MESSAGE_SIZE);
amTypeSet(AM_TYPE);
}

/**
* Create a new OscopeMsg embedded in the given message
* at the given base offset and length.
*/
public OscopeMsg(net.tinyos.message.Message msg, int base_offset, int data_length)
{
super(msg, base_offset, data_length);
amTypeSet(AM_TYPE);
}

/**
/* Return a String representation of this message. Includes the
* message type name and the non-indexed field values.
*/
public String toString() {
String s = "Message
";
try {
```

```
s += " [sourceMoteID=0x"+Long.toHexString(get_sourceMoteID())+"]
";
} catch (ArrayIndexOutOfBoundsException aioobe) { /* Skip field */ }
try {
s += " [lastSampleNumber=0x"+Long.toHexString(get_lastSampleNumber())+"]
";
} catch (ArrayIndexOutOfBoundsException aioobe) { /* Skip field */ }
try {
s += " [channel=0x"+Long.toHexString(get_channel())+"]
";
} catch (ArrayIndexOutOfBoundsException aioobe) { /* Skip field */ }
try {
s += " [data=";
for (int i = 0; i < 10; i++) {
s += "0x"+Long.toHexString(getElement_data(i) & 0xff)+" ";
}
s += "]
";
} catch (ArrayIndexOutOfBoundsException aioobe) { /* Skip field */ }
return s;
}

// Message-type-specific access methods appear below.

/////////////////////////////////////////////////////////
// Accessor methods for field: sourceMoteID
// Field type: int, unsigned
// Offset (bits): 0
// Size (bits): 16
/////////////////////////////////////////////////////////

/**
* Return whether the field sourceMoteID is signed (false).
*/
public static boolean isSigned_sourceMoteID() {
return false;
}

/**
* Return whether the field sourceMoteID is an array (false).
*/
public static boolean isArray_sourceMoteID() {
return false;
}
/////////////////////////////////////////////////////////////////////
```

```
/**
* Return the offset (in bytes) of the field sourceMoteID
*/
// public static int offset_sourceMoteID() {
// return ( 0 / 8);
// }
public static int offset_sourceMoteID() {
return ( ( 0 / 8) + MULTIHOP_HEADER_BYTE );
}

/**
* Return the offset (in bits) of the field sourceMoteID
*/
// public static int offsetBits_sourceMoteID() {
// return 0;
// }

public static int offsetBits_sourceMoteID() {
return ( 0 + MULTIHOP_HEADER_BIT );
}

/**
* Return the value (as a int) of the field sourceMoteID
*/
public int get_sourceMoteID() {
return (int)getUIntElement(offsetBits_sourceMoteID(), 16);
}
/**
* Set the value of the field sourceMoteID
*/
public void set_sourceMoteID(int value) {
setUIntElement(offsetBits_sourceMoteID(), 16, value);
}

/**
* Return the size, in bytes, of the field sourceMoteID
*/
public static int size_sourceMoteID() {
return (16 / 8);
}

/**
* Return the size, in bits, of the field sourceMoteID
*/
public static int sizeBits_sourceMoteID() {
```

```
return ( 16 );
}
/////////////////////////////////////////////////////////
// Accessor methods for field: lastSampleNumber
// Field type: int, unsigned
// Offset (bits): 16
// Size (bits): 16
/////////////////////////////////////////////////////////

/**
* Return whether the field lastSampleNumber is signed (false).
*/
public static boolean isSigned_lastSampleNumber() {
return false;
}

/**
* Return whether the field lastSampleNumber is an array (false).
*/
public static boolean isArray_lastSampleNumber() {
return false;
}

/**
* Return the offset (in bytes) of the field lastSampleNumber
*/
// public static int offset_lastSampleNumber() {
// return (16 / 8);
// }
public static int offset_lastSampleNumber() {
return ( (16 / 8) + MULTIHOP_HEADER_BYTE );
}

/**
* Return the offset (in bits) of the field lastSampleNumber
*/
// public static int offsetBits_lastSampleNumber() {
// return 16;
// }
public static int offsetBits_lastSampleNumber() {
return ( 16 + MULTIHOP_HEADER_BIT );
}

/**
* Return the value (as a int) of the field lastSampleNumber
```

제14장

```
// public int get_lastSampleNumber() {
// return (int)getUIntElement(offsetBits_lastSampleNumber(), 16);
// }

/**
* Return the value (as a int) of the field lastSampleNumber
*/
public long get_lastSampleNumber() {
return (long)getUIntElement(offsetBits_lastSampleNumber(), (16 + LASTSAMPLE
NUMBER_INCREASEMENT_BIT ) );
} // 2 bytes --> 4 bytes by jinnie4u for LastSampleNumber

/**
* Set the value of the field lastSampleNumber
*/
// public void set_lastSampleNumber(int value) {
// setUIntElement(offsetBits_lastSampleNumber(), 16, value);
// }
public void set_lastSampleNumber(int value) {
setUIntElement(offsetBits_lastSampleNumber(),(16+LASTSAMPLENUMBER_INCREASE
MENT_BIT ), value);
}

/**
* Return the size, in bytes, of the field lastSampleNumber
*/
// public static int size_lastSampleNumber() {
// return (16 / 8);
// }
public static int size_lastSampleNumber() {
return ( ( 16 + LASTSAMPLENUMBER_INCREASEMENT_BIT ) / 8);
} // 2 bytes --> 4 bytes by jinnie4u

/**
* Return the size, in bits, of the field lastSampleNumber
*/
// public static int sizeBits_lastSampleNumber() {
// return 16;
// }
public static int sizeBits_lastSampleNumber() {
return ( 16 + LASTSAMPLENUMBER_INCREASEMENT_BIT ); // 2 bytes --> 4 bytes
by jinnie4u
}
```

```
//////////////////////////////////////////////////////////
// Accessor methods for field: channel
// Field type: int, unsigned
// Offset (bits): 32
// Size (bits): 16
//////////////////////////////////////////////////////////

/**
* Return whether the field channel is signed (false).
*/
public static boolean isSigned_channel() {
return false;
}

/**
* Return whether the field channel is an array (false).
*/
public static boolean isArray_channel() {
return false;
}

/**
* Return the offset (in bytes) of the field channel
*/
public static int offset_channel() {
return ( ( ( 32 + LASTSAMPLENUMBER_INCREASEMENT_BIT ) / 8) +
MULTIHOP_HEADER_BYTE );
}// LastSampleNumber size changed from 2 bytes to 4 bytes

// public static int offset_channel() {
// return (32 / 8);
// }

/**
* Return the offset (in bits) of the field channel
*/
// public static int offsetBits_channel() {
// return 32;
// }

/**
* Return the offset (in bits) of the field channel
*/
public static int offsetBits_channel() {
return ( 32 + LASTSAMPLENUMBER_INCREASEMENT_BIT +
```

```
MULTIHOP_HEADER_BIT );
}// LastSampleNumber size changed from 2 bytes to 4 bytes
/**
* Return the value (as a int) of the field channel
*/
public int get_channel() {
return (int)getUIntElement(offsetBits_channel(), 16);
}

/**
* Set the value of the field channel
*/
public void set_channel(int value) {
setUIntElement(offsetBits_channel(), 16, value);
}

/**
* Return the size, in bytes, of the field channel
*/
public static int size_channel() {
return (16 / 8);
}

/**
* Return the size, in bits, of the field channel
*/
public static int sizeBits_channel() {
return 16;
}

/////////////////////////////////////////////////////////
// Accessor methods for field: data
// Field type: int[], unsigned
// Offset (bits): 48
// Size of each element (bits): 16
/////////////////////////////////////////////////////////

/**
* Return whether the field data is signed (false).
*/
public static boolean isSigned_data() {
return false;
}

/**
```

```
* Return whether the field data is an array (true).
*/
public static boolean isArray_data() {
return true;
}

/**
* Return the offset (in bytes) of the field data
*/
// public static int offset_data(int index1) {
// int offset = 48;
// if (index1 < 0 || index1 >= 10) throw new ArrayIndexOutOfBoundsException();
// offset += 0 + index1 * 16;
// return (offset / 8);
// }
public static int offset_data(int index1) {
int offset = ( 48 + LASTSAMPLENUMBER_INCREASEMENT_BIT +
MULTIHOP_HEADER_BIT ) ;
if (index1 < 0 || index1 >= 10) throw new ArrayIndexOutOfBoundsException();
offset += 0 + index1 * 16;
return (offset / 8);
}

/**
* Return the offset (in bits) of the field data
*/
// public static int offsetBits_data(int index1) {
// int offset = 48;
// if (index1 < 0 || index1 >= 10) throw new ArrayIndexOutOfBoundsException();
// offset += 0 + index1 * 16;
// return offset;
// }

/**
* Return the offset (in bits) of the field data
*/
public static int offsetBits_data(int index1) {
int offset = ( 48 + LASTSAMPLENUMBER_INCREASEMENT_BIT +
               MULTIHOP_HEADER_BIT );
if (index1 < 0 || index1 >= 10) throw new ArrayIndexOutOfBoundsException();
offset += 0 + index1 * 16;
// System.out.println( "offset : " + offset + "
" );
return offset;
}
```

```
/**
* Return the entire array data as a int[]
*/
public int[] get_data() {
int[] tmp = new int[10];
for (int index0 = 0; index0 < numElements_data(0); index0++) {
tmp[index0] = getElement_data(index0);
}
return tmp;
}

/**
* Set the contents of the array data from the given int[]
*/
public void set_data(int[] value) {
for (int index0 = 0; index0 < value.length; index0++) {
setElement_data(index0, value[index0]);
}
}

/**
* Return an element (as a int) of the array data
*/
public int getElement_data(int index1) {
return (int)getUIntElement(offsetBits_data(index1), 16);
}

/**
* Set an element of the array data
*/
public void setElement_data(int index1, int value) {
setUIntElement(offsetBits_data(index1), 16, value);
}

/**
* Return the total size, in bytes, of the array data
*/
// public static int totalSize_data() {
// return (160 / 8);
// }
public static int totalSize_data() {
return ( ( 160 - MULTIHOP_HEADER_BIT + 8 ) / 8);
}
```

```
/**
* Return the total size, in bits, of the array data
*/
// public static int totalSizeBits_data() {
// return 160;
// }
public static int totalSizeBits_data() {
return ( 160 - MULTIHOP_HEADER_BIT + 8 );
}

/**
* Return the size, in bytes, of each element of the array data
*/
public static int elementSize_data() {
return (16 / 8);
}

/**
* Return the size, in bits, of each element of the array data
*/
public static int elementSizeBits_data() {
return 16;
}

/**
* Return the number of dimensions in the array data
*/
public static int numDimensions_data() {
return 1;
}

/**
* Return the number of elements in the array data
*/
// public static int numElements_data() {
// return 10;
// }
public static int numElements_data() {
return PAYLOAD_DATA_NUM;
}

/**
* Return the number of elements in the array data
* for the given dimension.
*/
```

```
public static int numElements_data(int dimension) {
int array_dims[] = { 10, };
if (dimension < 0 || dimension >= 1) throw new ArrayIndexOutOfBoundsException();
if (array_dims[dimension] == 0) throw new IllegalArgumentException("Array
dimension "+dimension+" has unknown size");
return array_dims[dimension];
}

}
```

④ OscopeResetMsg.java

```
/**
* This class is automatically generated by mig. DO NOT EDIT THIS FILE.
* This class implements a Java interface to the OscopeResetMsg
* message type.
*/

package net.tinyos.oscope_save_DB;

public class OscopeResetMsg extends net.tinyos.message.Message {

/** The default size of this message type in bytes. */
public static final int DEFAULT_MESSAGE_SIZE = 20;

/** The Active Message type associated with this message. */
public static final int AM_TYPE = 32;
public static final int TIMESTAMP_SIZE = 64;

/** Create a new OscopeResetMsg of size 0. */
public OscopeResetMsg() {
super(DEFAULT_MESSAGE_SIZE);
amTypeSet(AM_TYPE);
}

/** Create a new OscopeResetMsg of the given data_length. */
public OscopeResetMsg(int data_length) {
super(data_length);
amTypeSet(AM_TYPE);
}

/**
* Create a new OscopeResetMsg with the given data_length
```

```
* and base offset.
*/
public OscopeResetMsg(int data_length, int base_offset) {
super(data_length, base_offset);
amTypeSet(AM_TYPE);
}

/**
* Create a new OscopeResetMsg using the given byte array
* as backing store.
*/
public OscopeResetMsg(byte[] data) {
super(data);
amTypeSet(AM_TYPE);
}

/**
* Create a new OscopeResetMsg using the given byte array
* as backing store, with the given base offset.
*/
public OscopeResetMsg(byte[] data, int base_offset) {
super(data, base_offset);
amTypeSet(AM_TYPE);
}

/**
* Create a new OscopeResetMsg using the given byte array
* as backing store, with the given base offset and data length.
*/
public OscopeResetMsg(byte[] data, int base_offset, int data_length) {
super(data, base_offset, data_length);
amTypeSet(AM_TYPE);
}

/**
* Create a new OscopeResetMsg embedded in the given message
* at the given base offset.
*/
public OscopeResetMsg(net.tinyos.message.Message msg, int base_offset) {
super(msg, base_offset, DEFAULT_MESSAGE_SIZE);
amTypeSet(AM_TYPE);
}

/**
* Create a new OscopeResetMsg embedded in the given message
```

```
* at the given base offset and length.
*/
public OscopeResetMsg(net.tinyos.message.Message msg, int base_offset, int
data_length) {
super(msg, base_offset, data_length);
amTypeSet(AM_TYPE);
}

/**
/* Return a String representation of this message. Includes the
* message type name and the non-indexed field values.
*/
public String toString() {
String s = "Message
";
return s;
}

// Message-type-specific access methods appear below.

/////////////////////////////////////////////////////////
// Accessor methods for field: timestamp
// Field type: unsigned int
// Offset (bits): 0
// Size (bits): 32
/////////////////////////////////////////////////////////

/**
* Return whether the field type is signed (false).
*/
public static boolean isSigned_timestamp() {
return false;
}

/**
* Return whether the field type is an array (false).
*/
public static boolean isArray_timestamp() {
return false;
}

/**
* Return the offset (in bytes) of the field timestamp
*/
public static int offset_timestamp() {
```

```
return (0 / 8);
}

/**
* Return the offset (in bits) of the field timestamp
*/
public static int offsetBits_timestamp() {
return 0;
}

/**
* Return the value (as a short) of the field timestamp
*/
public long get_timestamp() {
return (long)getUIntElement(offsetBits_timestamp(), TIMESTAMP_SIZE);
}

/**
* Set the value of the field timestamp
*/
public void set_timestamp( long value) {
setUIntElement(offsetBits_timestamp(), TIMESTAMP_SIZE, value);
}
/**
* Return the size, in bytes, of the field timestamp
*/
public static int size_timestamp() {
return (TIMESTAMP_SIZE / 8);
}
/**
* Return the size, in bits, of the field timestamp
*/
public static int sizeBits_timestamp() {
return TIMESTAMP_SIZE;
```

⑤ 실행하기

위와 같이 소스 수정을 완료하였으면 make로 컴파일하여 mote에 올려보자. 우선 통신방법을 다음과 같이 설정한다.

```
$ export MOTECOM=serial@COM1:57600
```

Base Station으로 사용할 모트는 $cd /opt/tinyos-1.x/apps/TOSBase로 이동하여

업로딩 및 컴파일을 수행한다.

```
$ make micaz install.(n) mib510,/dev/ttyS0
```

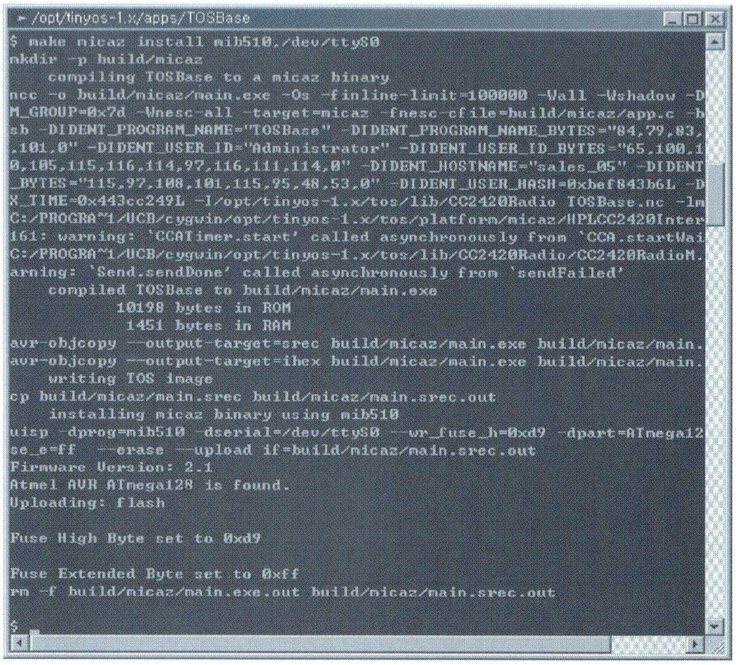

무선으로 정보를 수집할 노드들에게 컴파일 및 업로딩하기 위해 수정한 소스가 있는 apps/OscilloMulti으로 이동한다. 다음 라인의 명령을 수행한다.

```
$ make micaz install.(n) mib510,/dev/ttyS0
```

(install 뒤에 nodeid를 부여한다.)

이렇게 실험할 준비가 다 되었으면 java 응용 프로그램인 Oscilloscope를 수행한다.

(tools/java에서) 다음과 같은 명령어로 수행시킨다.

```
$ java net.tinyos.oscope.oscilloscope
```

다음은 멀티홉 네트워크를 통해 노드가 수집한 값을 받아오고 있는 오실로스코프 그림이다.

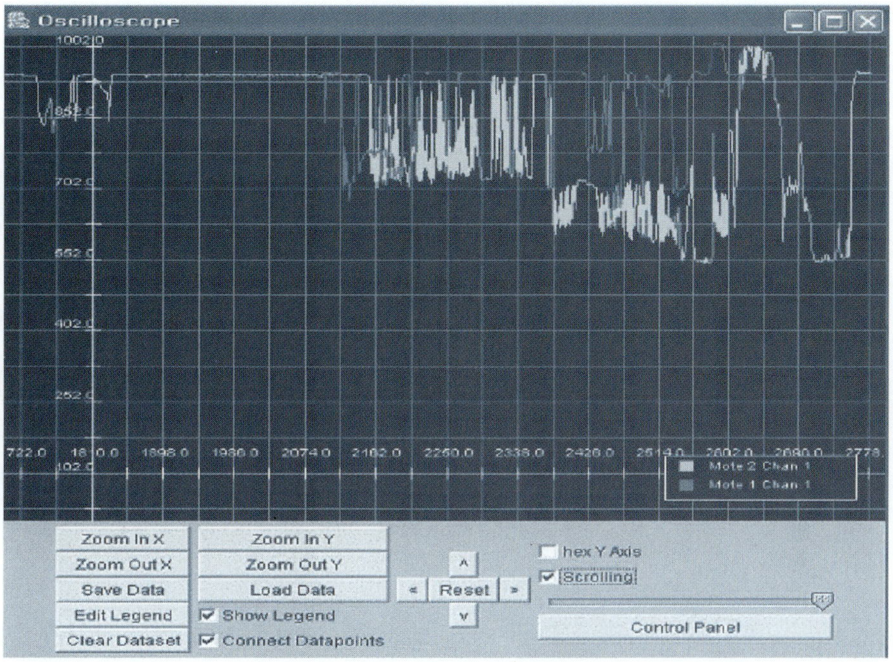

14.3 UCB의 산불방지 프로젝트 사례

다음은 UCB에서 진행한 산불방지 프로젝트를 소개하고자 한다.

UCB(U.C.Berkeley)에서는 산림에 뿌려진 센서를 통해 데이터를 수집해, 자동으로 경보를 해주는 시스템을 구현하였다. 구현한 개요는 GPS가 내장된 센서보드들을 산에 뿌려 각각의 위치에 따른 온도 변화를 모니터링하도록 하여 적정온도 이상의 온도가 측정되면 네트워크를 통한 경보를 울리도록 하여 효과적인 산불 방지를 위한 시스템이 되도록 하였다.

물론 이외에도 mote를 이용한 다양한 USN 프로젝트가 국내외에서 진행되었고 현재 진행되고 있다. 보다 자세한 정보를 얻고자 한다면 http://www.tinyos.net를 통해 확인하기 바란다. 이 장의 내용을 활용한다면 단순한 정도의 화재경보 시스템 구현이 가능하리라 생각하고 시도해보려고 한다면 환영한다.

화재경보 시스템 구성도

제 15 장

Mote KIT 응용 Level 3

이 장에서는 임베디드 시스템과 센서를 연결하여, 임베디드 보드의 LCD로 데이터를 모니터링하는 시스템을 구축해보자. 임베디드 센서 네트워크 시스템의 구성도는 그림과 같다.

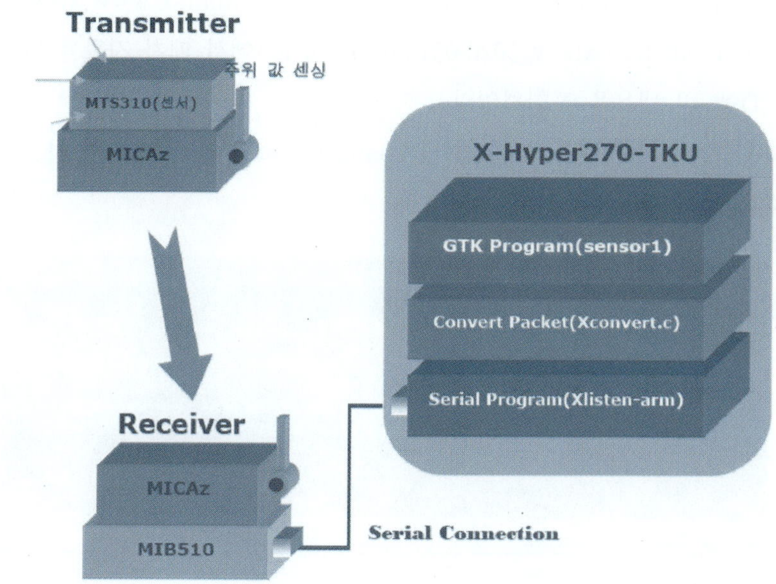

15.1 임베디드 센서 네트워크 시스템 개요

무선 노드들이 일정한 타이머를 가지며 센싱을 한 후 브로드캐스트로 패킷을 전송한다. 그러면 listen program이 업로드된 노드가 이를 수신하고, 바로 시리얼로 데이터를 전송한다.

전송된 데이터의 처리는 Xlisten-arm이 담당한다. Xlisten-arm은 xserial.c와 xsocket.c로 raw data를 수신한 후에, xconvert.c에 의해 실제 값으로 가공된다. 가공된 데이터는 boards 디렉토리의 센서 보드에 matching되어 해당되는 센서 값을 출력한다.

여기서 사용할 센서 보드는 mts310으로 board/mts300.c로 인해 출력된다.

GTK 프로그램은 간단하게 구현된 텍스트 출력 위주의 프로그램으로 mts310의 스펙에 맞춰서 만들어졌다. 즉 온도, 조도, 마이크, 가속도, 자기장을 센싱하며 그 외의 부모 노드의 아이디와 배터리 잔량을 체크하는 text entry로 이루어져 있다.

15.2 임베디드 시스템 환경구축

1) 설 치

하이버스 홈페이지나 크로스보우의 자료실(http://www.xbow.com/Support/Support_pdf_files/**xbow_5020-0315-01_A.tar.gz**)에서 패치 자료를 받는다. 또는 별첨 CD에 위 내용을 포함하였다.

다운받은 자료를 /opt/tinyos-1.x/contrib/xbow에 모두 copy한다.

다음과 같은 파일들이 생성된다.

```
~/opt/tinyos-1.x/contrib/xbow/apps

Arm@hybus /opt/tinyos-1.x/contrib/xbow/apps
$ ls
Blink             Surge_Low_Power      TOSBase          XSensorMTS300
CntToLedsAndRfm   Surge_Reliable       XSensorMDA300    XSensorMTS400
MakeXbowlocal     Surge_Reliable_Dot   XSensorMDA500    XSensorMTS510
RfmToLeds         Surge_Time_Sync      XSensorMTS101

Arm@hybus /opt/tinyos-1.x/contrib/xbow/apps
$
```

패치가 다 되었다면 MIB510에 MICAz를 부착하고 설치한 cygwin을 이용하여 컴파일 및 업로딩을 수행한다.

```
$ cd /opt/tinyos-1.x/contrib./xbow/apps/TOSBase
$ make micaz install mib510,/dev/ttyS0
```

```
~/opt/tinyos-1.x/contrib/xbow/apps/TOSBase
Arm@hybus /opt/tinyos-1.x/contrib/xbow/apps/TOSBase
$ make micaz reinstall mib510,/dev/ttyS3
cp build/micaz/main.srec build/micaz/main.srec.out
    installing micaz binary using mib510
uisp -dprog=mib510 -dserial=/dev/ttyS3 --wr_fuse_h=0xd8 -dpart=ATmega128 --wr_fu
se_e=ff  --erase --upload if=build/micaz/main.srec.out
Firmware Version: 2.1
Atmel AVR ATmega128 is found.
Uploading: flash

Fuse High Byte set to 0xd8

Fuse Extended Byte set to 0xff
rm -f build/micaz/main.exe.out build/micaz/main.srec.out
    installing micaz bootloader using mib510
uisp -dprog=mib510 -dserial=/dev/ttyS3 --wr_fuse_h=0xd8 -dpart=ATmega128 --wr_fu
se_e=ff  --upload if=/opt/tinyos-1.x/tos/lib/Deluge/TOSBoot/build/micaz/main.ihe
x
Firmware Version: 2.1
Atmel AVR ATmega128 is found.
Uploading: flash

Fuse High Byte set to 0xd8

$ _
```

위에서 올린 파일은 listen program이다. 나중에 mib510과 결합하여 무선 노드들의 센싱 데이터를 시리얼로 보내는 역할을 한다.

무선 노드를 세팅해보자. /opt/tinyos-1.x/contrib./xbow/apps/XSensorMTS300으로 이동하여 다음과 같은 방법으로 컴파일 및 업로딩한다.

```
$ cd /opt/tinyos-1.x/contrib./xbow/apps/XSensorMTS300
```

명령 구문 중 install 뒤의 숫자는 node id이다.

위의 명령으로 컴파일 후 업로딩을 수행하여 새로운 MICAz는 node id 1을 갖게 되었다.

컴파일시 Voltage를 찾지 못한다는 메시지가 뜨며 에러가 발생할 때는 TestSensor.nc 파일을 열어 Voltage를 모두 VoltageC로 바꾸도록 한다.

제15장

2) 시리얼 프로그램(Xlisten-arm)

(1) 컴파일

/opt/tinyos-1.x/contrib/xbow/tools/src/xlisten에 가면 x86용 소스 및 실행파일이 있는 것을 볼 수 있을 것이다. 우리는 이 프로그램을 X-Hyper270- TKU에서 사용해야 하므로 보드에 맞게 컴파일해야 한다. 보드에 맞게 작업한 소스 및 실행파일을 만들어 놓았으니 하이버스 최신 자료실이나 별첨 CD에서 다운받아 사용하기 바란다. **xlisten.tar.gz 파일**을 다운로드하고 압축을 해제한다.

```
# tar xvfz xlisten.tar.gz
```

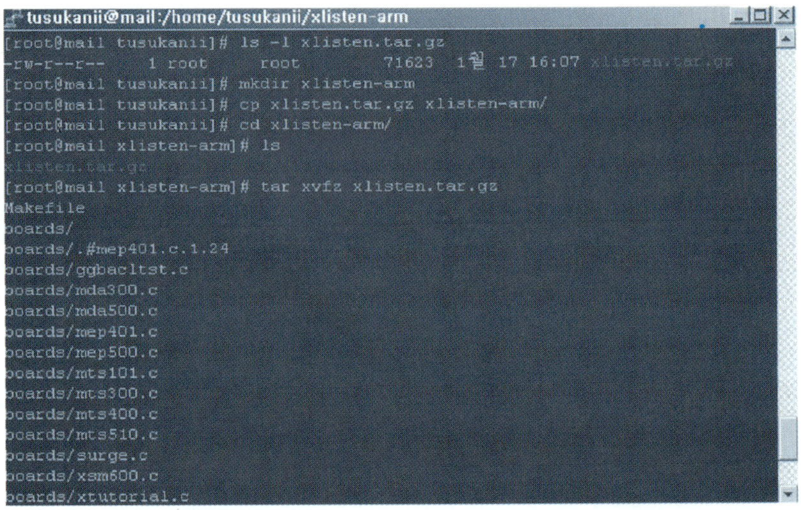

컴파일 환경은 X-Hyper270-TKU 리눅스 Toolchain 환경을 따른다.

xlisten-arm 소스 디렉토리에서 Makefile을 열어 toolchain의 경로가 맞는지 확인한다.

```
# vi Makefile
```

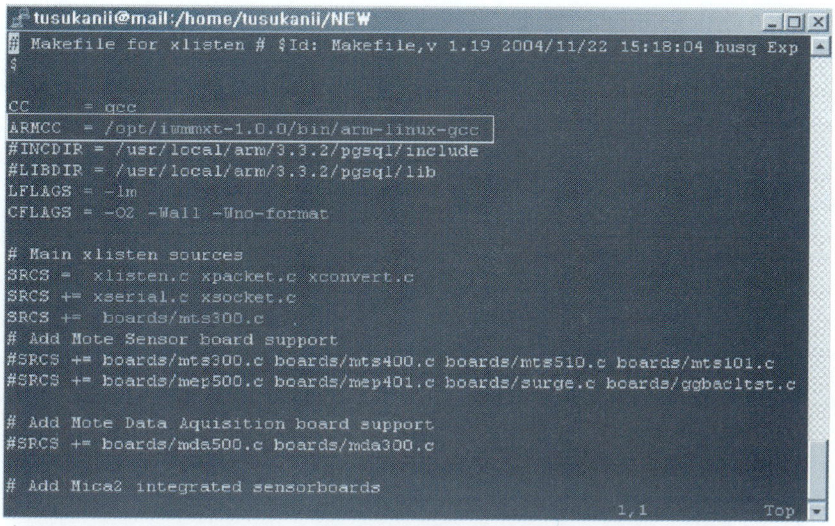

경로가 틀리다면 toolchain이 설치된 곳을 적어주면 된다.

이제 make를 이용하여 컴파일하고 생성된 바이너리 파일을 확인하자.

```
# make
```

생성된 바이너리 파일명은 xlisten-arm이다.

(2) 테스트

타깃보드인 X-Hyper270-TKU를 부팅하여 바이너리 파일 xlisten-arm을 다운로드한다. 다운로드는 시리얼 또는 이더넷을 이용한다.

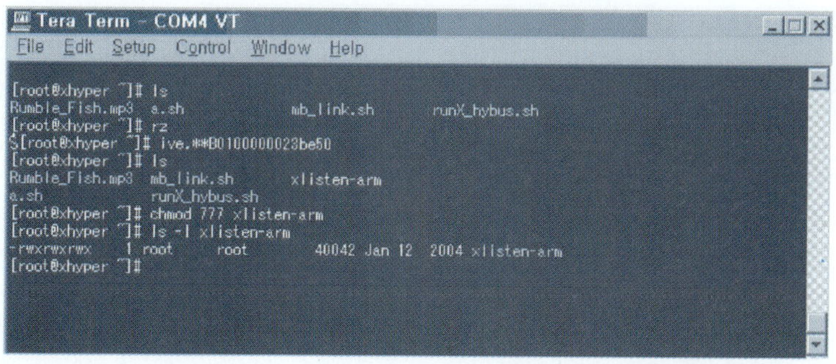

MIB510은 X-yper270-TKU의 UART1에 연결하도록 한다. 시리얼 케이블을 연결하였으면 타깃보드에 다운로드한 xlistem-arm에 실행권한을 부여하고 이를 실행한다.

```
# ./xlisten-arm
```

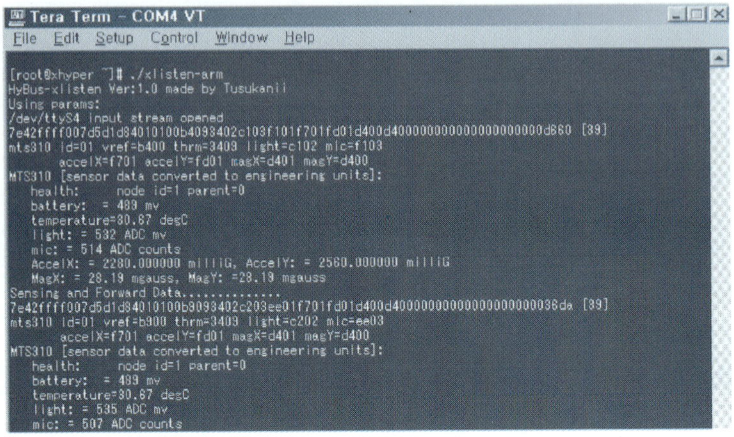

데이터들이 위와 같이 정상적으로 출력됨을 확인하고 〈CTRL+ C〉로 빠져나온다.

15.3 GTK GUI 프로그램 구축 및 H-mote 적용

1) GTK 프로그램

시리얼로 정상적인 값을 받는 것을 확인했으니, 이제 이 데이터들을 LCD로 표현해 보자. 하이버스 최신 자료실이나 별첨 CD에서 **GTK.tar.gz 파일**을 다운로드하고 이를 압축해제한다.

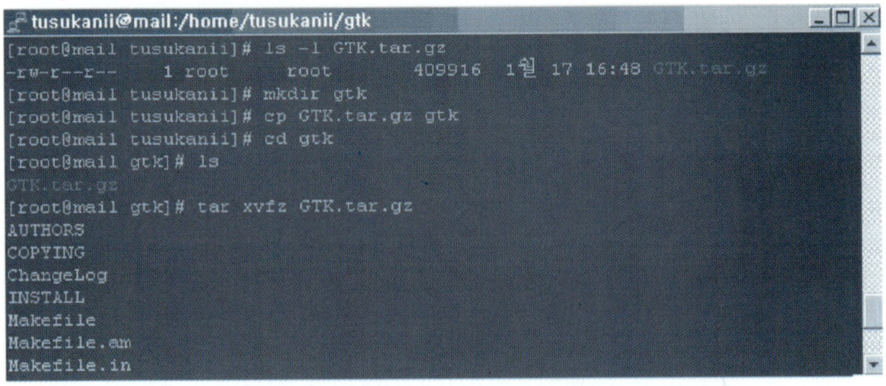

sh-arm-270 파일을 vi 편집기로 열어 toolchain의 위치를 확인한다.

```
tusukanii@mail:/home/tusukanii/gtk
#/bin/sh

rm config.cache

export CC=/opt/iwmmxt-1.0.0/bin/arm-linux-gcc
export GNOME_CONFIG=/opt/iwmmxt-1.0.0/hybus/usr/bin/gnome-config

./configure --host=arm --build=i686 --target=arm \
        --with-gtk-exec-prefix=/opt/iwmmxt-1.0.0/hybus/usr \
        --with-gnome-libs=/opt/iwmmxt-1.0.0/arm-linux/lib
~
~
                                                  1,1           All
```

경로가 틀리다면 toolchain이 설치된 경로를 적어주면 된다.

sh-arm-270을 실행하여 보드에 맞게 컴파일할 수 있는 Makefile을 생성한다.

```
# ./sh-arm-270
```

```
tusukanii@mail:/home/tusukanii/gtk
[root@mail gtk]# ls
AUTHORS      Makefile.in   config.h        install-sh        sh-arm-270
COPYING      NEWS          config.h.in
ChangeLog    README        config.log      missing           stamp-h.in
GTK.tar.gz   acconfig.h    config.status   mkinstalldirs     stamp-h1
INSTALL      aclocal.m4    configure
Makefile     autogen.sh    configure.in    sensor1.glade
Makefile.am                depcomp         sensor1.glade.bak
[root@mail gtk]# ./sh-arm-270
rm: cannot lstat `config.cache': 그런 파일이나 디렉토리가 없음
checking for a BSD-compatible install... /usr/bin/install -c
checking whether build environment is sane... yes
checking for gawk... gawk
checking whether make sets $(MAKE)... yes
checking for arm-strip... no
checking for strip... strip
checking for gnome-config... /opt/iwmmxt-1.0.0/hybus/usr/bin/gnome-config
checking if /opt/iwmmxt-1.0.0/hybus/usr/bin/gnome-config works... yes
checking for orbit-config... /usr/bin/orbit-config
checking for orbit-idl... /usr/bin/orbit-idl
checking for working ORBit environment... yes
checking for gnorba libraries... yes
checking for style of include used by make... GNU
checking for arm-gcc... /opt/iwmmxt-1.0.0/bin/arm-linux-gcc
```

configure를 마치면 make를 실행하여 컴파일을 한다.

```
$ make
```

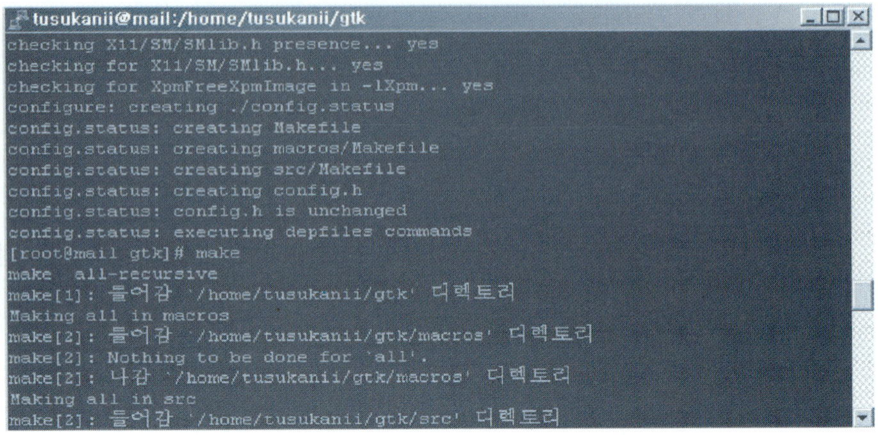

컴파일이 완료되면 src 디렉토리로 이동하여 생성된 파일을 file 명령을 이용하여 ARM용 응용 프로그램으로 컴파일되었는지 확인한다.

```
# cd src/
# file sensor1
```

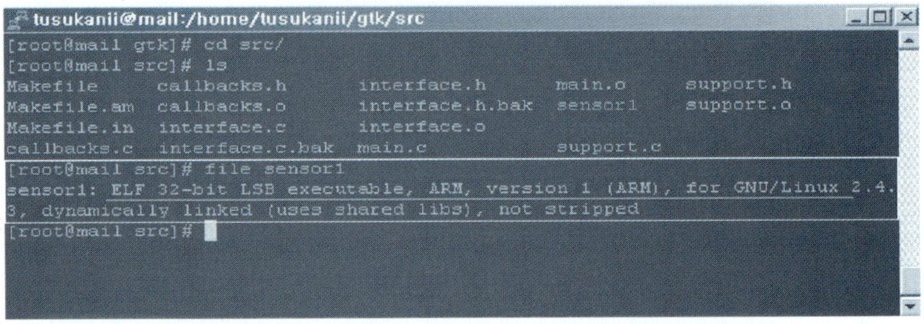

위와 같이 ARM용으로 컴파일되었다면 타깃보드로 전송을 한다.

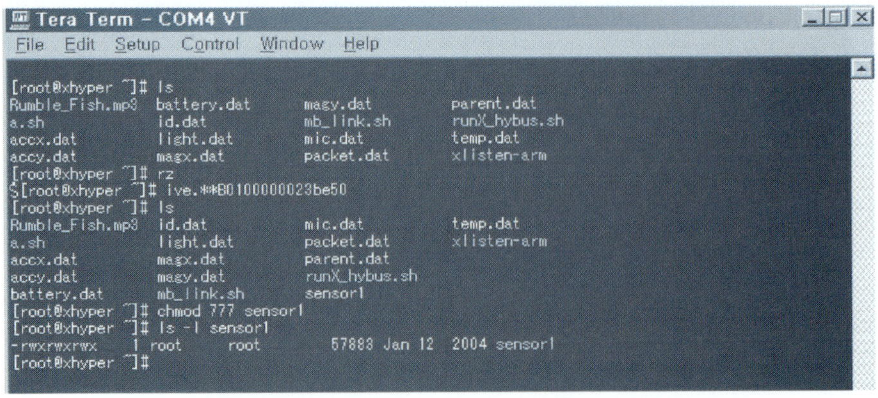

타깃보드에 다운로드한 sensor1 파일에 실행권한을 부여한다.

```
# chmod 777 sensor1
```

이제 픽스맵 파일 Mote_systems-ani.gif를 다운로드한다. sensor_란 디렉토리를 생성하고 그곳에 그림 파일 Mote_systems-ani.gif을 복사한다.

```
# mkdir sensor_

# cp Mote_systems-ani.gif sensor_
```

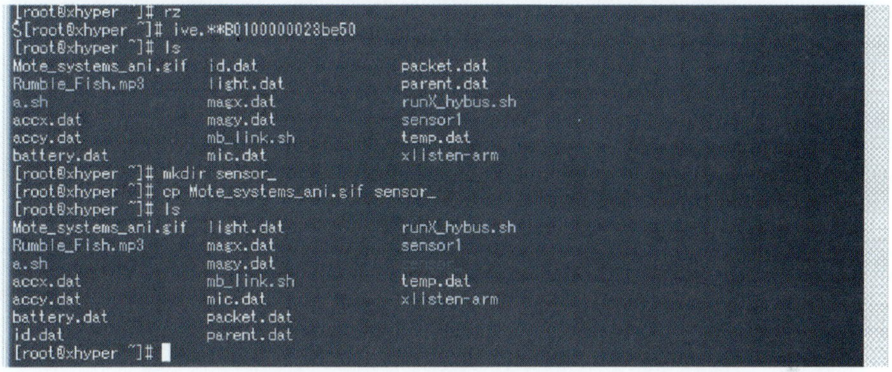

이제 타깃보드에서 LCD를 통하여 센서의 데이터를 볼 준비가 되었다.

2) 타깃보드에서 실행하기

시리얼 프로그램을 백그라운드로 수행하고, GTK 프로그램을 실행하는 셸 스크립트를 다음과 같이 작성한다.

```
# vi a.sh
```

위의 내용을 작성하고, 저장 후 빠져나온다.

실행권한을 부여한 후, 스크립트를 실행한다.

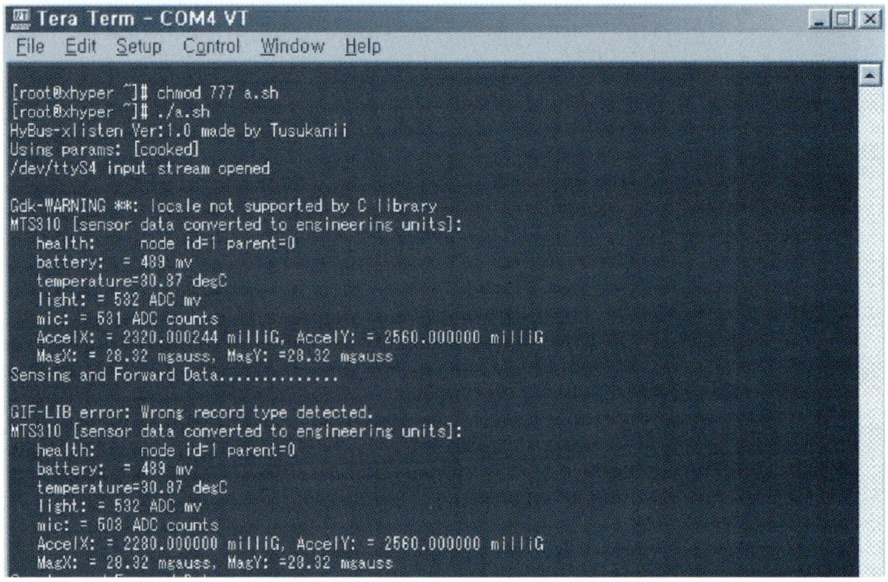

LCD에는 다음과 같은 화면이 나올 것이다.

X-Hyper270-TKU에서 MOTE 응용 프로그램을 실행하고 있는 장면이다.

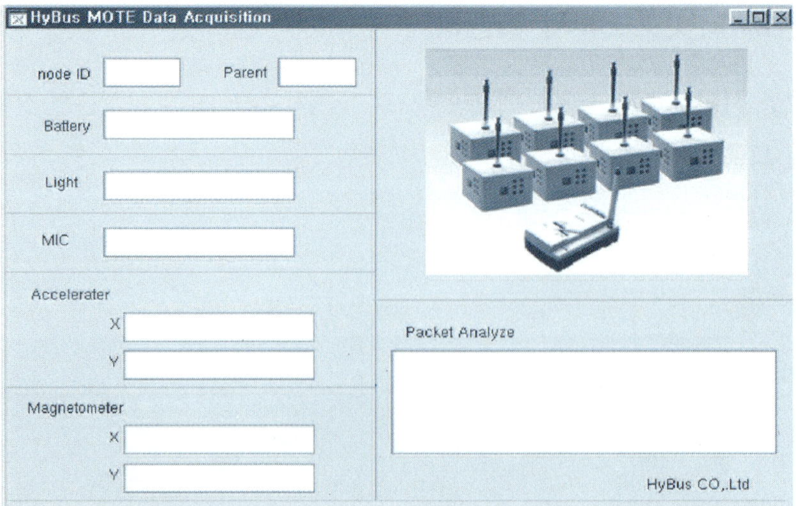

3) 하이버스 mote 응용

X-Hyper270 및 TKU 보드와 하이버스에서 제작한 mote의 연동 시스템이다. 하이버스 H-mote는 usb 단자로 인터페이스를 하도록 제작된 것으로 telos 모트와 비슷한 구조로 구성되어 있다. 다만 telos 모트에서 제공하지 못하지 않는, 센서 보드의 확장을 용이하게 하였다. 하이버스 패치를 적용시키면 /tinyos-1.x/apps안에 Surge_app_humidity 라는 것이 생성된다. 다음 명령어로 업로딩을 한다.

```
$ make hybus install.0
```

listen을 할 베이스 노드는 아이디를 0으로 한 후 PC와 연결한다. 나머지 무선노드들도 0을 제외한 수로 노드 아이디를 부여한다.

X-Hyper270보드에서 하이버스 H-mote를 사용하기 위해서는 USB FTDI Single Port Serial Driver를 커널에 포함시켜야 한다.

커널에서 make menuconfig를 실행한다.

화면이 실행되면 "USB Support →"로 들어간다.

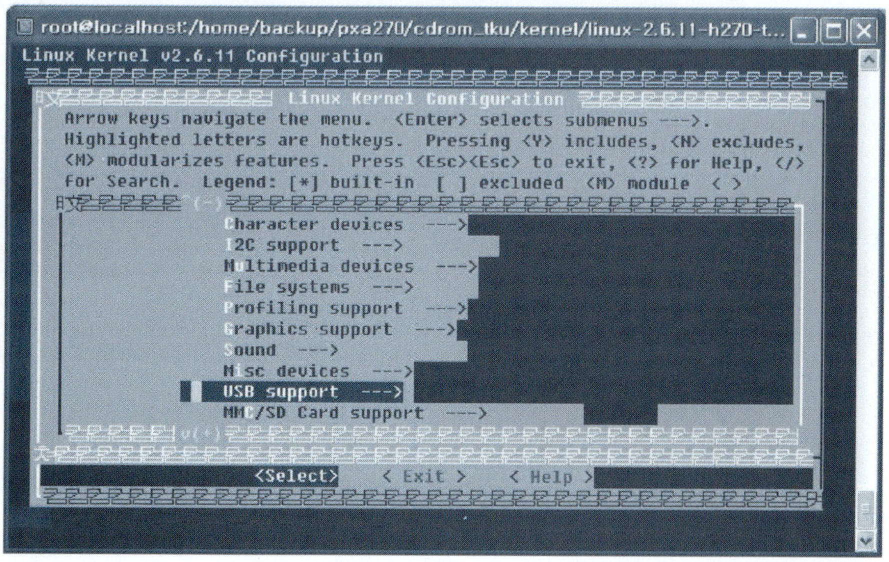

그리고 난 후 "USB Serial Converter support →" 항목으로 이동한다.

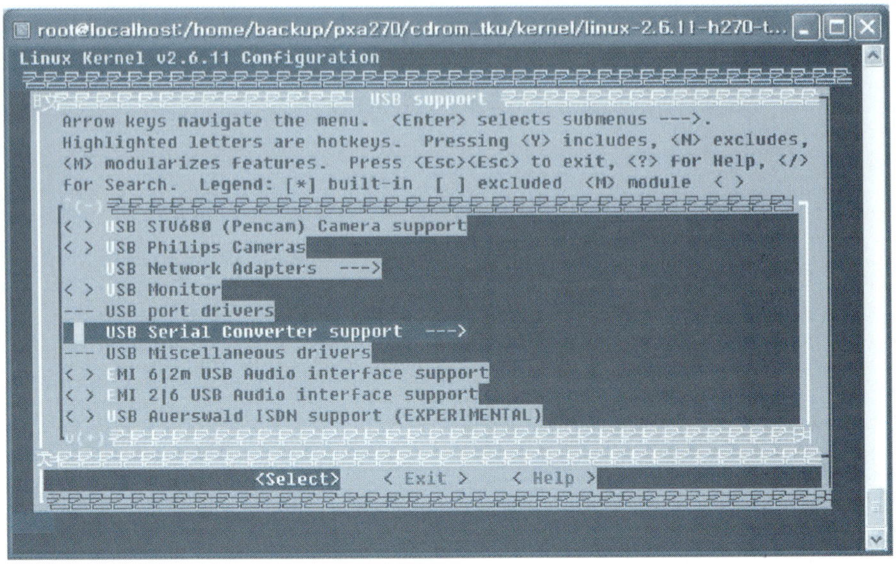

해당 항목으로 들어갔으면 USB Generic Serial Driver와 USB FTDI Single Port Serial Driver를 체크하고 빠져나온다.

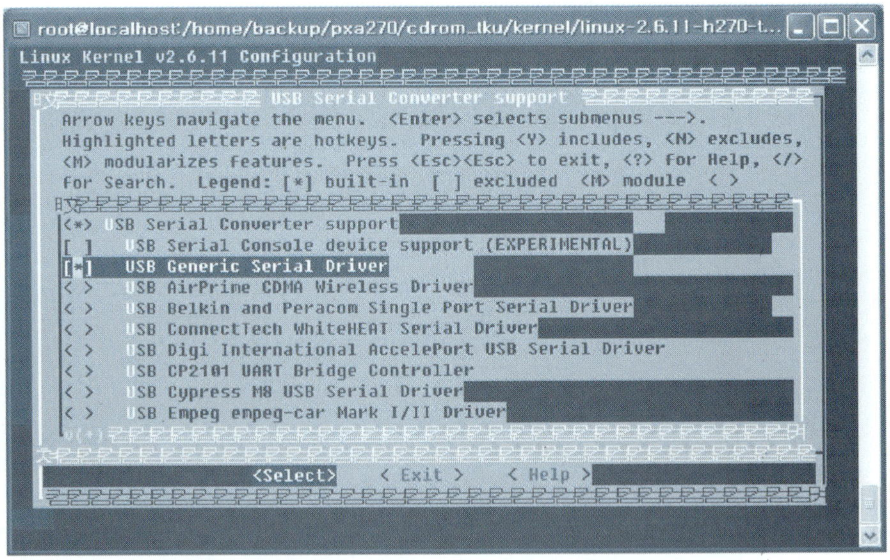

커널 설정을 저장하고 빠져나온 뒤에 make zImage를 사용하여 커널을 새로 컴파일하고 보드에 커널 이미지를 올린다. 커널 이미지를 올리는 자세한 설명은 여기서 생략하도록 한다.

커널이 준비되었다면 노드를 USB Host 포트에 연결을 한다. 제대로 드라이버가 포함이 되었다면 다음과 같은 메시지가 출력될 것이다.

```
usb 1-1: new full speed USB device using pxa27x-ohci and address 3
ftdi_sio 1-1:1.0: FTDI FT232BM Compatible converter detected
usb 1-1: FTDI FT232BM Compatible converter now attached to ttyUSB0
```

위 메시지에서 보는 것과 같이 ttyUSB0라는 이름으로 설정이 되어 있기 때문에 디바이스 파일을 만들어 준다.

```
$ cd /dev
$ mknod ttyUSB0 c 188 0
```

타깃 보드에서의 세팅은 끝났다.

Host에서 demo_sensor.tar.gz 파일의 압축을 풀어준다.

```
$ tar zxvf demo_sensor.tar.gz
$ cd demo_sensor
```

압축을 풀었다면 해당 디렉토리로 이동하여 컴파일한다.

```
$ make clean; make
```

실행 파일 이름은 app_main이다. 실행 파일을 실행시킨다.

```
$ ./app_main
```

실행되는 화면은 다음과 같다.

각 노드의 연결 상태를 나타내기 위해서 최대 10개의 노드를 표시하고 연결이 된다면 각 노드끼리 선으로 연결이 된다. 그리고 노드로부터 데이터를 받아 살아있다는 확인이 되면 각 노드를 표시하는 부분이 해당 색으로 변하게 된다.

습도와 온도 데이터를 각 노드로부터 받아서 각 노드에 해당하는 색으로 실시간 그래프를 그리는 부분을 나타낸다. 데이터가 없다면 그리지 않게 된다.

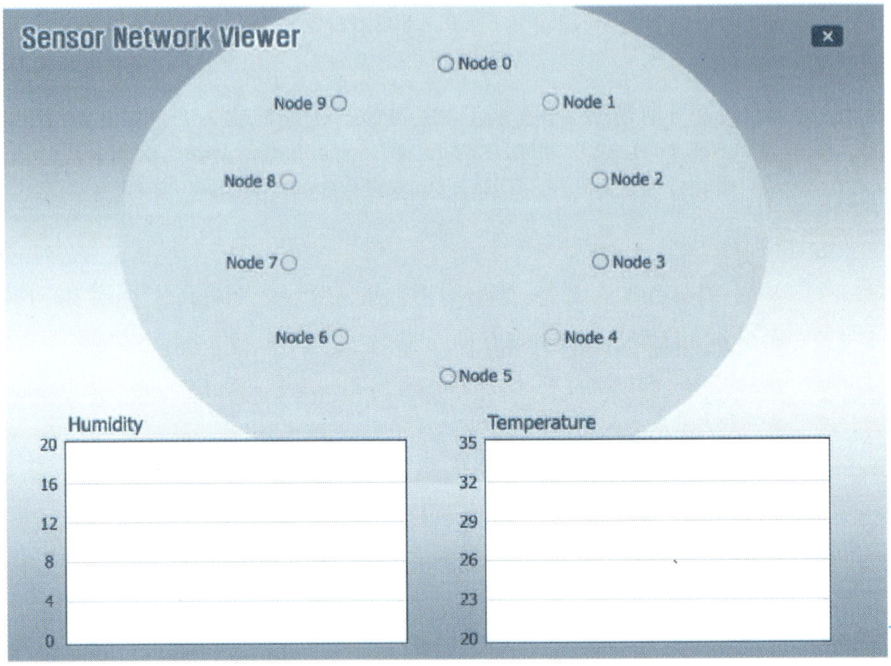

15.4 CC2420디바이스 드라이버 구축 및 실행

1) 소 개

XHyper270-TKU의 IEB 보드의 오른쪽 상단에 CC2420이 박혀 있다. 이를 사용하기 위해서는 CC2420의 드라이버를 올려야 한다. 관련 디렉토리를 열면 다음과 같은 파일들을 볼 수 있다.

CC2420.ko가 가장 중요한 파일로 CC2420의 드라이버로 사용되며, 모듈을 적재하여 사용하면 된다.

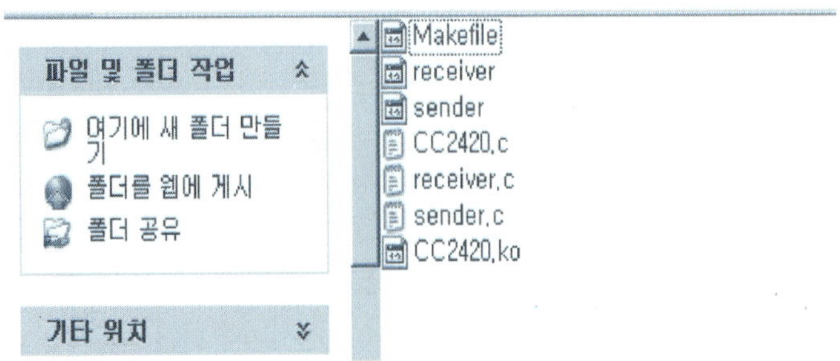

그 밖에 receiver는 패킷을 받는 예제 프로그램이며, sender는 scanf로 입력을 받아 입력받은 값을 broadcast로 보내는 예제 프로그램이다.

2) 모듈 적재 및 디바이스 파일 생성

XHyper270-TKU를 부팅한 후 시리얼이나 FTP 등을 이용하여 CC2420.ko, receiver, senser를 다운로딩한다.

```
[root@xhyper ~/zigbee]# ftp 10.10.10.1
Connected to 10.10.10.1.
220 鬘譴治
Name (10.10.10.1:root): a
331 Password required for a.
aPassword:
230 User a logged in.
Remote system type is UNIX.
Using binary mode to transfer files.
ftp> ls
200 Port command successful.
150 Opening data connection for directory list.
-rwxrwxrwx   1 ALFtp    ALFtp       31852 Jul 14 18:40 CC2420.c
-rwxrwxrwx   1 ALFtp    ALFtp        8341 Jul 18 17:15 CC2420.ko
-rwxrwxrwx   1 ALFtp    ALFtp         231 Jul 14 14:13 Makefile
-rwxrwxrwx   1 ALFtp    ALFtp        4801 Jul 18 19:00 receiver
-rwxrwxrwx   1 ALFtp    ALFtp         459 Jul 14 14:13 receiver.c
-rwxrwxrwx   1 ALFtp    ALFtp        8252 Jul 14 14:13 sender
-rwxrwxrwx   1 ALFtp    ALFtp         508 Jul 14 14:13 sender.c
226 File sent ok
ftp> get CC2420.ko
local: CC2420.ko remote: CC2420.ko
200 Port command successful.
150 Opening data connection for CC2420.ko.
226 File sent ok
8341 bytes received in 0.0389 secs (2.1e+02 Kbytes/sec)
ftp> get receiver
local: receiver remote: receiver
200 Port command successful.
150 Opening data connection for receiver.
226 File sent ok
4801 bytes received in 0.0219 secs (2.1e+02 Kbytes/sec)
ftp> get sender
local: sender remote: sender
200 Port command successful.
150 Opening data connection for sender.
226 File sent ok
8252 bytes received in 0.0353 secs (2.3e+02 Kbytes/sec)
ftp> quit
221 Goodbye.
[root@xhyper ~/zigbee]# ls
CC2420.ko  receiver   sender
[root@xhyper ~/zigbee]#
```

```
# insmod CC2420.ko
```

다운로딩이 완료되었으면 insmod를 사용하여 CC2420모듈을 적재한다.

```
[root@xhyper ~/zigbee]# lsmod
Module                  Size  Used by    Tainted: P
hcd_otg242 28420 0 - Live 0xbf016000
st_motor 3016 0 - Live 0xbf011000
led 1804 0 - Live 0xbf00f000
key 2700 0 - Live 0xbf00d000
fnd 3176 0 - Live 0xbf00b000
dot 2228 0 - Live 0xbf009000
dc_motor 3572 0 - Live 0xbf007000
clcd 2580 0 - Live 0xbf005000
ide_disk 13856 0 - Live 0xbf000000
[root@xhyper ~/zigbee]# insmod CC2420.ko
Using CC2420.ko
CC2420 initialized
 Init madule, Succeed. This Device is [CC2420] and Major Number is [250]
[root@xhyper ~/zigbee]# lsmod
Module                  Size  Used by    Tainted: P
CC2420 6396 0 - Live 0xbf013000
hcd_otg242 28420 0 - Live 0xbf016000
st_motor 3016 0 - Live 0xbf011000
led 1804 0 - Live 0xbf00f000
key 2700 0 - Live 0xbf00d000
fnd 3176 0 - Live 0xbf00b000
dot 2228 0 - Live 0xbf009000
dc_motor 3572 0 - Live 0xbf007000
clcd 2580 0 - Live 0xbf005000
ide_disk 13856 0 - Live 0xbf000000
[root@xhyper ~/zigbee]#
```

lsmod를 했을 때 위와 같이 나오면 정상적으로 적재된 것이다.

CC2420드라이버는 CC2420이라는 디바이스 파일을 이용하므로 /dev/에서 추가해 주어야 한다. /dev/로 이동하여 다음을 입력한다.

```
# cd /dev
# mknod CC2420 c 250 1
```

CC2420의 모든 설정을 마쳤다.

3) 응용 프로그램 실행

송/수신 프로그램으로 샘플 프로그램인 sender와 receiver를 사용해보자.

H-Mote에 sender와 receiver를 각각 업로딩하고, 270-TKU와 통신을 해보자.

receiver는 TOSBase, sender는 Hybus_PhotoTestScope를 사용해볼 것이다.

TOSBase는 270-TKU의 sender와 통신을, Hybus_PhotoTestScope는 270-TKU의 receiver와 통신을 할 것이다.

한 개의 H-mote에 TOSBase를 업로딩한다.

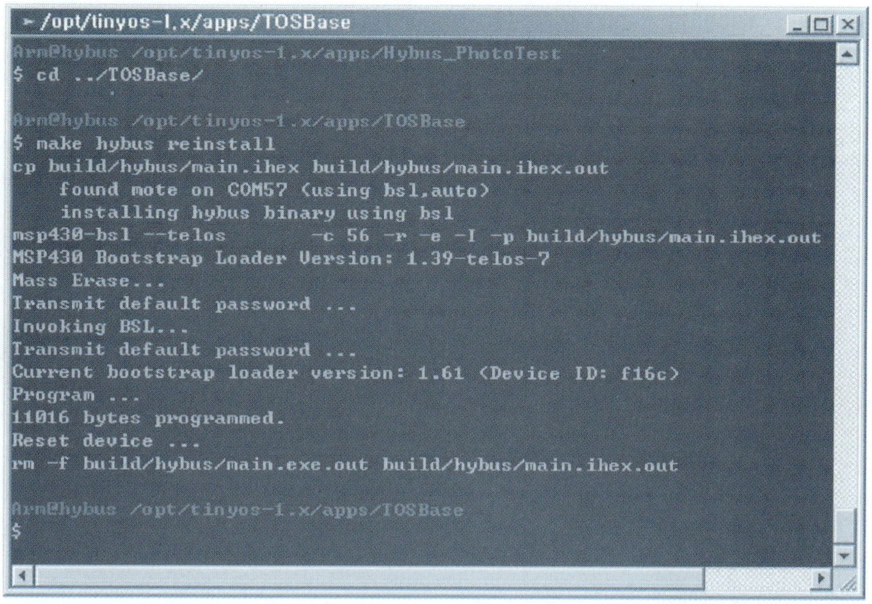

업로딩이 되었으면 java를 사용해서 패킷을 raw data로 출력할 준비를 한다.

270-TKU로 이동하여 sender를 실행한 후 3개의 숫자를 입력해보자.

위에서 '2', '4', '8'을 입력했다. 모듈에서 지정된 일정한 메시지 형태 안에 2, 4, 8 세 숫자가 inject되어 broadcast로 전송되었다. cygwin을 확인해보자.

패킷의 가장 처음 부분(03)은 메시지의 길이이다. 가장 마지막 부분이 데이터 영역으로 02, 04, 08이 들어온 것을 확인할 수 있다. 데이터를 보낼 때의 패킷 형태는 다음과 같다.

```
// The data structure which is used to transmit packets
typedef struct {
INT8 length;
uint8_t fcfhi;
uint8_t fcflo;
BYTE dsn;
WORD destpan;
WORD addr;
uint8_t type;
uint8_t group;
BYTE data[28];
/* for MAC implementation. (ref. TinyOs) */
INT8 strength;
uint8_t lqi;
uint8_t crc;
uint8_t ack;
uint16_t time;
} BASIC_RF_TX_INFO;
```

위의 내용은 CC2420.c에 정의되어 있으며, 필요에 따라 메시지 형태는 얼마든지 변경이 가능하다.

다음은 H-mote로부터 패킷을 받아보자.

apps/Hybus_PhotoTestScope로 이동하여 업로딩한다.

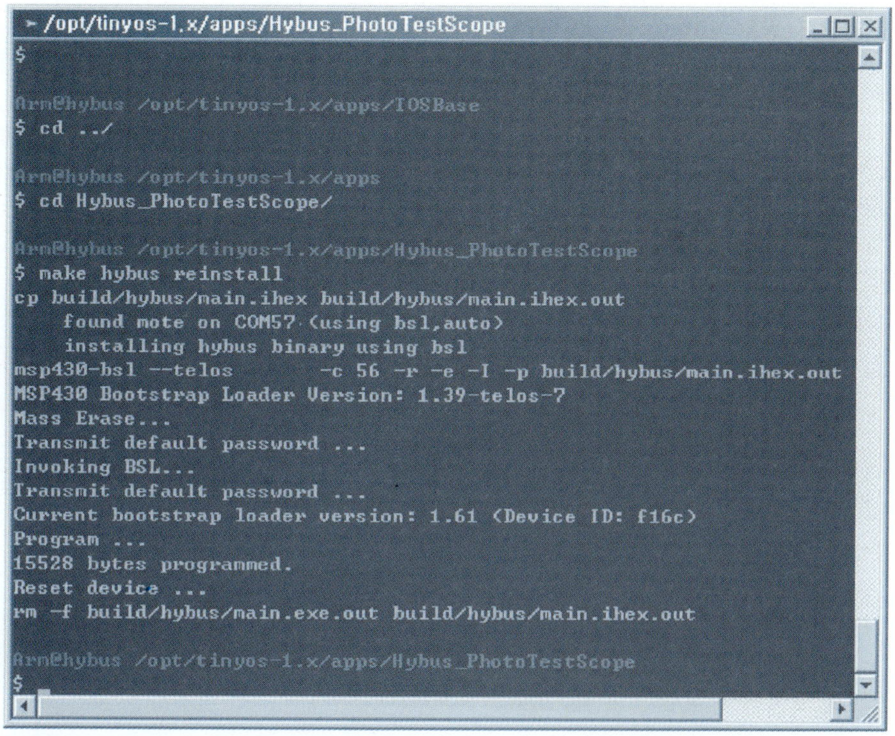

업로딩되었으면 270-TKU로 이동하여 receiver를 실행한다.

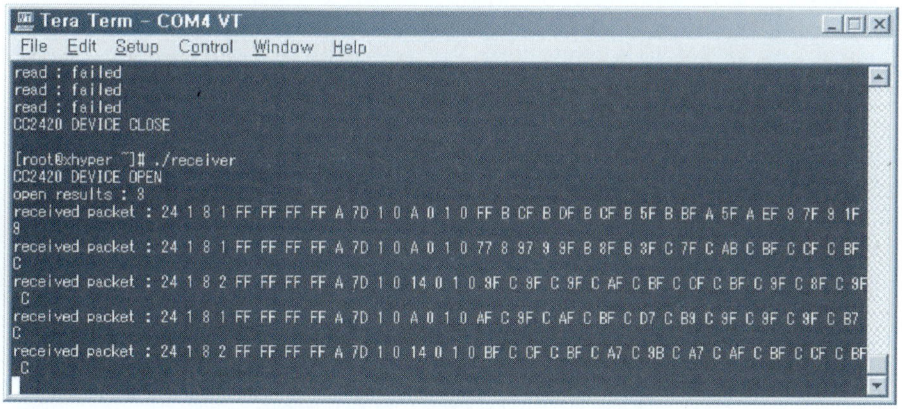

위에서 보는 것과 같이 패킷이 잘 들어오는 것을 볼 수 있다.

데이터를 받을 때의 데이터 형태는 다음과 같다.

```
// The receive struct:
typedef struct {
  //INT8 length;
  BYTE MPDU[38];  // 1(length)+28 + 9
  /*
  uint8_t fcfhi;        //ack
  uint8_t fcflo;
  BYTE dsn;             //dsn
  WORD destpan;  //destpan=0xffff
  WORD addr;                    //addr
  uint8_t type;
  uint8_t group;
  BYTE data[28];        //data
  */
  /* for MAC implementation. (ref. TinyOs) */
  INT8 strength;   //strength
  uint8_t lqi;
  uint8_t crc;
  uint8_t ack;
  uint16_t time;
}BASIC_RF_RX_INFO;
```

4) SimpleCmd 실습

앞에서 배운 SimCmd를 이용하여 270-TKU에서 H-Mote의 LED를 마음대로 조절해보자. apps/Hybus_CONTROL로 이동하여 업로딩한다.

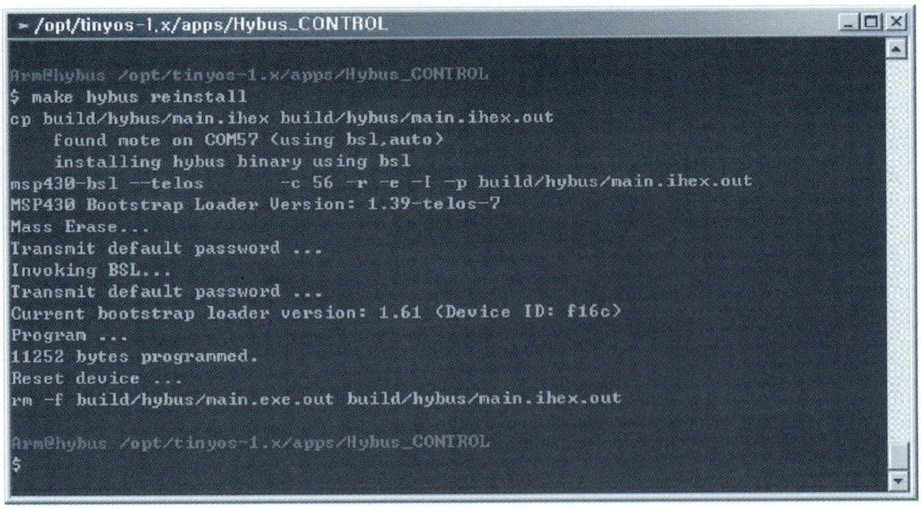

```
#include <stdio.h>
#include <fcntl.h>
#include <time.h>

int main(){
    unsigned int i;
    unsigned int j;
    int input;
    char data[3];
    int fd;

    fd= open("/dev/CC2420", O_RDWR);
    printf("open results : %d₩n",fd);
    printf("[RED LED ON]₩n₩n");

    data[0]=1
    data[1]=1

    if(write(fd,data,3) == -1)
        printf("write : failed₩n");
else
        printf("transmission...₩n₩n");

    close(fd);
    return 0;
}
```

업로딩이 되었다면 다음 소스를 코딩하여 컴파일한 후 보드에 copy한다.

(1) 컴파일 방법

```
arm-linux-gcc -o 생성할 실행파일명 소스파일.c
```

위의 소스에서 data[0] = 1로 assign한 이유는 메시지를 보낼 때 데이터 영역을 1로 나타내기 위함이고, Hybus_CONTROL의 소스를 보면 1을 받았을 때 노란 LED를 on 하도록 코딩되어 있다.

제15장

(2) SimCmdM.nc

```
switch (cmd->action) {
        case LED_ON:
        call Leds.yellowOn();
```

(3) SimpleCmdMsg.h

```
enum {
  AM_SIMPLECMDMSG = 0,
  AM_LOGMSG=9
}

enum {
   LED_ON = 1,
   LED_OFF = 2,
   RADIO_LOUDER  = 3,
   RADIO_QUIETER = 4,
   START_SENSING = 5,
   READ_LOG = 6
}
```

컴파일을 완료한 바이너리 파일을 실행하면 다음과 같은 화면이 출력되며, Hybus-CONTROL을 올린 H-mote는 노란 LED가 켜지는 것을 볼 수 있다.

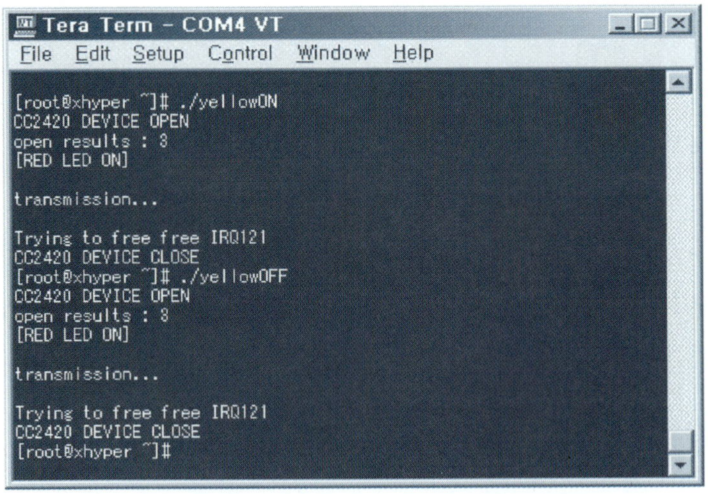

15.5 하이버스 패치 자료

1) apps

(1) Hybus_MicTest

하이버스 센서 보드 중 마이크를 테스트하는 응용 프로그램이다.

이 응용 프로그램은 oscope메시지로 packing하여 java application을 이용해 마이크의 변화 값을 확인할 수 있다.

(2) Hybus_PhotoTest

하이버스 센서 보드 중 조도 센서를 테스트하는 응용 프로그램이다.

이 응용 프로그램은 센싱한 데이터를 변환하여 터미널 프로그램(하이퍼 터미널 등)을 통해 볼 수 있다.

(3) Hybus_PhotoTestScope

하이버스 센서 보드 중 조도 센서를 테스트하는 응용 프로그램이다.

이 응용 프로그램은 oscope메시지로 packing하여 java application을 이용해 조도 센서의 변화 값을 확인할 수 있다.

(4) Hybus_TempTestScope

하이버스 센서 보드 중 온도 센서를 테스트하는 응용 프로그램이다.

이 응용 프로그램은 oscope메시지로 packing하여 java application을 이용해 온도 센서의 변화 값을 확인할 수 있다.

(5) MPT_Binary

하이버스 센서 보드 중 초음파 센서를 테스트하는 응용 프로그램으로 바이너리만 존재하며, 매뉴얼의 setting에 맞게 설치해야 올바르게 동작한다. 소스는 추후에 공개될 예정이다.

(6) Surge_app_humidity

telos의 apps 중 SurgeTelos를 하이버스 보드에 맞게 수정한 응용 프로그램이다. 이 응용 프로그램은 기존의 멀티홉을 가능하게 하는 app인 surge의 기존 소스를 바탕으로 온도와 습도를 메시지 안에 추가하여 java application으로 topology와 온/습도를 함께 볼 수 있도록 만들었다.

2) tools

(1) java_mpt_ui

초음파 apps가 올라간 보드의 테스팅을 위한 java 응용 프로그램이다.

(2) Surge_java_humidity

Surge_app_humidity가 올라간 보드의 테스팅을 위한 java 응용 프로그램이다. Topology, 온/습도를 화면에서 볼 수 있다. 기존의 surge를 수정하였다.

```
make
all.target
```

기존의 all.target에 hybus를 추가했다.

```
PLATFORMS ?= mica mica2 mica2dot telos telosb micaz pc hybus
```

(3) hybus.target

하이버스 보드 컴파일시에 참조가 되는 target파일로 msp430과 cc2420의 setting을 한다.

```
#-*-Makefile-*- vim:syntax=make
#$Id: telosa.target,v 1.4 2005/04/13 21:38:33 jwhui Exp $

PLATFORM ?= hybus

#MSP_MCU = msp430x1161
```

```
PFLAGS += -mdisable-hwmul
MSP_BSL_FLAGS = --telos

PFLAGS += ₩-I$(TOSDIR)/lib/CC2420Radio ₩-I$(TOSDIR)/../beta/STM25P/STM25P

ifdef CC2420_CHANNEL
PFLAGS += -DCC2420_DEF_CHANNEL=$(CC2420_CHANNEL)
endif

$(call TOSMake_include_platform,msp)
hybus: $(BUILD_DEPS)
        @:
```

3) TOS

(1) platform

하이버스 보드 컴파일시에 include되는 파일로 hardware.h에 보드의 pin assign이 포함되어 있다.

```
// ADC
TOSH_ASSIGN_PIN(ADC0, 6, 0);
TOSH_ASSIGN_PIN(ADC1, 6, 1);
TOSH_ASSIGN_PIN(ADC2, 6, 2);
TOSH_ASSIGN_PIN(ADC3, 6, 3);

// HUMIDITY
TOSH_ASSIGN_PIN(HUM_SDA, 2, 0);
TOSH_ASSIGN_PIN(HUM_SCL, 1, 7);
TOSH_ASSIGN_PIN(HUM_PWR, 1, 7);

// GIO pins
TOSH_ASSIGN_PIN(GIO0, 2, 0);
TOSH_ASSIGN_PIN(GIO1, 2, 1);

// MICROPHONE
TOSH_ASSIGN_PIN(MIC_PWR, 4, 3);

// Photo
TOSH_ASSIGN_PIN(PHOTO_CTL, 6, 4);
TOSH_ASSIGN_PIN(TEMP_CTL, 6, 4);
```

(2) sensorboard

하이버스 센서 보드가 구현되어 있는 디렉토리. 센서를 control할 수 있는 interface를 제공하며, sensorboard.h에 각 센서의 ADC Channel이 포함되어 있다.

```
#include "MSP430ADC12.h"

enum
{
  TOS_ADC_MIC_PORT = unique("ADCPort"),
  TOS_ADC_PHOTO_PORT = unique("ADCPortPhoto"),
  TOS_ADC_TEMP_PORT = unique("ADCPortTemp"),
  TOSH_ACTUAL_ADC_MIC_PORT = ASSOCIATE_ADC_CHANNEL
(INPUT_CHANNEL_A2, 0, REFVOLT_LEVEL_1_5),
  TOSH_ACTUAL_PHOTO_PORT = ASSOCIATE_ADC_CHANNEL
(INPUT_CHANNEL_A4, 0, REFVOLT_LEVEL_1_5),
  TOSH_ACTUAL_TEMP_PORT = ASSOCIATE_ADC_CHANNEL
(INPUT_CHANNEL_A3, 0, REFVOLT_LEVEL_1_5),
}
```

15.6 하이버스 패치 구축

1) hardware

같은 MCU를 사용하는 H-mote는 telos 모트와 대부분 흡사하다. 즉 LED, CC2420, UART, Flash 등의 주요 device들의 pin assign은 telos와 같으며, 다만 센서 부분

```
// HUMIDITY
TOSH_ASSIGN_PIN(HUM_SDA, 1, 5);
TOSH_ASSIGN_PIN(HUM_SCL, 1, 6);
TOSH_ASSIGN_PIN(HUM_PWR, 1, 7);
```

hybus(hardware.h)

```
// HUMIDITY
TOSH_ASSIGN_PIN(HUM_SDA, 2, 0);
TOSH_ASSIGN_PIN(HUM_SCL, 1, 7);
TOSH_ASSIGN_PIN(HUM_PWR, 1, 7);

// MICROPHONE
TOSH_ASSIGN_PIN(MIC_PWR, 4, 3);

// Photo
TOSH_ASSIGN_PIN(PHOTO_CTL, 6, 4);
TOSH_ASSIGN_PIN(TEMP_CTL, 6, 4);
```

telos(hardware.h)

에서 추가되거나 변경된 점이 있다. tos/platform/hybus/hardware.h와 tos/platform/telos/ hardware.h를 비교해 보면 알 수 있다.

하이버스 센서 보드 H-mote에는 마이크와 조도 센서가 추가되었고, 온/습도 센서에 대한 pin assign도 변경되었다.

마이크의 전원을 공급해주는 pin을 설정(P4.3/TB3)하고, tos/platform/hybus/ sensorboard의 sensorboard.h에서 다음과 같이 ADC2에 해당하는 pin으로 assign해주었다.

```
TOSH_ACTUAL_ADC_MIC_PORT =
ASSOCIATE_ADC_CHANNEL(INPUT_CHANNEL_A2, 0, REFVOLT_LEVEL_1_5),
```

위에서 ASSOCIATE_ADC_CHANNEL(INPUT_CHANNEL_A2, 0, REFVOLT_LEVEL_1_5)는 센서의 volt spec에 맞는 voltage를 선택하고, ADC의 8개의 채널(ADC0 ~ ADC7) 중 한 채널(위에서는 2번, 즉 ADC2)을 할당하는 MACRO로서 tos/platform/msp430/MSP430ADC12.h에 정의되어 있다. 이로써 ADC2 채널을 마이크가 사용할 수 있으며, 해당되는 부분에 마이크가 연결되어 있으면 된다. 외부 인터페이스 회로도는 그림과 같다.

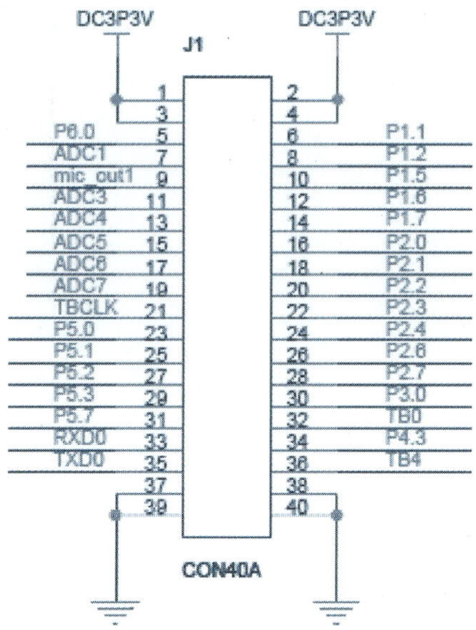

앞의 그림은 radio platform과 sensor platform을 연결해주는 커넥터, 즉 외부 인터페이스에 대한 회로도로서 ADC2가 mic_out1로 표시가 되어 있다. 다음 MIC 센서의 회로도에서는 전원 공급을 담당하는 P4.3과 ADC 채널인 ADC2으로 연결되는 것을 볼 수 있다.

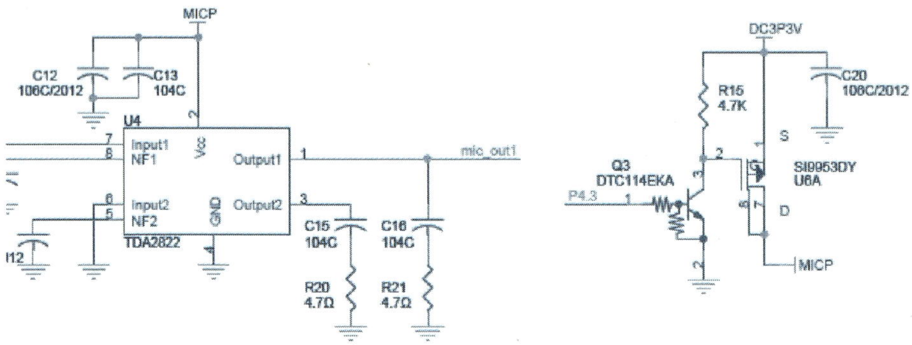

MIC 센서 회로도

조도 센서는 4번 채널을 사용한다. tos/platform/hybus/sensorboard의sensorboard.h에서 다음과 같이 ADC4에 해당하는 pin으로 assign해주었다.

```
TOSH_ACTUAL_PHOTO_PORT=
ASSOCIATE_ADC_CHANNEL(INPUT_CHANNEL_A4,0,REFVOLT_LEVEL_1_5),
```

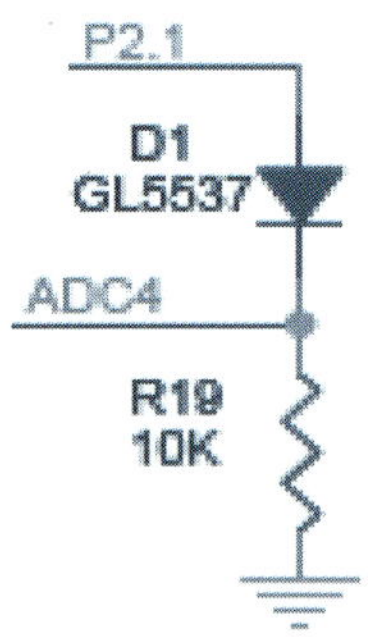

Light 센서 핀 배치

온/습도 센서는 pin assign만 조금 바뀌었을 뿐 telos와 흡사하다. hardware.h에서 보면 assign된 pin이 다른 것을 볼 수 있다.

```
// HUMIDITY
TOSH_ASSIGN_PIN(HUM_SDA, 2, 0);
TOSH_ASSIGN_PIN(HUM_SCL, 1, 7);
TOSH_ASSIGN_PIN(HUM_PWR, 1, 7);
```

hybus(hardware.h)

```
// HUMIDITY
TOSH_ASSIGN_PIN(HUM_SDA, 1, 5);
TOSH_ASSIGN_PIN(HUM_SCL, 1, 6);
TOSH_ASSIGN_PIN(HUM_PWR, 1, 7);
```

telos(hardware.h)

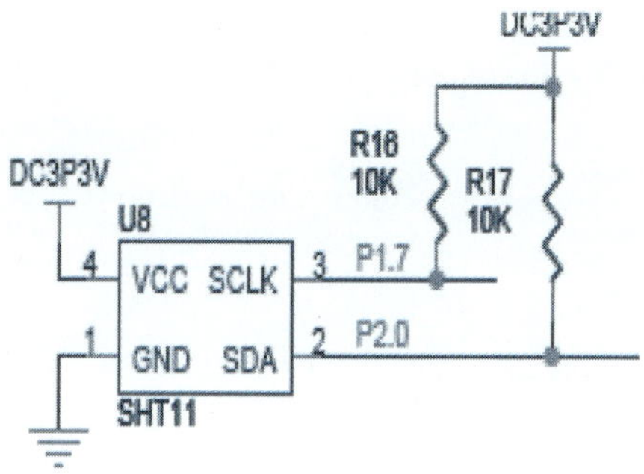

하이버스 습도 센서 회로도

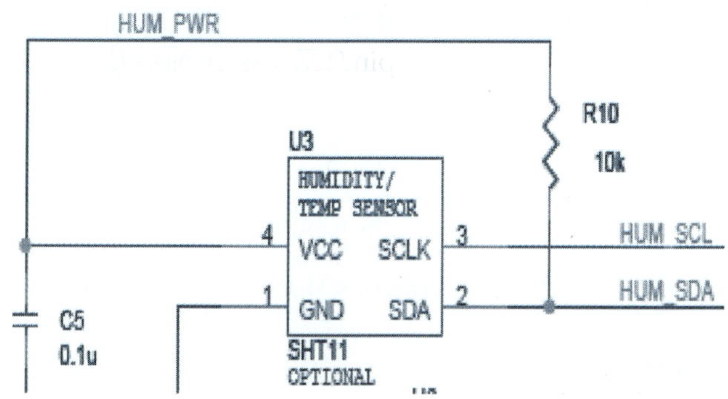

telos 습도 센서 회로도

HUM_SDA의 값이 2.0으로 달라졌고, 그림에서 보듯이 HUM_SCL과 HUM_PWR을 P1.7로 같이 사용하고 있다.

2) 추가 소프트웨어 설정

추가된 소프트웨어는 각 센서들을 컨트롤하는 예제 프로그램과 초음파 관련 프로그램(바이너리만 제공), 그리고 topology, 온도, 습도를 한꺼번에 볼 수 있는 surge

제15장

응용 프로그램이 제공된다.

❐ sensor control 제어

하이버스 센서 보드 H-Mote을 컨트롤하고자 한다면, 다음과 같이 Makefile의 sensorboard를 hybus1로 추가해야 한다.

```
(example : /apps/Hybus_MicTest/Makefile)
COMPONENT=Hyper_MIC
SENSORBOARD = hybus1
include ../Makerules
```

configuration에서의 사용은 다음과 같다.

① MIC

- component 선언 : implementation { components MicC;
- component control : Hyper_MICM.MicControl → MicC;
- ADC control : Hyper_MICM.MicADC → MicC;

② Photo

- component 선언 : implementation { components Photo;
- component control : Hyper_PhotoScopeM.PhotoControl → Photo;
- ADC control : Hyper_PhotoScopeM.PhotoADC → Photo;

③ Temperature/Humidity

- component 선언 : implementation { components HumidityC
- component control : SurgeM.HumidControl → HumidityC.SplitControl;
  SurgeM.TempControl → HumidityC.SplitControl;
- ADC control : SurgeM.Humidity → HumidityC.Humidity;
  SurgeM.Temperature → HumidityC.Temperature;

제 16 장

무선 센서 홈네트워크 시스템 응용

16.1 무선 센서 홈네트워크 시스템 개요

1) 무선 센서 홈네트워크 시스템 구성

무선 센서 홈 네트워크 시스템 구성은 다음과 같다.

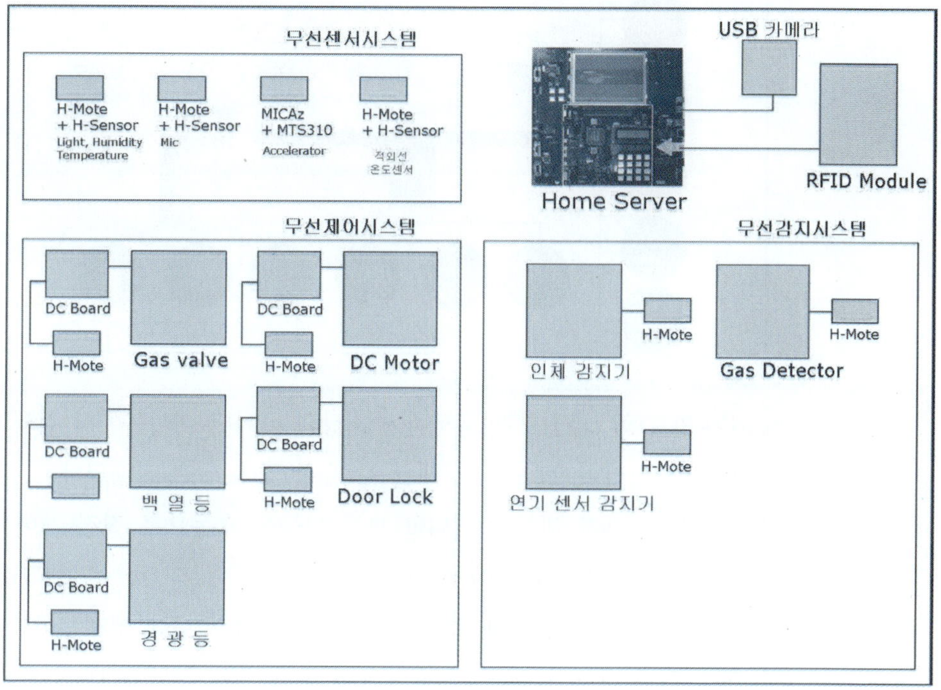

- **홈서버** : XHyper-270-TKU(CC2420)
- **무선 제어 모듈** : 가스 밸브, DC 모터, 경광등, 백열등, 도어락
- **무선 감지 모듈** : 가스 감지 센서, 움직임 감지 센서, 연기(화재) 감지 센서,
- **환경 센싱 모듈** : 온도, 습도, 마이크, 조도, 가속도, 적외선 온도
- **기타** : RFID 모듈, USB 카메라

2) 무선 센서 홈네트워크 시스템 흐름도

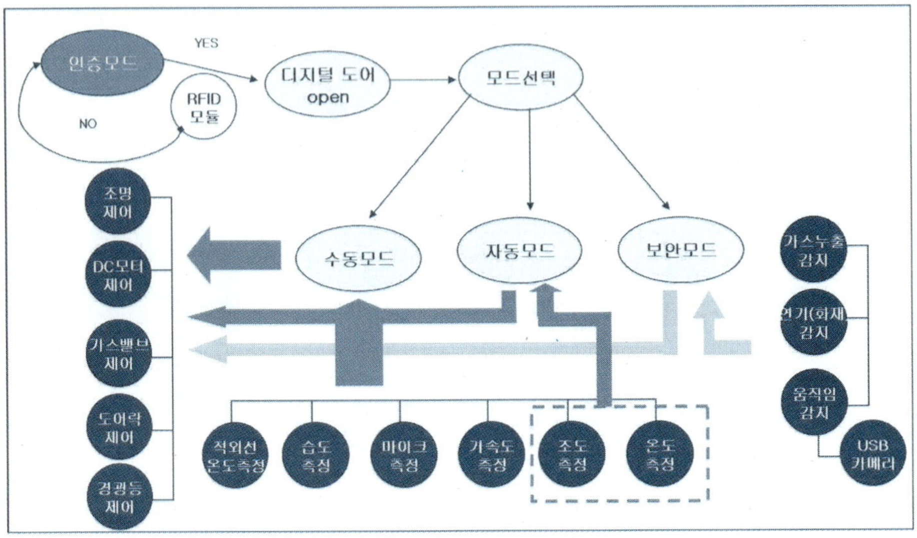

read된 RFID의 tag정보가 홈서버에 저장된 데이터 테이블에서 검색이 완료되면 디지털 도어가 열리며, 모드를 선택할 수 있는 윈도우로 진행된다.

수동 모드는 감지 센서를 제외한 모든 모듈을 수동으로 직접 제어/모니터링이 가능하며, 버튼식으로 구현되어 있다.

자동 모드는 온도/조도 센서로부터 받은 정보를 화면에 뿌려주며, 일정 값의 이상 혹은 이하 값이 나오면 모터, 조명 모듈이 동작된다(기본 설정으로 온도는 30도 이상에서 동작되며, 조도는 20도 이하에서 동작된다). 자동 모드시 연기 감지 센서나 가스 누출 센서가 동작되면 경보 메시지와 함께 가스 밸브 및 경광등을 제어한다.

보안 모드는 가스누출, 연기 감지, 움직임 센서가 활성화되어 각각의 센서가 동작하게 되면 경보 메시지와 함께 가스 밸브 및 경광등, 그리고 USB 카메라를 제어한다.

가스 누출과 연기 감지는 자동 모드의 기능과 같으며, 움직임 감지 센서가 동작되면 카메라로 캡처한 사진을 LCD에 뿌려준다. 보안 모드의 해제는 RFID card로 가능하다.

16.2 무선 센서 홈네트워크 시스템 하드웨어

1) H-Mote

H-Mote와 연결되는 확장 보드는 총 10핀으로 구성되며, 다음과 같이 연결되어 있다.

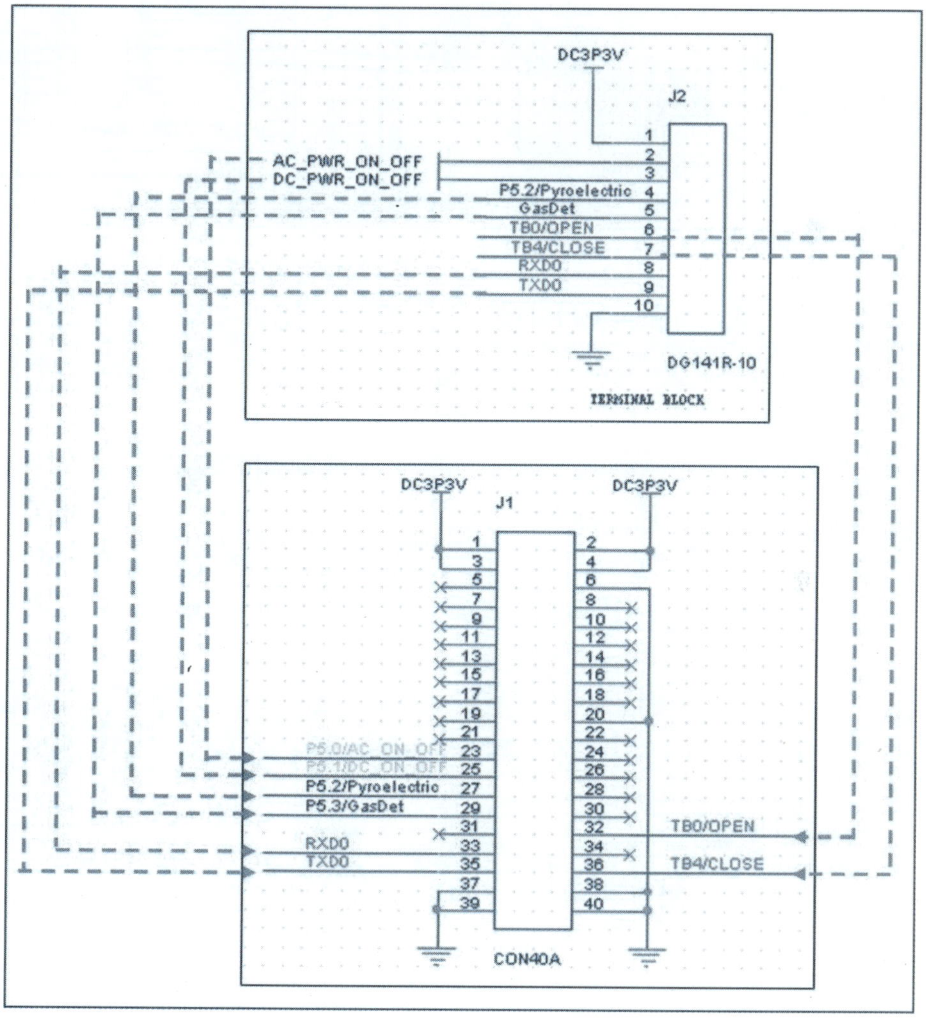

위의 그림은 확장 보드의 윗면에 있는 10개의 pin에 대한 회로도이며, 아래의 그림은 확장 보드의 아랫면에 있는 40pin커넥터의 회로도이다. 윗면의 10pin 은 각각 화살표가 가리키는 뒷면의 40pin커넥터와 연결되어 있다. 이 40pin 커넥터는 H-Mote와 연결되어 다음 그림처럼 MSP430의 각 포트에 연결된다.

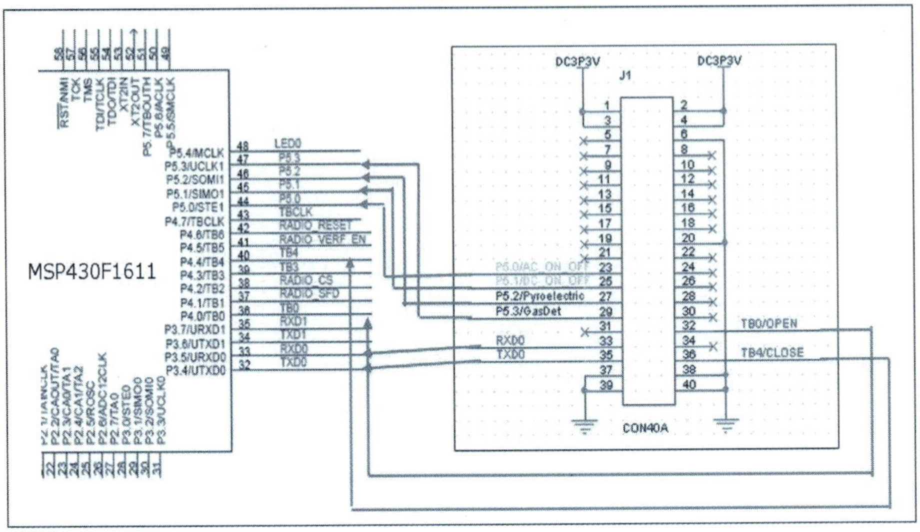

참고로 MSP430F1611의 전체 포트는 다음과 같다.

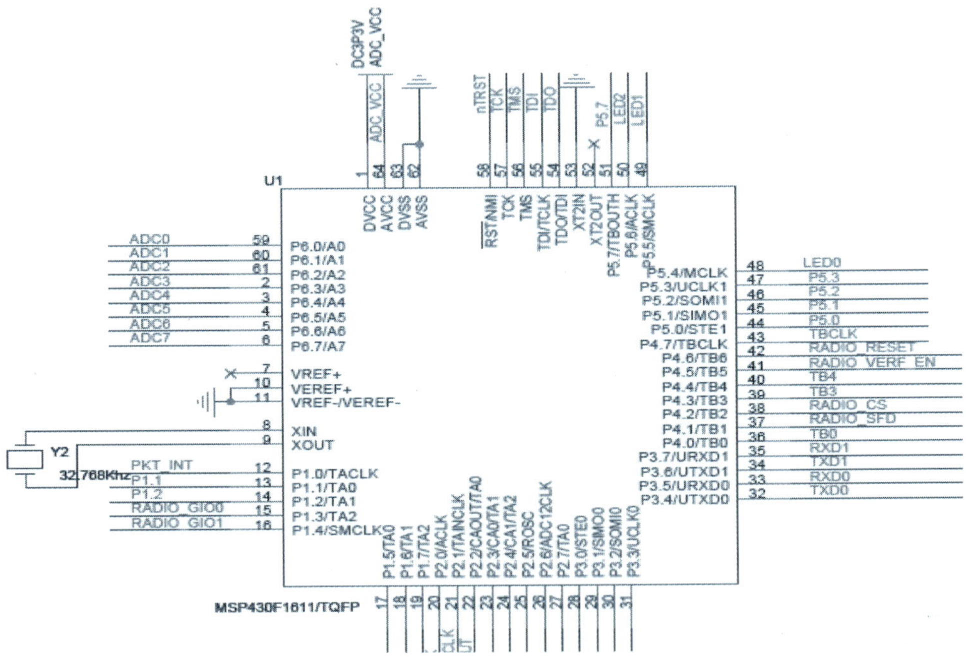

또한, 필요한 전압을 제공하기 위한 별도의 AC 및 DC 보드가 필요한데 AC 및 DC 보드와의 연결은 다음과 같다.

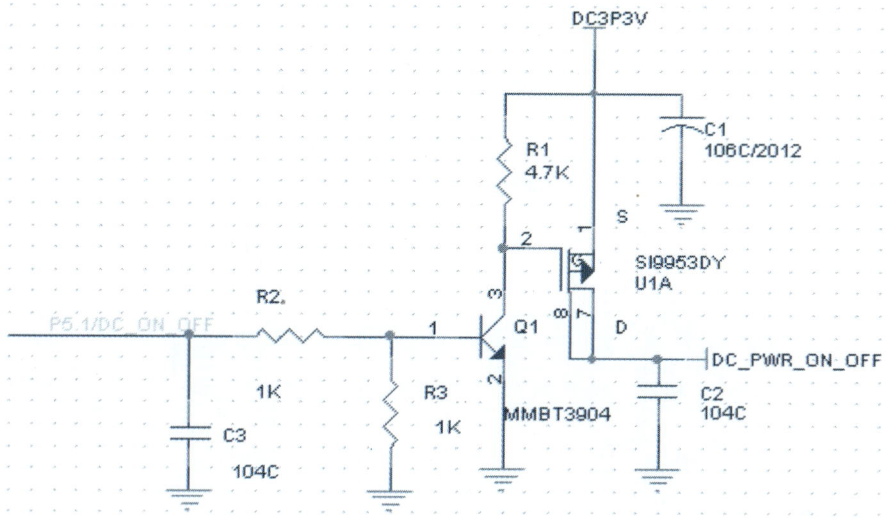

DC 보드

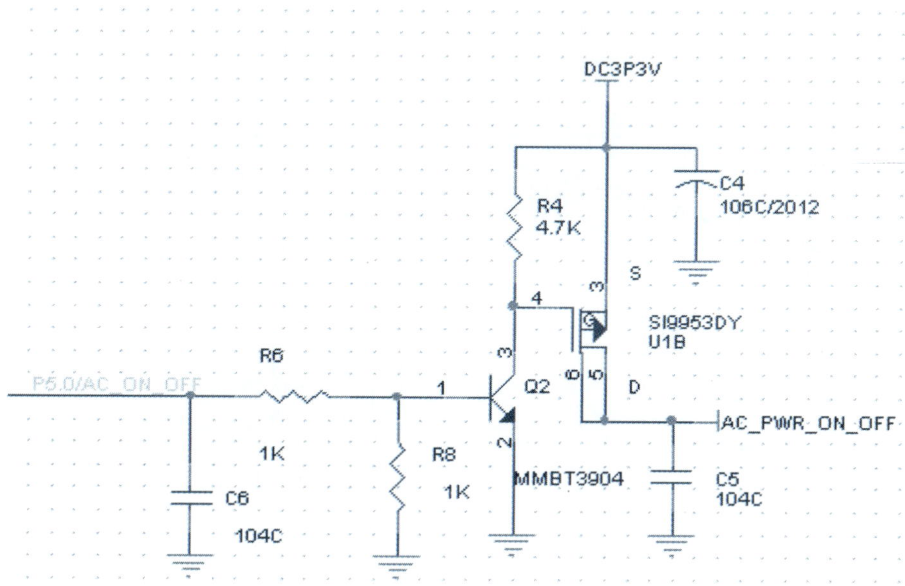

AC 보드

모터, 도어락, 경광등, 가스 밸브는 DC 보드에 연결되며, 백열등은 AC 보드에 연결된다.

어댑터 전압은 모두 12V를 사용한다.

2) Home server(XHyper270-TKU)

270-TKU의 CC2420에 대한 회로도는 다음과 같다.

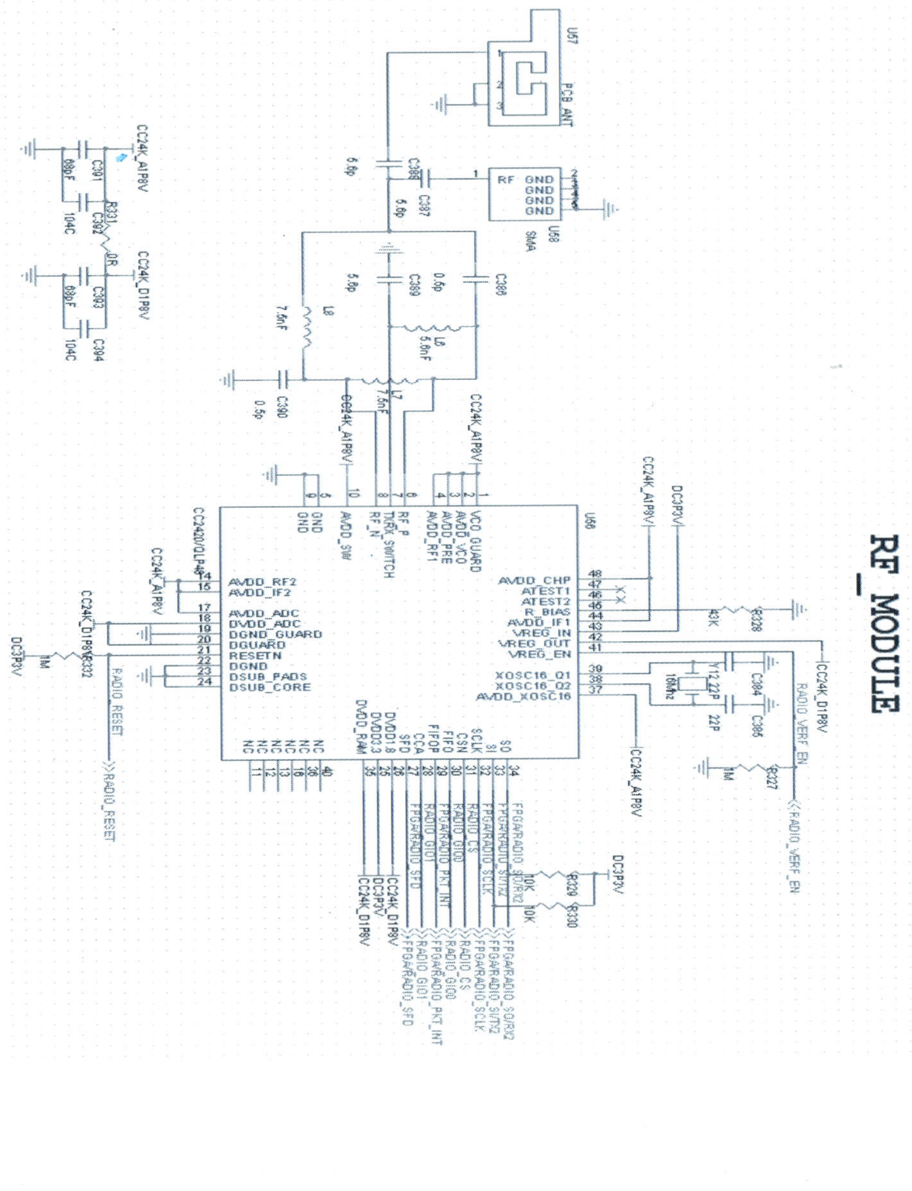

16.3 무선 센서 홈네트워크 시스템 소프트웨어 프로그래밍

1) GTK 프로그래밍

(1) 인증 화면(app_start) 프로그램

app_start은 XHyper270-TKU에 연결된 RFID 리더의 인증을 위해 /dev/ttyS4를 열어준다.

```
#define     BAUDRATE B19200  //      bit/초
#define     MODEMDEVICE "/dev/ttyS4"  //open할 포트, COM3
 ….
 fd =      open(MODEMDEVICE, O_RDWR | O_NOCTTY );
       if (fd <0) {  // open시, error가 나면 종료된다.
              printf("Serial Device     Err₩n");
              exit(1);
       }
       printf("result is %d₩n",fd);
     // 터미널 설정
       bzero(&newtio, sizeof(newtio));
       newtio.c_cflag = BAUDRATE | CRTSCTS | CS8 | CLOCAL | CREAD;
       newtio.c_iflag = IGNPAR;
       newtio.c_oflag = 0;
       newtio.c_lflag = 0;
       newtio.c_cc[VMIN]       = 5;
       newtio.c_cc[VTIME]      = 7;
       tcflush( fd, TCIFLUSH);
       tcsetattr( fd,TCSANOW,&newtio);
```

open된 /dev/ttyS4를 통해 RFID 태그값을 받고, 데이터 테이블(data.txt)을 검색하여 일치하면 모드 선택 application을 실행한다.

```
fp1 = fopen("data.txt", "r"); // 텍스트 파일을 Read하기 위해 open한다.
….                             // tag정보가 텍스트에 저장되어 있어야 한다.
while(1)
       {
              read(fd, &test_buf,     (sizeof(test_buf)+1));  // 입력된 정보를
              printf("RFID TAG is     %s₩n₩n",test_buf); // 버퍼에 저장한다.
              while(fscanf(fp1,"%s",str)!=EOF)              // 텍스트를 스트링단위로 입력
              {                                             // 받아 str에 저장한다.
                     point=0;                               // 포인트를 초기화
```

```
            for(i=0;i<10;i++)
            {
                if(str[i]==test_buf[i+1])       // 입력정보와 텍스트의 스트링
                {                               // 들을 차례차례 비교해보고
                    point=point+1;              // 일치하면 point + 1
                }
            }
            if(point==10)                       // 10문자의 tag정보가
            {                                   // 모두 일치하면 app실행
                printf("## Accepted ##    Loged in menu₩n");
                    my_system("app_mode_select", "");
            }
            else
                printf("## Searching ##    %d of 10 is matched..₩n", point);
        }
        fseek(fp1,0,SEEK_SET); // EOF이므로 파일의 처음으로 돌아간다.
    }
```

fscanf를 이용하여 End Of File 까지 검색하였으므로, 테이블을 끝까지 검색했다면 fseek(fp1,0,SEEK_SET);으로 파일의 처음 위치로 돌려주어야 한다.

(2) 자동 모드(app_mode_auto) 프로그램

자동 모드는 XHyper270-TKU의 CC2420을 open시켜, 센서 보드가 센싱하여 전송한 패킷을 받아 실제 값으로 변환한 후에 화면에 출력한다.

```
if     ((serial_fd = open("/dev/CC2420", O_RDWR | O_NOCTTY)) < 0)
    {                           // CC2420을 O_RDWR로 open한다.
        return NULL;
    }
....
while (1)
...
if     (read(serial_fd, &c, 1) == 1)
... // 패킷을 잘라서 해당되는 구조체 변수에 저장
sourceaddr      = (rdata[11] << 8) + rdata[10];
originaddr = (rdata[13] << 8) + rdata[12];
hopcount = (rdata[19] << 8) + rdata[18];
temp_value = (rdata[27] << 8) + rdata[26];
hum_value = (rdata[29] << 8) + rdata[28];
```

```
parentaddr      = (rdata[31] << 8) + rdata[30];
...
node[originaddr].sourceaddr      = sourceaddr;
node[originaddr].originaddr      = originaddr;
node[originaddr].hopcount        = hopcount;
node[originaddr].hum_value       = hum_value;
node[originaddr].temp_value      = temp_value;
node[originaddr].lastparentaddr      = node[originaddr].parentaddr;
node[originaddr].parentaddr      = parentaddr;
node[originaddr].lasttime        = lasttime;

get_value(&node[originaddr]);
```

/dev/CC2420을 open하여 read해서 수신된 패킷을 배열 rdata에 저장한다. 패킷의 해당되는 부분을 잘라서 각각의 알맞은 구조체 변수에 assign한다.

get_value함수는 패킷의 payload부분 중 HEX값인 온도 값과 습도 값을 실제 값으로 변환한다.

```
void    get_value(sensor_node *n)
{
  double t_c;
    double rh_lin, rh_true;
    int raw_temperature = n->temp_value;
    int raw_humidity = n->hum_value;
.....
t_c = (double)raw_temperature * 0.01 - 40;
    rh_true = (double)raw_humidity * 0.01 - 40;
    rh_lin = -0.000028 * (double)raw_humidity * (double)raw_humidity + 0.0405 *
            (double)raw_humidity    - 4;
    rh_true = (t_c - 25) * (0.01 + 0.00008    * (double)raw_humidity) + rh_lin;
    if (rh_true > 100) rh_true = 100; //온도가 100이 넘으면 100으로 설정
    if (rh_true < 0.1) rh_true = 0.1;
    if (t_c > 50) t_c = 50;  // 습도가 50이 넘으면 50으로 설정
    if (t_c < 0) t_c = 0;

    n->temperature = (float)t_c;  // 변환된 값을 각각의 구조체 변수에 할당
    n->humidity = (float)rh_true;
```

변환 값이 설정된 온도보다 높으면 모터를 구동하고, 설정된 조도보다 낮으면 백열등을 켠다.

```
if(n->temperature        > TEMP_SET)  // 설정온도보다 높으면 motor_on실행하고,
    {                                 // state라는 flag를 이용하여, 반복 실행이
        if(state_motor == 1)          // 되는 것을 방지한다.
        {
            state_motor = 0;
            motor_on();
        }
    }else{
        if(state_motor == 0)
        {
            state_motor = 1;
            motor_off();
        }
    }

    if(n->humidity < PHOTO_SET)
    {
        if(state_light == 1)
        {
            state_light = 0;
            light_on();
        }
    }else{
        if(state_light == 0)
        {
            state_light = 1;
            light_off();
        }
    }
```

(3) 보안 모드(app_mode_sec) 프로그램

보안 모드는 인체의 움직임, 가스 누출, 연기 및 화재 누출 감지 센서로부터 패킷을 받으면 각각 카메라, 가스 밸브, 경광등을 구동시킨다.

```
if (read(serial_fd, &c, 1) == 1)
..
if(rdata[0] == 0x10 && rdata[14] == 0x4d)   //채널이 0x4d이면 인체 움직임
{                                           //감지 센서가 보낸 메시지이므로
    printf("|   SECURITY ON !!!    |\n");   //카메라로 캡처하여, LCD에 뿌리
    my_system("cam.sh", "");                //는 cam.sh를 실행
```

```
        for (j=0 ; j〈rdata[0]; j++)                 // 버퍼 내용 초기화
        rdata[j]='₩0';
    }

    if(rdata[0] == 0x10 && rdata[14] == 0x58)      //채널이 0x58이면 가스감지 센서
    {                                              //가 보낸 메시지이므로 gas_off()
        gas_off();                                 //를 실행하여, 밸브 잠금
        printf("|  GAS DETECTED !!!  |₩n");
        my_system("gas_popup", "");
        for (j=0 ; j〈rdata[0]; j++)                 //버퍼 내용 초기화
        rdata[j]='₩0';
    }
    if(rdata[0] == 0x10 && rdata[14] == 0x63)      //채널이 0x63이면 연기감지 센서
    {                                              //가 보낸 메시지이므로 alarm_on()
        alarm_on();                                //을 실행하며, 경광등 on
        printf("|  FOG DETECTED !!!  |₩n");
        my_system("fog_popup", "");
        for (j=0 ; j〈rdata[0]; j++)
        rdata[j]='₩0';
        }
    ...
```

인증 모드 화면

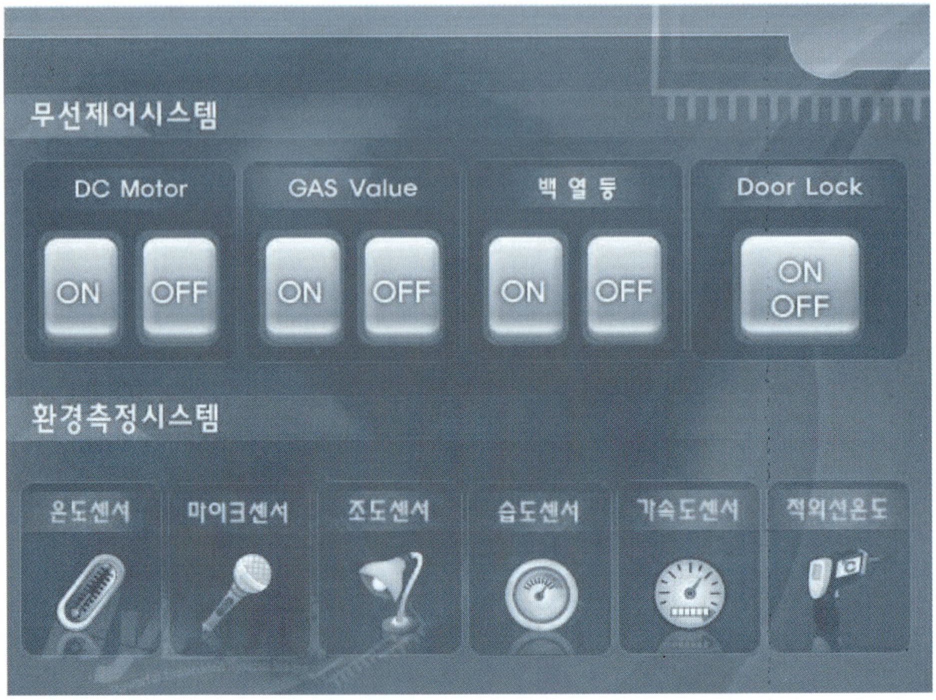

수동 모드 화면

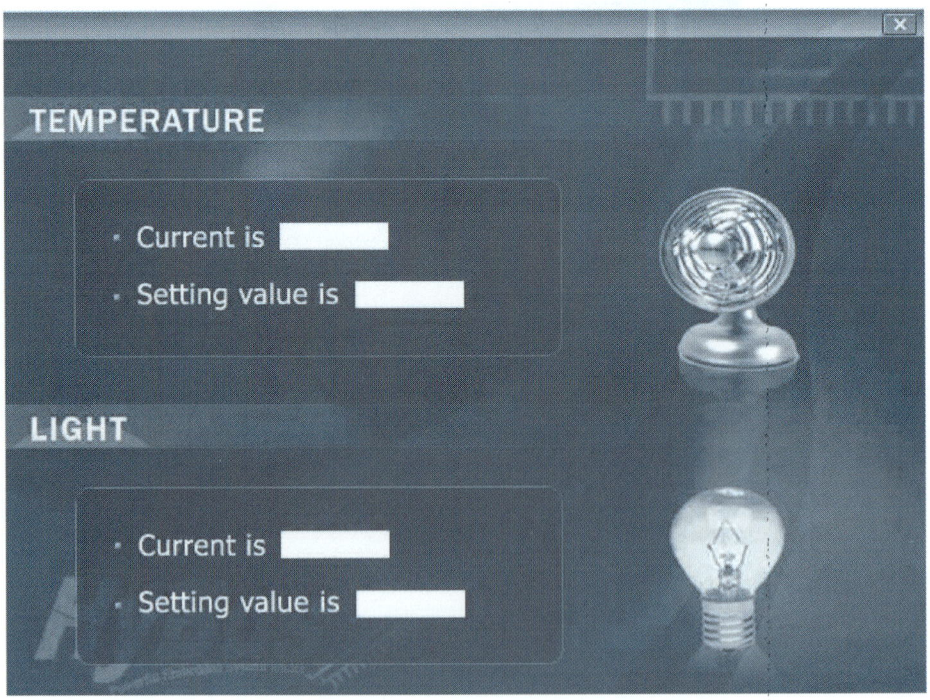

자동 모드 화면

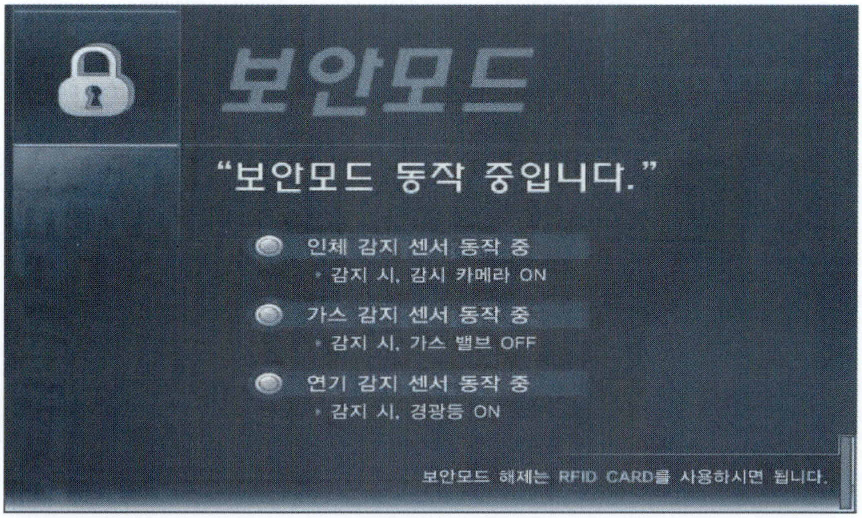

보안 모드 화면

인체 감지 센서 작동시 화면

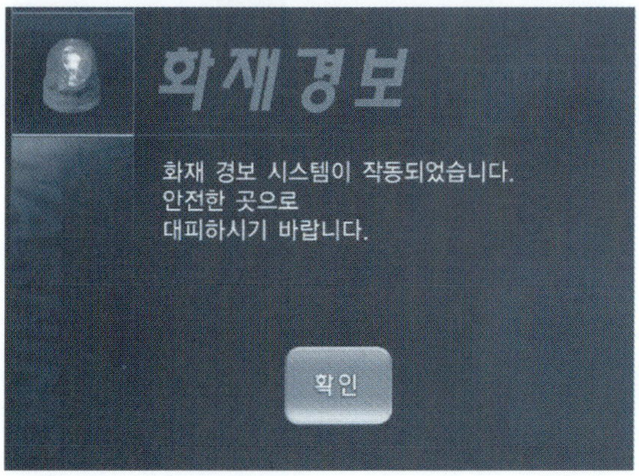

화재 감지 센서 작동시 화면

가스 감지 센서 작동시 화면

온도 센서 그래프

적외선 온도 센서 그래프

2) TinyOS 프로그래밍

(1) hardware.h

모듈들이 사용하는 pin을 hardware.h에 assign하고, Acts.nc 라는 시스템 파일을 생성하여, 인터페이스로 사용하게 하였다.

위치는 opt₩tinyos-1.x₩tos₩platform₩hybus이고 수정한 파일은 hardware.h이다.

```
…..
//MOTOR
TOSH_ASSIGN_PIN(MOTOR,      5, 1);

//GAS
TOSH_ASSIGN_PIN(GAS_ON,     4, 0);
TOSH_ASSIGN_PIN(GAS_OFF,    4, 4);

//LIGHT
TOSH_ASSIGN_PIN(LIGHT,      5, 0);

//SECURITY
TOSH_ASSIGN_PIN(SEC,      5, 2);

//GAS_LNG_Detector
TOSH_ASSIGN_PIN(LNG,      5, 3);
…..
```

assign된 핀에 대하여 void TOSH_SET_PIN_DIRECTIONS(void)의 함수에 사용할 Direction에 대해 선언을 한다. SET은 핀에 대해 High를 주고, READ는 핀에 High가 오면 그 signal을 read할 수 있다. 따라서 H-mote로부터 High 신호를 받아 동작시켜야 하는 모터, 가스 밸브 등의 제어 모듈은 SET이 사용되었고, 가스 감지 및 인체 움직임 감지 모듈이 High가 되면, H-mote가 signal을 읽어와야 하므로 READ가 사용되었다.

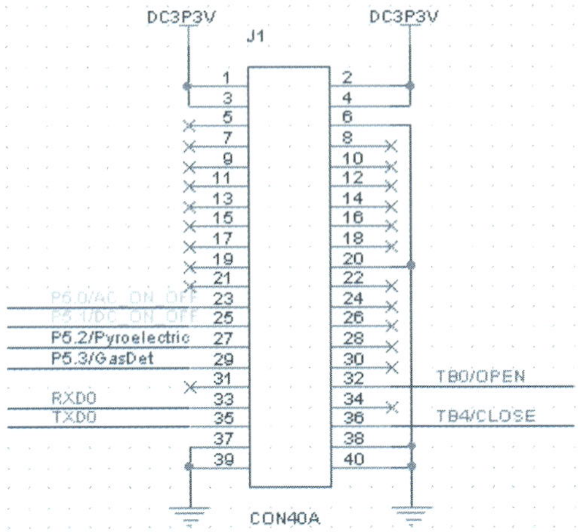

CON40A 핀 회로도

```
//MOTOR
  TOSH_SET_MOTOR_PIN();
  TOSH_MAKE_MOTOR_OUTPUT();

  //GAS
  TOSH_SET_GAS_ON_PIN();
  TOSH_SET_GAS_OFF_PIN();
  TOSH_MAKE_GAS_ON_OUTPUT();
  TOSH_MAKE_GAS_OFF_OUTPUT();

  //LIGHT
  TOSH_SET_LIGHT_PIN();
  TOSH_MAKE_LIGHT_OUTPUT();

  //SECURITY
  TOSH_READ_SEC_PIN();
  TOSH_MAKE_SEC_INPUT();
  //TOSH_MAKE_SEC_OUTPUT();

  //GAS_LNG_DETECTOR
  TOSH_READ_LNG_PIN();
  TOSH_MAKE_LNG_INPUT();
```

(2) ActsC.nc

위치는 opt₩tinyos-1.x₩tos₩system이고, 추가한 모듈들의 사용을 interface가 application에서 사용할 수 있도록 만들어 놓은 nesc 파일이다. 후에 Acts.nc라는 interface 파일이 이 파일을 참조하여 사용된다.

```
module ActsC {
  provides interface Acts;
}
implementation
{
  uint8_t actsOn;

  enum {
    RED_BIT = 1,
    GREEN_BIT = 2,
    YELLOW_BIT = 4
  };

  async command result_t Acts.init() {
    atomic {
      actsOn = 0;
      dbg(DBG_BOOT, "ACTS: initialized.₩n");

      TOSH_MAKE_MOTOR_OUTPUT();
                TOSH_MAKE_GAS_ON_OUTPUT();
                TOSH_MAKE_GAS_OFF_OUTPUT();
                TOSH_CLR_MOTOR_PIN();
                TOSH_CLR_GAS_ON_PIN();
                TOSH_CLR_GAS_OFF_PIN();

    }
    return SUCCESS;
  }
```

init이 call되면 모듈이 초기화된다. CLR을 쓰면 low가 된다.

```
async     command result_t Acts.motorOn() {
    dbg(DBG_LED, "ACTS: Motor     on.₩n");
    atomic {
                TOSH_SET_MOTOR_PIN();
    }
    return SUCCESS;
  }

  async command result_t Acts.motorOff() {
    dbg(DBG_LED, "ACTS: Motor     off.₩n");
     atomic {
```

```
                    TOSH_CLR_MOTOR_PIN();
      }
      return SUCCESS;
}

….
async command result_t Acts.lightOn() {
        dbg(DBG_LED, "ACTS: Light on.₩n");
        atomic {
            TOSH_SET_LIGHT_PIN();
     }
        return SUCCESS;
  }

  async      command result_t Acts.lightOff() {
        dbg(DBG_LED, "ACTS: Light off.₩n");
      atomic      {
              TOSH_CLR_LIGHT_PIN();
      }
         return SUCCESS;
  }
```

motorOn이 call되면 H-mote(msp430)의 P5.1/SIMO1이 SET(High)된다.
lightOff가 call되면 H-mote(msp430)의 P5.0/STE1이 CLR(Low)된다.

(3) Acts.nc

위치는 opt₩tinyos-1.x₩tos₩interfaces이고, system의 ActsC.nc를 사용하여 application에서 사용할 수 있도록 한다. ActsC.nc에 있는 함수들을 그대로 사용한다.

```
interface      Acts {

  async      command result_t init();

 //motor
  async command result_t motorOn();
 async command result_t motorOff();
 async command result_t      motorToggle();

//Light
  async command result_t lightOn();
```

```
  async command result_t lightOff();
  async command result_t     lightToggle();

//gas      up (open)
   async command result_t gasupOn();
  async command result_t gasupOff();
  async command result_t     gasupToggle();

//gas      down (off)
   async command result_t gasdownOn();
  async command result_t gasdownOff();
  async command result_t     gasdownToggle();
  ….
```

(4) Hybus_CONTROL

위치는 opt₩tinyos-1.x₩apps₩Hybus_CONTROL이고, TinyOS를 설치하면 제공되는 sample apps인 SimpleCmd를 수정하여 사용했다. SimpleCmdMsg.h에서 command내용을 다음과 같이 수정한다.

```
…
enum {
      GAS_ON = 1,
      GAS_OFF = 2,
      MOTOR_ON   = 3,
      MOTOR_OFF = 4,
      LIGHT_ON = 5,
      LIGHT_OFF = 6
};
…
```

SimpleCmdM.nc에서는 각 command의 unique number가 패킷으로 들어왔을 때 실행되는 부분을 수정하였다.

```
uses {
        interface Leds;
        interface Acts;
        interface Pot;
```

```
        interface ReceiveMsg as ReceiveCmdMsg;
        interface StdControl as CommControl;
      }
...
switch (cmd->action) {
          case GAS_ON:
         TOSH_uwait(200);
         call      Acts.gasdownOff();
         TOSH_uwait(200);
         call      Acts.gasupOn();
         call      Leds.yellowOn();
         break;
          case GAS_OFF:
         TOSH_uwait(200);
call Acts.gasupOff();
         TOSH_uwait(200);
         call      Acts.gasdownOn();
         call      Leds.yellowOff();
         break;
          case MOTOR_OFF:
         TOSH_uwait(200);
         call Acts.motorOff();
         call      Leds.redOff();
         break;
          case MOTOR_ON:
         TOSH_uwait(200);
         call Acts.motorOn();
         call      Leds.redOn();
         break;
          case LIGHT_ON:
         TOSH_uwait(200);
         call      Acts.lightOn();
         call      Leds.blueOn();
         break;
          case LIGHT_OFF:
         TOSH_uwait(200);
         call      Acts.lightOff();
         call      Leds.blueOff();
         break;
        }
```

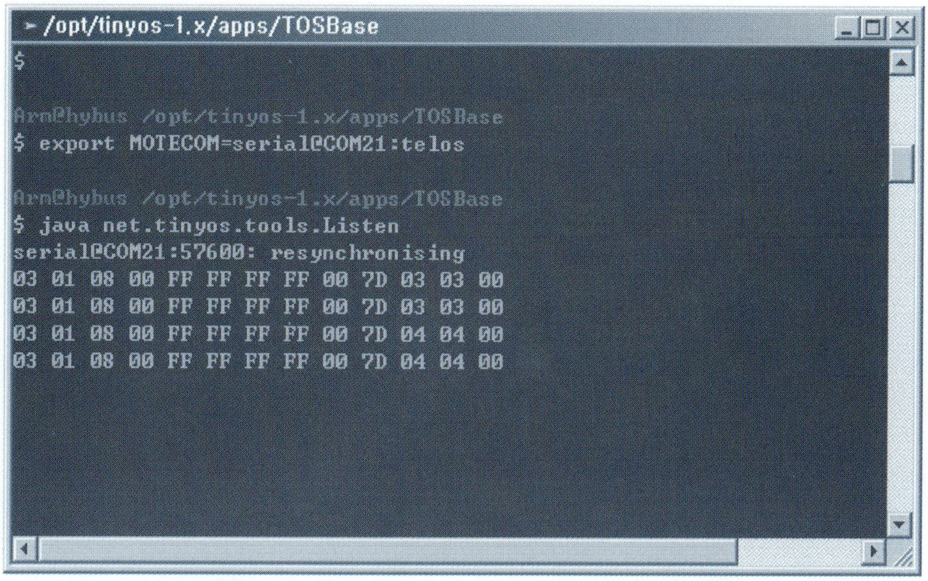

위는 TOSBase를 H-mote에 올려서 270-TKU가 전송한 패킷을 receive하는 화면이다.

7D 03 03 00으로 끝나는 패킷을 받으면 unique number가 3인 MOTOR_ON이 수행되고, MOTOR_PIN에 motor가 물려 있다면 motor가 돌아갈 것이다.

7D 04 04 00으로 끝나는 패킷을 받으면 unique number가 4인 MOTOR_OFF가 수행되고, MOTOR_PIN에 motor가 물려 있다면 motor의 동작이 멈출 것이다.

메시지를 보내는 apps는 H-mote에 TOSBase를 올려서 java를 실행하여 테스트가 능하다.

```
java net.tinyos.tools.BcastInject    <group_id> <command>
```

위의 내용은 tinyos tutorial lesson 7에 포함되어 있으니 참고하기 바란다.

(5) Hybus_DETECT

위치는 opt₩tinyos-1.x₩apps₩Hybus_DETECT이고, 감지 센서 등에 사용하는 application으로, TinyOS를 설치하면 제공되는 sample apps인 OscilloscopeRF를 수정하여 사용했다.

① Oscope Msg.h

```
struct    OscopeMsg
{
    uint16_t sourceMoteID;
    uint16_t lastSampleNumber;
    uint16_t channel;
};
```

payload인 data[]를 삭제한다. channel로서 센서의 종류를 구분할 것이다.

② HyperDetectM.nc

```
...
event    result_t Timer.fired()
  {
    //적외선 센서
   //if(TOSH_READ_SEC_PIN()){

    //가스 검출기
    //if(TOSH_READ_LNG_PIN()){

    //바이오
    if(TOSH_READ_BIO_PIN()){
            call Leds.redOn();
         post dataTask();
    }
    else
            call Leds.redOff();
    return SUCCESS;
  }
```

타이머가 발생했을 때 감지 센서가 물려 있는 pin이 High가 되면, 패킷 구성을 하여 전송하는 task인 dataTask를 post한다.

```
task void    dataTask()
    {
        struct OscopeMsg *pack;
        atomic {     //OscopeMsg의 구조체 변수에 packing을 한다.
            pack = (struct OscopeMsg    *)msg[currentMsg].data;
```

```
            packetReadingNumber = 0;
            pack->lastSampleNumber =     readingNumber;
        }

        pack->channel = 77; //chnnel에 따라 센서를 구분한다.
        pack->sourceMoteID =     TOS_LOCAL_ADDRESS;

        //if( call     DataMsg.send(TOS_UART_ADDR, sizeof(struct OscopeMsg),
        if( call     DataMsg.send(TOS_BCAST_ADDR, sizeof(struct OscopeMsg),
                &msg[currentMsg]))
        {
                        atomic {
                currentMsg ^= 0x1;
            }

            call Leds.yellowToggle();
        }
    }
```

channel을 77로 설정하여 DataMsg.send()를 통해 메시지를 전송한다.

인체 움직임 센서는 77, 연기 감지 센서는 99, 가스 감지 센서는 88을 channel로 사용한다.

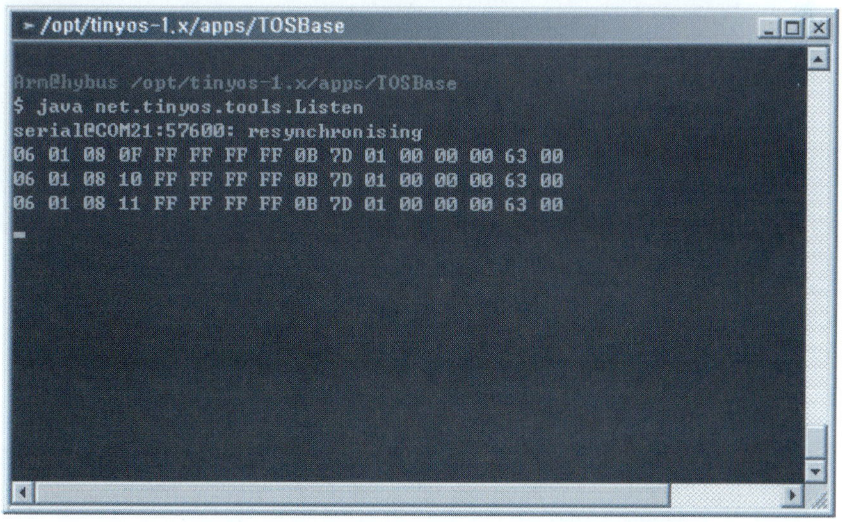

위는 Hybus_DETECT_FOG 를 올린 H-mote에 연기 감지 센서를 연결하여, 감지 시에 전송하는 메시지를 캡처한 것이다.

63부분이 채널이며 연기 센서가 사용하는 채널인 99를 16진수로 변화하면 63이 된다.

3) Home server

IEB에 부착되어 있는 CC2420은 /dev/CC2420을 open하여 사용한다. 그러므로 /dev/에 CC2420을 추가해 디바이스 파일을 생성한다.

```
# cd /dev/
# mknod CC2420 c 250 1
```

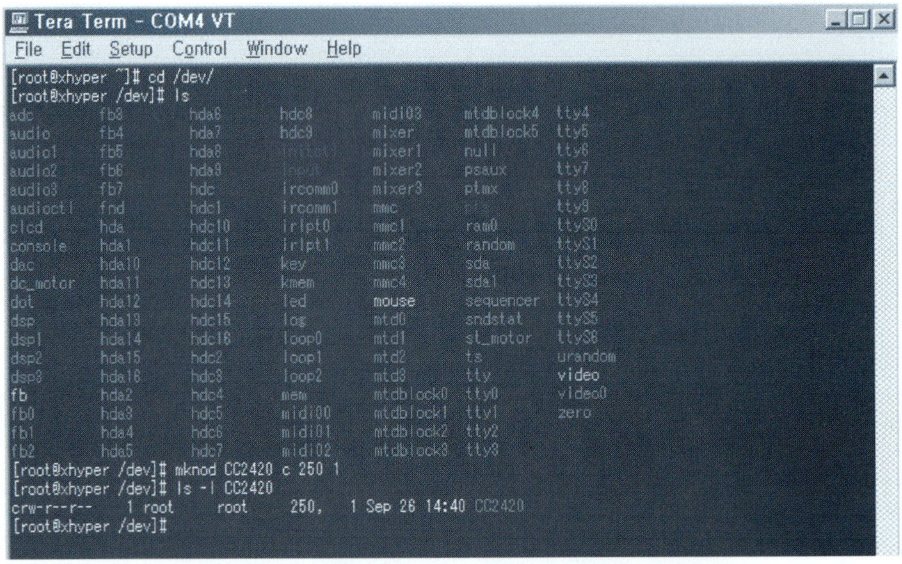

디바이스 파일이 생성되었으면 /root/로 이동하여 모든 파일을 삭제한 후, PN.tar를 /root/에 다운로드한다. FTP 또는 rz를 이용해 다운로드한다.

```
# cd /root/
# rm -rf *
# ftp ip주소 혹은 rz
```

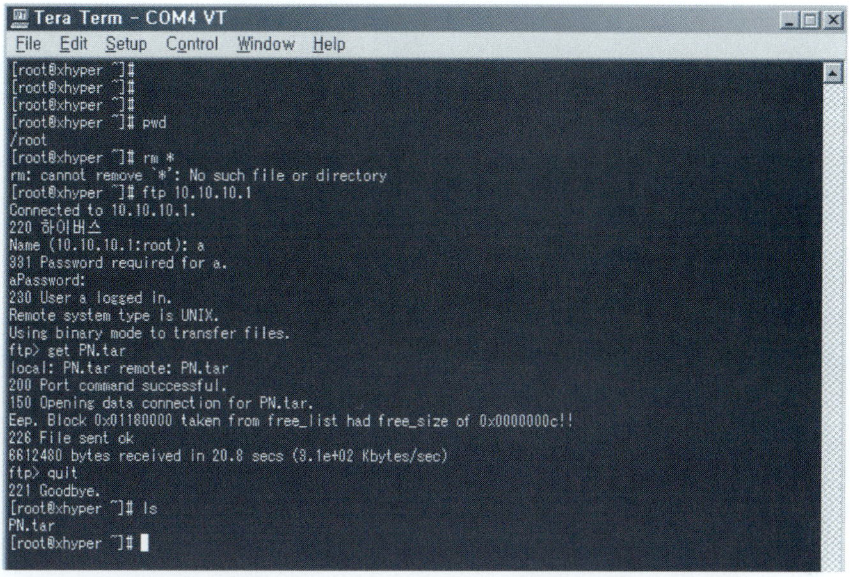

압축 파일을 해제한다.

```
# tar xvf PN.tar
```

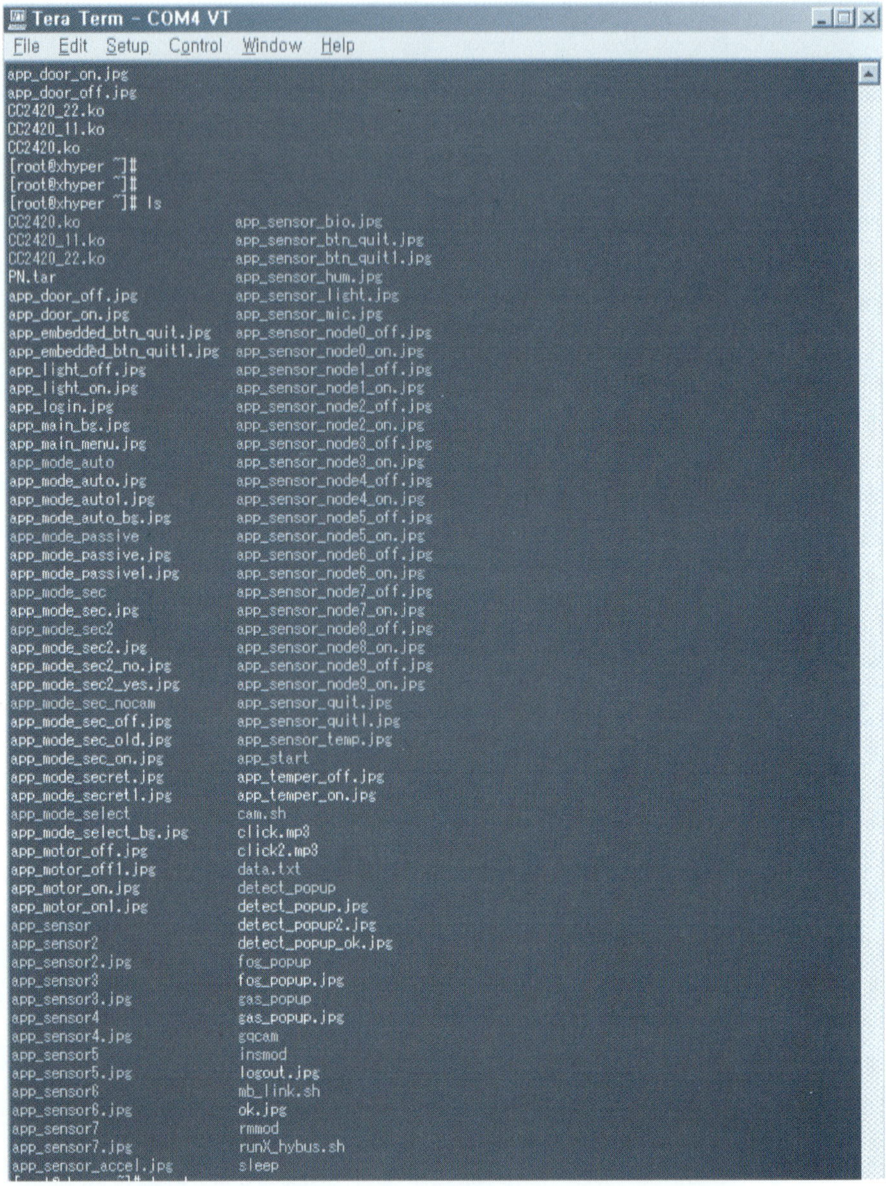

압축이 해제되면 위와 같은 파일들이 생성된다.

모든 파일이 준비가 되었으므로, CC2420 모듈을 적재하여 application에서 사용하면 된다.

```
# insmod CC2420.ko
```

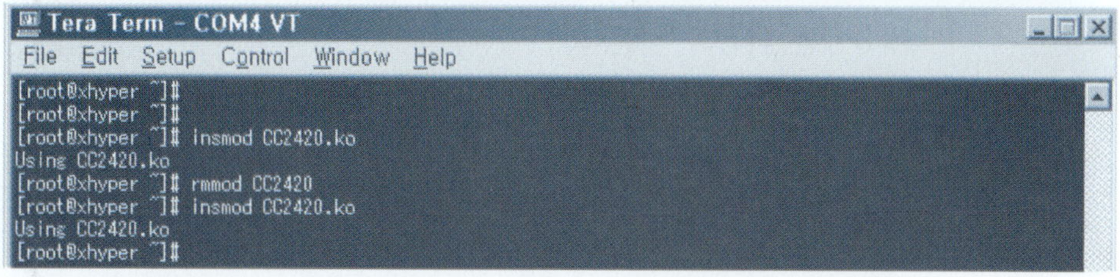

CC2420_11.ko는 GROUP ID가 11로 설정된 모듈이고, CC2420_22.ko는 그룹 ID가 22로 설정된 모듈이다. 이 두 모듈의 사용 또한 insmod와 rmmod로 한다.

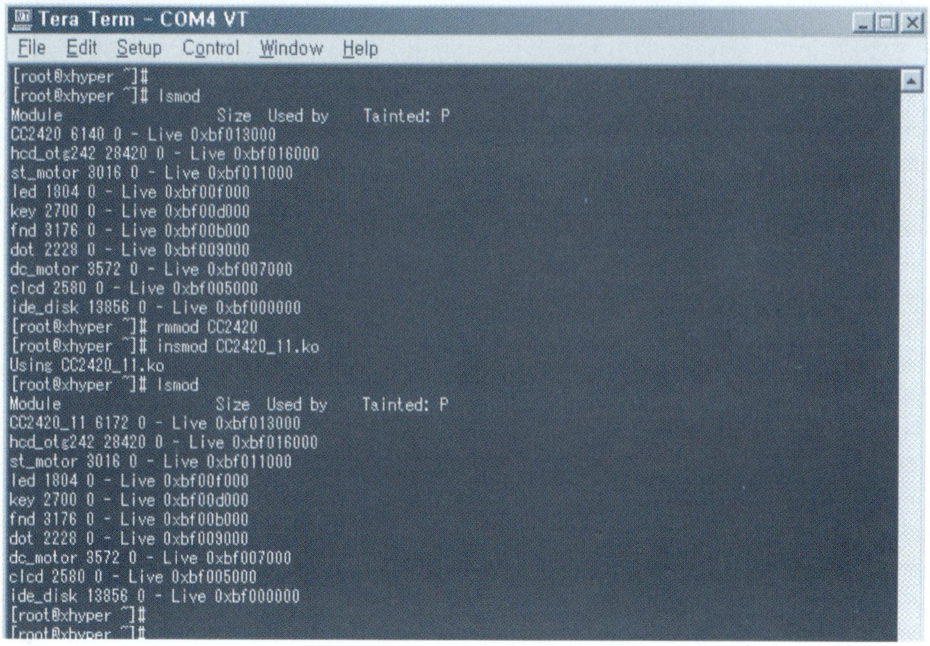

모든 설정이 완료되었으므로 application을 실행한다. application의 이름은 app_start이다.

```
# ./app_start
```

제16장

LCD에는 다음과 같은 화면이 나온다.

RF tag를 사용하여 로그인하면 시스템이 시작된다.

시스템 시작이 될 때 CC2420 모듈을 적재하기 위해서 /etc/rc.sysinit을 수정하고, app_start를 실행하기 위해서는 /etc/profile을 수정한다.

```
# vi    /etc/rc.sysinit
```

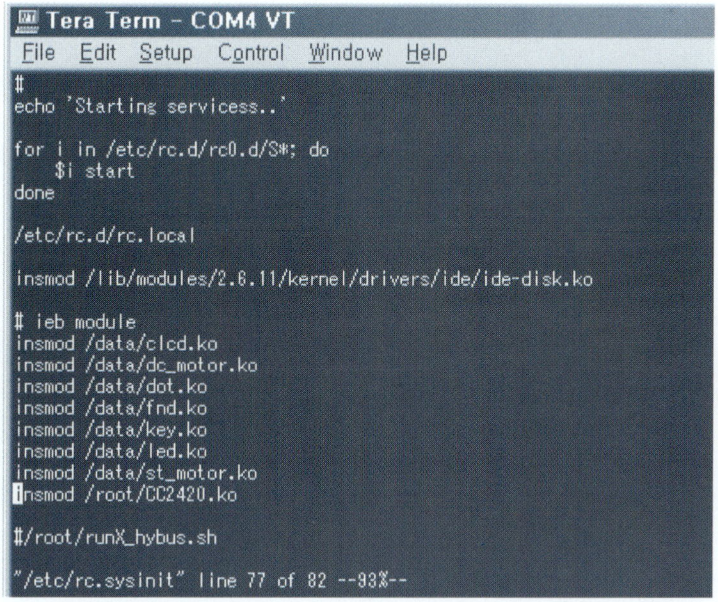

```
Tera Term - COM4 VT
File Edit Setup Control Window Help
#
echo 'Starting servicess..'

for i in /etc/rc.d/rc0.d/S*; do
    $i start
done

/etc/rc.d/rc.local

insmod /lib/modules/2.6.11/kernel/drivers/ide/ide-disk.ko

# ieb module
insmod /data/clcd.ko
insmod /data/dc_motor.ko
insmod /data/dot.ko
insmod /data/fnd.ko
insmod /data/key.ko
insmod /data/led.ko
insmod /data/st_motor.ko
insmod /root/CC2420.ko

#/root/runX_hybus.sh

"/etc/rc.sysinit" line 77 of 82 --93%--
```

위와 같이 77line에 insmod /root/CC2420.ko를 추가해준다.

```
# vi    /etc/profile
```

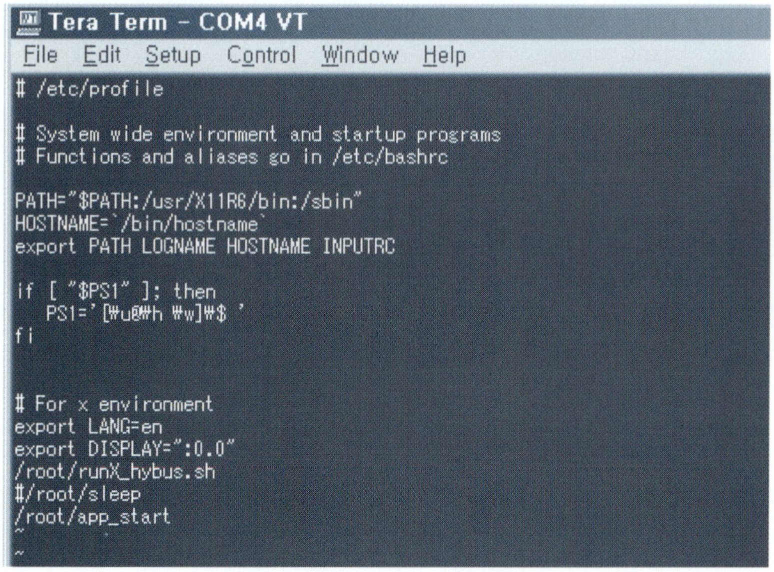

```
Tera Term - COM4 VT
File Edit Setup Control Window Help
# /etc/profile

# System wide environment and startup programs
# Functions and aliases go in /etc/bashrc

PATH="$PATH:/usr/X11R6/bin:/sbin"
HOSTNAME=`/bin/hostname`
export PATH LOGNAME HOSTNAME INPUTRC

if [ "$PS1" ]; then
   PS1='[₩u@₩h ₩w]₩$ '
fi


# For x environment
export LANG=en
export DISPLAY=":0.0"
/root/runX_hybus.sh
#/root/sleep
/root/app_start
~
~
```

가장 마지막 줄에 /root/app_start를 추가해준다.

〈참고〉 CC2420 패킷 구조체

```
// The data structure which is used to transmit packets
typedef struct {
  INT8 length;
  uint8_t fcfhi;
  uint8_t fcflo;
      BYTE dsn;
      WORD destpan;
  WORD addr;
  uint8_t type;
  uint8_t group;
  BYTE data[28];
  /* for MAC implementation. (ref. TinyOs) */
  INT8 strength;
  uint8_t lqi;
  uint8_t crc;
  uint8_t ack;
  uint16_t time;
} BASIC_RF_TX_INFO;

// The receive struct:
typedef struct {
  //INT8 length;
  BYTE MPDU[38];                          // 1(length)+28 + 9
  /*
  uint8_t fcfhi;                          // ack
  uint8_t fcflo;
  BYTE dsn;                               // dsn
  WORD destpan;                           // destpan=0xffff
  WORD addr;                              // addr
  uint8_t type;
  uint8_t group;
  BYTE data[28];                          // data
  */
  /* for MAC implementation. (ref. TinyOs) */
  INT8 strength;                          // strength
  uint8_t lqi;
  uint8_t crc;
  uint8_t ack;
  uint16_t time;
}BASIC_RF_RX_INFO;
```

참고문헌

[1] 강정훈, 센서네트워크 기술 동향과 응용서비스 구현 사례, 한국전자부품연구원,EIC기술 세미나, 2005. 5. 12.

[2] 김대영, 김재언, 성종우, 이강우 "센서 네트워크 운영체제/미들웨어 기술동향" IITA 주간기술동향 제 1221호, 2005. 11. 9.

[3] 김동석, "u-센서 네트워크 구축을 위한 정책 추진 방향", 전파 116호, 2004. 1~2월호, 2004.

[4] 김민수 · 이은규, "유비쿼터스 환경에서의 센서 데이터베이스 기술" IITA 주간기술동향 제 1187호, 2005. 3. 16.

[5] 김원수 · 장기수, "ZigBee 기술동향 및 시장전망 분석", 전자부품연구원 전자정보센터, 2003.

[6] 박미애 · 이옥연, "IT839 3대 인프라에 관련된 보안위협과 대응", IITA 주간기술동향 제1199호, 2005.

[7] 박수홍, "[무선인터넷] IPv6를 이용한 저전력 무선네트워크 기술", 한국정보통신기술협회, 2005, 2.

[8] 박승민, "센서 네트워크 노드 플랫폼 및 운영체제 기술동향", 전자통신동향분석 제21권 제1호 2006. 2.

[9] 박승창, "USN 상황인식 컴퓨팅 기술의 최근 동향분석", IITA 주간기술동향, 통권 1155호, 2004. 7. 21, pp.1-15.

[10] 심원태, "IT839 3대 인프라 보호를 위한 대응 전략", IITA 주간기술동향 제1188호, 2005.

[11] 이강신, "IT839 정보보호", IITA 주간기술동향 제1217호, 2005.

[12] 이동훈, "USN 정보보호 기술동향", IITA 주간기술동향 제1213호, 2005.

[13] 이상학·김대환·유준재, "유비쿼터스 센서 네트워크 기술 개발 동향", 전자정보센터, IT리포트, 2005. 4. 4.

[14] 이재현, "USN 기술동향", IITA 주간기술동향, 통권 1165호, 2004. 9. 30, pp.21-35.

[15] 전황수, 조원진, "유비쿼터스 시대의 새로운 서비스 모델 창출방안 연구", 전자통신동향분석 제19권 제6호, 2004. 12.

[16] 정보통신부, "안전한 u-Korea 구현을 위한 중장기 정보보호 로드맵", 2005. 5.

[17] 정보통신부, "IT839 전략"

[18] 최은영, 이동훈, "RFID 정보보호 기술동향", 정보처리학회지 제12권 5호, 2005.

[19] 홍도원, 염용진, 정교일, 지성택, "IT839전략과 정보보호", 정보보호학회지 제 14권 5호, 2004.

[20] IT SoC사업단, Special Report : IT839성장동력별 하드웨어 체계 및 핵심 부품, IT-SoC, 2005. 3. 1.

[21] A. Murphy and W. Heinzelman, "MiLAN: Middleware Linking Applications and Networks," TR-795, University of Rochester, Computer Science, Nov. 2002.

[22] C. Shen, C. Srisathapornphat, C. Jaikeo, "Sensor Information Networking Architecture and

Applications," IEEE Personal Communications, Vol.8, No.4, Aug. 2001, pp.52-59.

[23] E. Bresson et al., "Threshold Ring Signatures and Applications to Ad-hoc Groups", CRYPTO 2002,LNCS 2442, pp.465-480.

[24] Fan Ye, Haiyun Luo, Jerry Cheng, Songwu Lu, Lixia Zhang, "A Two-Tier Data Dissemination Model for Large-scale Wireless Sensor Networks", MOBICOM 2002. 11.

[25] G. Ateniese et al., "Quasi-efficient Revocation of Group Signature", Financial Cryptography 2002,LNCS 2357, pp.183-197.

[26] G. Ateniese et al., "Some Open Issues and Directions in Group Signatures", Financial Cryptography'99, LNCS 1648, pp.196-211.

[27] G. Gaubatz, J. Kaps, B. Sunnar, "Public Key Cryptography in Sensor Nerworks-Revisited", ESAS2004, 2004.

[28] G. Jolly, Kuscu, and P. Kokate, "A Low-energy Key Management Protocol for Wireless Sensor Networks", Proc. of the 8th IEEE International Symposium on Computers and Communications, June 2003.

[29] H. Chan, A. Perrig, and D. Song, "Random Key-Assignment for Secure Wireless Sensor Networks", Proc. of the 1st ACM Workshop on the Security of Ad Hoc and Sensor Networks(SASN), 2003.

[30] Hyungjoo Song, Daeyoung Kim, Kangwoo Lee, Jongwoo Sung, "UPnP-based Sensor Network Management Architecture and Implementation," Second International Conference on Mobile Computing and Ubiquitous Networking(ICMU 2005), April 2005, Osaka University, Osaka, JAPAN

[31] IEEE Computer Society, "IEEE Std. 802.15.4-2003", 2003. 10.

[32] IEEE, "802.15.4 Wireless Medium Access Control(MAC) and Physical Layer(PHY) Specifications for Low-Rate Wireless Personal Area Networks(LR-WPANs)", IEEE Computer Society, 2003. 10.

[33] J. Camenisch and A. Lysyanskaya, "Signature Schemes and Anonymous Credentials from Bilinear Map", CRYPTO 2004, LNCS 3152, pp.56-72.

[34] J. Deng, R. Han, and S. Mishra, "Enhancing Base Station Security in Wireless Sensor Networks", Technical Report CU-CS-951-03, Department of Computer Science, University of Colorado, Apr. 2003.

[35] J. Deng, R. Han, and S. Mishra, "Security Support for In-Network Processing in Wireless Sensor Networks", Proc. of the 1st ACM Workshop on the Security of Ad Hoc and Sensor Networks(SASN), 2003.

[36] Jaein Jeong, David Culler, "Incremental Network Programming for Wireless Sensors," IEEE SECON 2004, 2004. 10.

[37] Jason Hill, Robert Szewczyk, Alex Woo, Seth Hollar, David Culler, Kristofer Pister, "System Architecture Directions for Networked Sensors," International Conference on Architectural

Support for Programming Languages and Operating Systems, 2000. 11.

[38] Joanna Kulik, Wendi Rabiner Heinzelman, Hari Balakrishnan, "Negotiation-based Protocols for Disseminatin Information in Wireless Sensor Networks", Kluwer Academic Publishers, Wireless Networks 8, 169-185, 2002.

[39] Joseph M. Hellerstein, Wei Hong, Samuel R. Madden, "The Sensor Spectrum: Technology, Trends, and Requirements," ACM SIGMOD, Vol.32, No.4, 2003.

[40] Kang Lee, "IEEE 1451: A Standard in Support of Smart Transducer Networking", IEEE Instrumentation and Measurement Technology Conference, May 1-4, 2000.

[41] Kang Lee, "Introduction to IEEE 1451 - Family of Standards", Wireless Sensor Standard Workshop/ Meeting Sensors Expo/Conference, June 7, 2004.

[42] Kay Romer, Oliver Kasten, Friedemann Mattern, "Middleware Challenges for Wireless Sensor Networks," Mobile Computing and Communications Review, Vol.6, No.4, 2002.

[43] L. Eschenauer and V. Gligor, "A Key-Management Scheme for Distributed Sensor Network", Proc. of the 9th ACM Conference on Computer and Communications Security, 2002.

[44] M. Bellare et al., "The One-More_RSA-Inversion Problems and the Security of Chaum's Blind Signature Scheme", Journal of Cryptology, June 2003, pp.185-215.

[45] M. Feldhofer et al., "Strong Authentication for RFID Systems Using the AES Algorithms", CHES 2004, LNCS 3156, pp.357-370.

[46] M. Gruteser, G. Schelle, A. Jain, R. Han, and D. Grunwald, "Privacy-Aware Location Sensor Network", 9th Workshop on Hot Topics in Operating Systems(HotOS IX), 2003.

[47] M. Ohkobu et al., "Cryptographic Approach to Privacy-Friendly Tags", 2003, submitted.

[48] Malik Tubaishat, Jian Yin, Biswajit Panja, and Sanjay Madria, "A Secure Hierarchical Model for Sensor Network", Proc. of SIGMOD, Mar. 2004.

[49] Marius Clemetsen, Geir Egeland, Paal Engelstad, Frode Kileng, "Report from IETF meeting attendance 2004" Telenor, R&D N, 2005. 4.

[50] Mathias Bohge and Wade Trappe, "An Authentication Framework for Hierarchical Ad Hoc Sensor Networks", Proc. of WiSE' 03, 2003.

[51] Michael R. Moore, "Wireless Interface Options for 1451", Wireless Sensing Workshop Sensors Expo/2001, June 4, 2001.

[52] P. chramm, E. Naroska, P. Resch, J. Platte, H. Linde, G. Stromberg, T. Sturm, "A service gateway for networked sensor systems", Pervasive Computing, IEEE Volume 3, Issue 1, Jan.-March 2004 pp.66-74.

[53] S. Li, S. Son, and J. Stankovic, "Event Detection Services Using Data Service Middleware in Distributed Sensor Networks," Int'l Workshop on Information Processing in Sensor Networks (IPSN'03), Palo Alto, CA, Apr. 2003.

[54] Samuel Madden, Michael J. Franklin, Joseph M. Hellerstein, "The Design of an Acquisitional

Query Processor for Sensor Networks," ACM SIGMOD, June 9-12 2003.

[55] Shneidman, J. et al. Hourglass: An Infrastructure for Connecting Sensor Networks and Applications. Havard Technical Report TR-21-04, 2004.

[56] Simon Han, Ramkumar Rengaswamy, Roy S Shea, Eddie Kohler, Mani B Srivastava, "A Dynamic Operating System for Sensor Nodes," Third International Conference on Mobile Systems, Applications and Services(Mobisys), 2005. 6.

[57] T. Liu and M.Martonosi, "Impala: A Middleware System for Managing Autonomic, Parallel Sensor Systems," Proc. of ACM SIGPLAN symposium on Principles and practice of parallel programming, 2003, pp.107-118.

[58] The nesC Language: A Holistic Approach Networked Embedded Systems nesC 1.1 Language Reference Manual

[59] Wai Fu Fung, David Sun, Johannes Gehrke, "COUGAR: The Network is the Database," ACM SIGMOD, June 4-6 2002.

[60] www.radiopulse.co.kr

[61] X. Wang, Y. Yin, H. Yu, "Finding Collisions in the full SHA-1", CRYPTO2005, 2005.

[62] Y. Yao and J. E. Gehrke, "The Cougar Approach to In-Network Query Processing in Sensor Networks," Sigmod Record, Vol.31, No.3, Sep. 2002.

[63] Yan Yu, Ramesh Govindan, Deborah Estrin, Geographical and Energy Aware Routing: a recursive data dissemination protocol for wireless sensor networks.

[64] Yee Wei Law, Ricardo Corin, Sandro Etalle, and Pieter H. Hartel, "A Formally Verified Decentralized Key Management Architecture for Wireless Sensor Networks", Proc. of PWC' 03, Sep. 2003.

[65] Yoshihiro KAWAHARA, Masateru MINAMI, Hiroyuki MORIKAWA, and Tomonori AOYAMA, Design and Implementation of a Sensor Network Node for Ubiquitous Computing Environment, In Proceedings of IEEE Semiannual Vehicular Technology Conference(VTC2003-Fall), Orland, USA, October 2003.

[66] "Distance Vector (AODV) Routing", RFC 3561, 2003. 7.

[67] "Location-Based Pairwise Key Establishments for Static Sensor Networks", Proc. of the 1st ACM Workshop on the Security of Ad Hoc and Sensor Networks(SASN), 2003.

[68] http://berkeley.intel-research.net/tinydb/

[69] http://cse.ohio-state.edu/siefast/nest/nest_webpage/ALineIn, The Sand.html, The Ohio State Univerwity NEST team

[70] http://eecs.harvard.edu/~mdw/proj/codeblue/, Division of Engineering and Applied Sciences in Harvard University

[71] http://ieee1451.nist.gov/, NIST

[72] http://mediacup.teco.edu/overview/engl/overview.html, 독일 Karsruhe대학교

[73] http://nescc.sourceforge.net

[74] http://pads.east.isi.edu/

[75] http://renewableenergyaccess.com/rea/news/story?id=21407, Renewable energy ACCESS, Solar Powered Wireless Tested in Japan, 25 Jan. 2005.

[76] http://sensorwebs.jpl.nasa.gov/resources/huntington_sw31.shtml의, NASA Jet Propulsion Laboratory

[77] http://teams.gemstone.umd.edu/~chemsense/project/gallery/, University of Maryland Chemsense Team

[78] http://telegraph.cs.berkeley.edu/

[79] http://tinyos.keti.re.kr/

[80] http://www.atmel.com

[81] http://www.chipcon.com Chipcon사의 홈페이지

[82] http://www.citris.berkeley.edu/applications/disaster_response/smartbui ldings.html, UC Berkeley, CITRIS(Center for Information Technology Research in the Interest of Society) program

[83] http://www.cs.berkeley.edu/~culler

[84] http://www.cs.brown.edu/research/aurora/

[85] http://www.cs.cornell.edu/database/cougar/

[86] http://www.hybus.net/;하이버스의 홈 페이지

[87] http://www.ietf.org/html.charters/6lowpan-charter.html, IPv6 over Low power

[88] http://www.intel-iris.net/

[89] http://www.jlhlabs.com

[90] http://www.merl.com/projects/zigbeehvac/, ZigBee HVAC Application Profile Development

[91] http://www.moteiv.com Moteiv사의 홈페이지,

[92] http://www.nca.or.kr

[93] http://www.snre.co.kr/

[94] http://www.tinyos.net

[95] http://www.xbow.com Crossbow사의 홈페이지

[96] http://www.zigbee.org, ZigBee Alliance web page

[97] http://www-db. stanford.edu/stream/

찾아보기

저자 약력

- **남 상 엽**
  - 공학박사
  - 삼성종합기술원 정보시스템 연구소 근무
  - 모토로라 반도체통신(주) 기술연구소 근무
  - (현) 국제대학 정보통신과 교수

- **하이버스(주)**

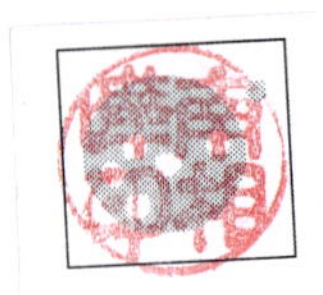

유비쿼터스 센서 네트워크 응용

2007년 2월 1일 1판 1쇄 발행

저 자 남상엽 · 하이버스(주)
발행인 남 승 우

발행처 도서출판 상尙 학學 당堂

서울특별시 동작구 사당3동 220-43
TEL : 02) 595-1692~4
FAX : 02) 595-1394
E-mail : namdoo6@unitel.co.kr
신고 : 2-155호 (1968. 11. 29)

(CD 포함) 정가 20,000원

ISBN 978-89-85437-53-0 93560

Hmote-ZigBee System

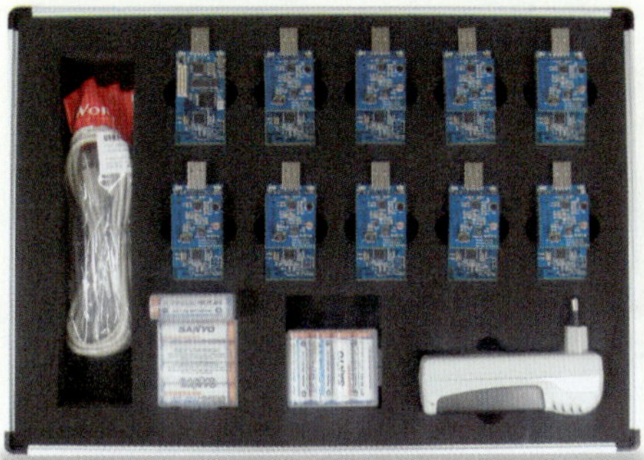

Network of sensor nodes with computation & sensing & wireless communication capabilities.

Hmote2420은 강력한 성능의 TI MSP430 프로세서를 사용하여 저전력이며 강력한 성능을 제공하고 RF Chip은 CC2420을 사용하여 IEEE802.15.4 스텍을 지원한다. USB 인터페이스를 통해 프로그래밍이 가능하고 확장 슬롯을 통해 센서보드가 연결되며 센서보드는 파트별로 다양한 센서들을 연결하여 사용 가능하다.

FEATURE

IEEE802.15.4 Module (ZigBee 지원)

- 강력한 성능의 TI MSP430 Processor 사용
- TinyOS 기반의 실시간 센서 네트워크 구성
- 내장PCB 안테나 및 외장 확장 안테나 단자 및 다양한 센서 확장을 위한 확장 포트 제공
- USB를 통한 프로그래밍 및 데이터 송수신 가능
- JTAG을 이용한 프로그래밍, Serial을 이용한 데이터 수집 가능
- 강력한 전원 관리기능, 다양한센서기능(온도, 조도, 습도, 마이크)
- 실내위치 추적 기능 추가(초음파센서)
- Embedded system(X-Hyper270)과 연결하여 사용가능
- Sensor Library 및 Source, 기술문서, 교재, 수업용 자료제공 및 교육지원

시리즈명	구성항목	수량	내용설명
H/W	Hmote2420 (IEEE802.15.4 Processor/Radio Board - 2.4G)	10	
	H-sensor Board (Light,Temperature, Humidity, Mic)	9	
	Charger	1	
	Chargeable Battery	20	
S/W	TinyOS Development Tools	1	CDROM
	Sensor Networking and Test Applications	1	CDROM
	Sensor Network Monitoring S/W	1	CDROM
교재	TinyOS Getting Started Guide	1	CDROM
	무선센서네트워크 활용 - 출판교재	1	
	무선센서네트워크 응용과 실습 - 출판교재	1	
Accessory	Aluminum Hard Case	1	
	USB Cable	1	

Hmote2420

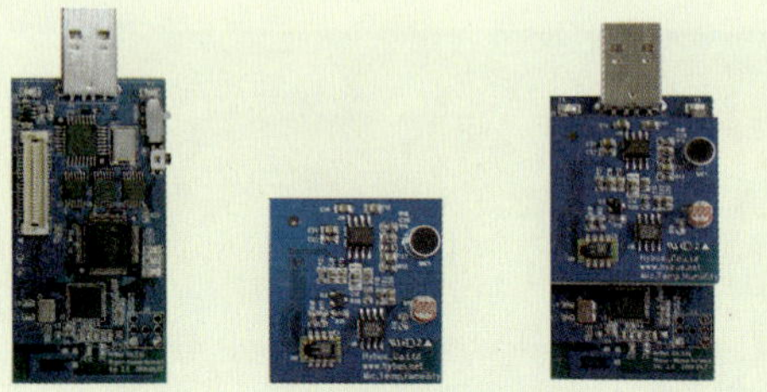

Hmote　　센서보드　　Hmote+센서보드

기본 센서 모듈

- 온도 센서
- 습도 센서
- 조도 센서
- Tone 감지 센서

ITEM	내 용	수량	비 고
H/W	TI MSP430 16bit Processor – Speed : 8MHz/32KHz – RAM : 10kB – Program Space : 48kb – External Flash : 1024kb	1	
	RF Chip CC2420 – Frequency : 2400~2483MHz – Data rate : 250kbps	1	
	내장 Antenna	1	
	외부 Antenna Interface	1	
	USB Interface	1	
	확장 Connector	1	

Hmote2430

ITEM	내 용
H/W	CC2430(A true System on chip Solution) ▪ MPU block(Enhanced 8051 core) – Speed 32MHz – RAM 8kb – Programspace 128kb ▪ Radio block(CC2420 core) – Frequency : 2400~2483MHz – Data rate 250kbps(Max)
	Chip Antenna
	확장 Conncetor (Program Upload 및 Serial 사용, Sensor Board 부착)

Sensor Module

1. 위치 추적 센서 모듈

초음파 센서를 통한 실내 위치 추적

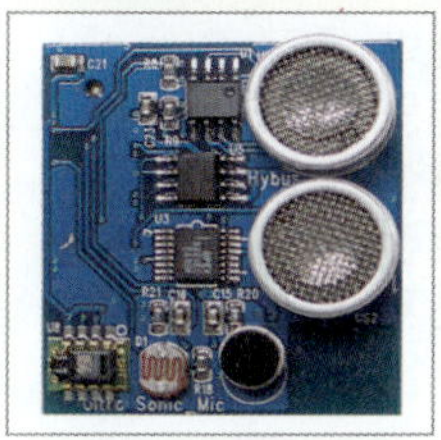

- 초음파 센서
- 온도 센서
- 습도 센서
- 조도 센서
- Tone 감지 센터

GPS를 통한 실외 위치 추적

- GPS Antenna
- 3.3V 전원 공급
- Baud rate 9600bps

2. 홈네트워크 가전기기 제어 모듈

가전기기 제어 DC 보드

12V 릴레이 사용
으로 12V DC On/Off
3.3V Signal로 제어

가전기기 제어 AC 보드

3.3V Signal로
220V AC ON/OFF

가전기기 제어 컨트롤 보드

12V 릴레이 사용
OPEN/SHORT 제어
3.3V Signal로 제어

신호 변환 보드

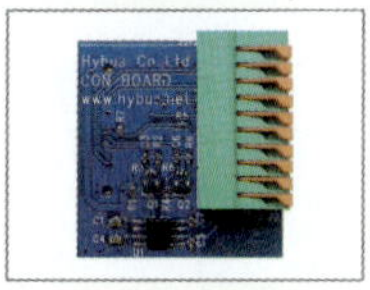

Serial Data, Data Signal
Input Output
2 channel power
on/off Signal

3. 보안 안전 제어 모듈(감지기 연동)

입력부

움직임 감지기

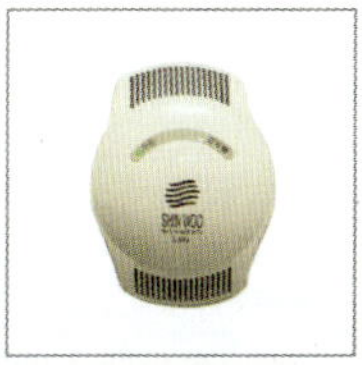

가스 감지기

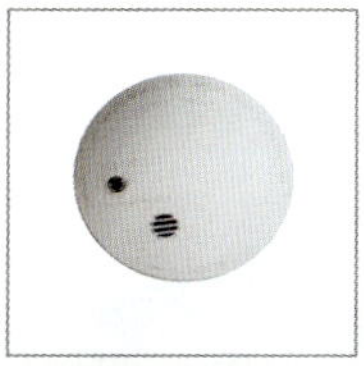

화재 감지기

구동부

경광등

가스 벨브기

디지털 도어

Sensor Module

4. 헬스 케어 센서 모듈

EKG 센서 모듈

- 심전도 센서
- Analog input & Analog signal 증폭
- 회로 내장

Pulse Oximeter 모듈 : 맥박 센서

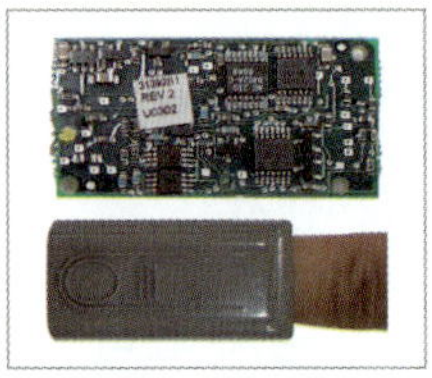

- 맥박 측정 기능
- 혈중 산소 농도(SpO2) 측정 기능
- 저전력 설계된 모듈
- 현재 의료기기로 사용중

EMG 센서 모듈 : 근전도 센서

혈압 센서 모듈 : 혈압 센서

체온/당뇨 센서 개발 예정

5. 건물 구조 센서 모듈

진동 센서 모듈

Strain gage 센서 모듈

6. 환경 센서 모듈

CO2 센서 모듈

VOCs 센서 모듈

NOX 센서 모듈

7. 가속도, 압력 센서 모듈

가속도 센서 모듈

압력 센서 모듈

무선 홈 네트워크 시스템

Wireless Home Network System은 USN 기술을 이용하여 집안의 환경을 모니터링 하고 모든 가전기기를 무선으로 제어함으로써 거주자에게 최적의 환경을 서비스 할 수 있다.

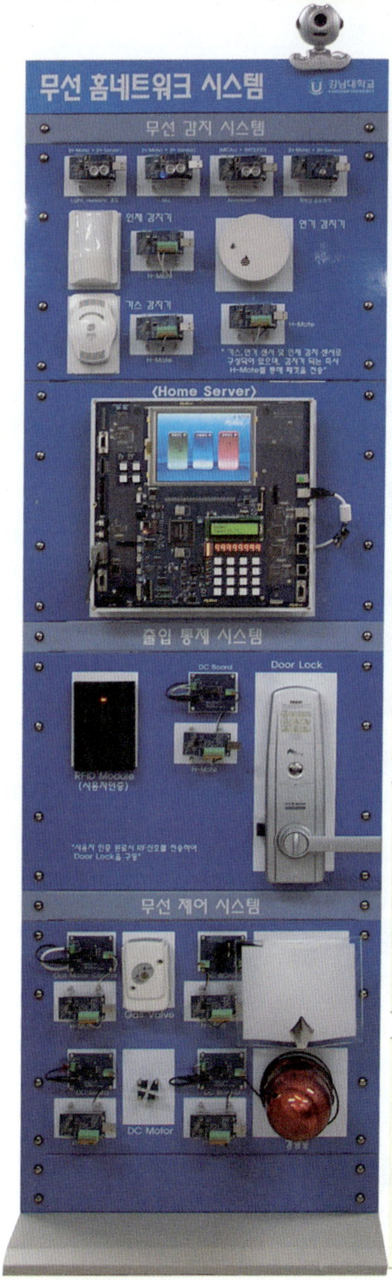

(X-Hyper270TKU)

메인 컨트롤 모듈

H/W

- H-mote Board
  (Processor & Radio Board/IEEE802.15.4)
- H-sensor Board
  (Ultrasonic Rx/TX, Light,Temperature, Humidity, Mic)
- X-Hyper270 Embedded Board(PXA270)

S/W

- TinyOS/Linux Development Tools
- Sensor Networking and Test Applications
- Sensor Network Monitoring S/W
- Linux Device Driver

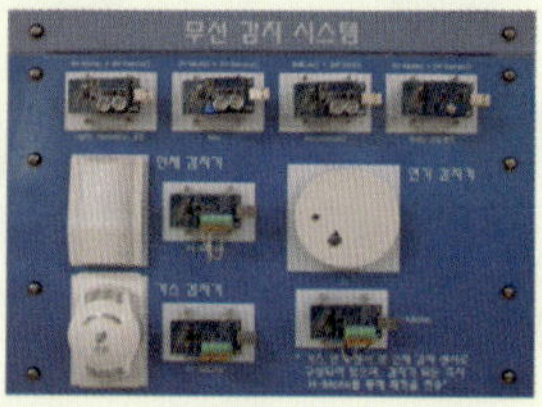

무선 감지 시스템

- 인체 감지기
- 가스 감지기
- 연기 감지기

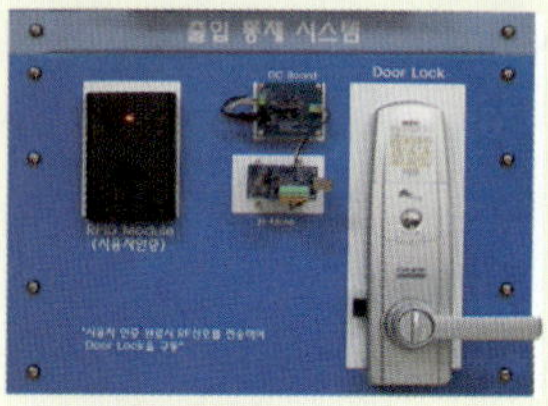

출입통제 시스템

- RFID Module
- DC Board
- Door Lock

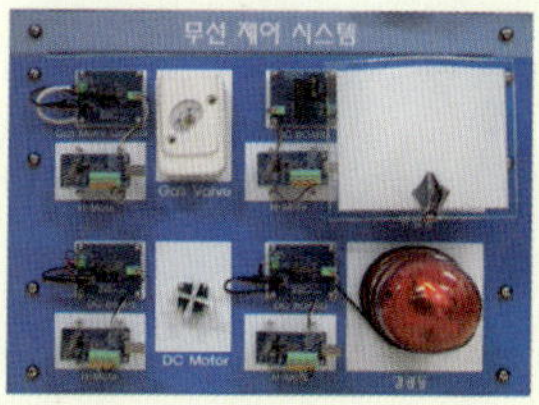

무선 제어 시스템

- Gas Motor Control
- Gas Valve
- 백열등
- DC Motor
- 경광등

무선 홈 네트워크 시스템 동작도

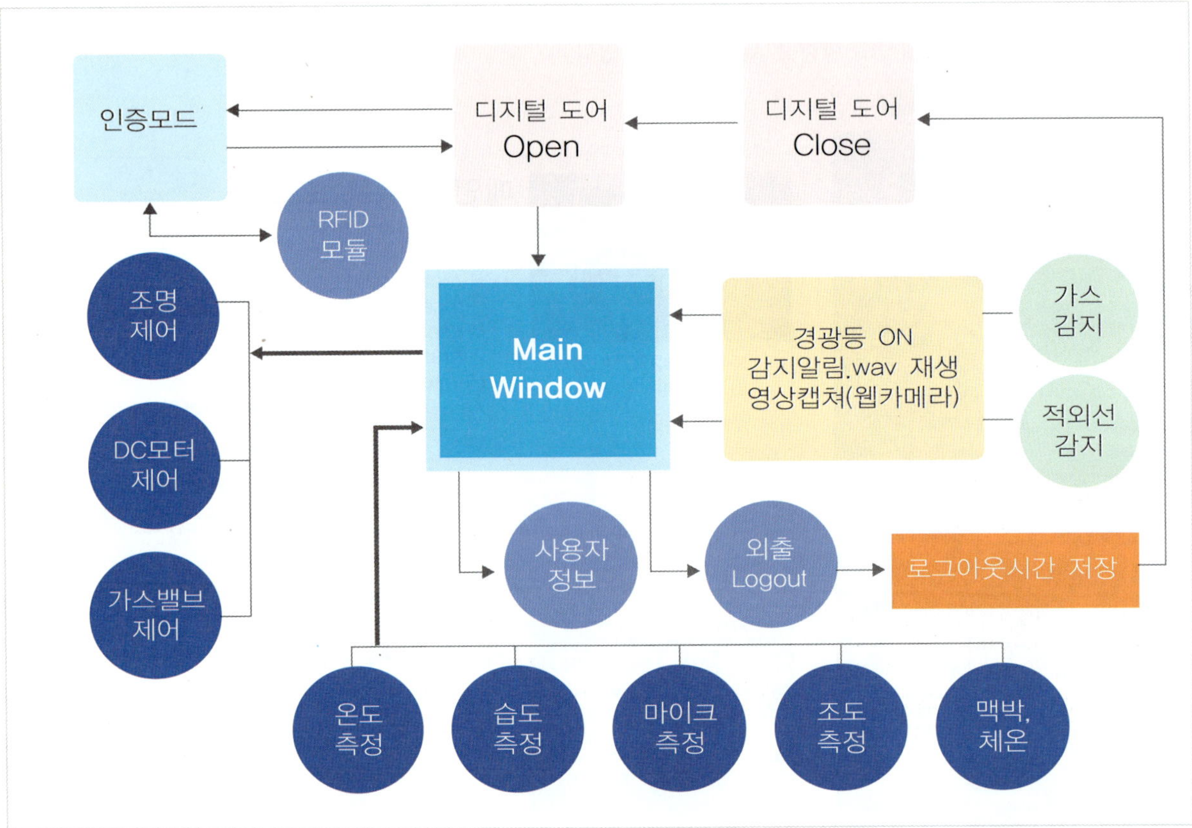

▶ Hmote-ZigBee Ubiquitous Sensor Network 동작 화면

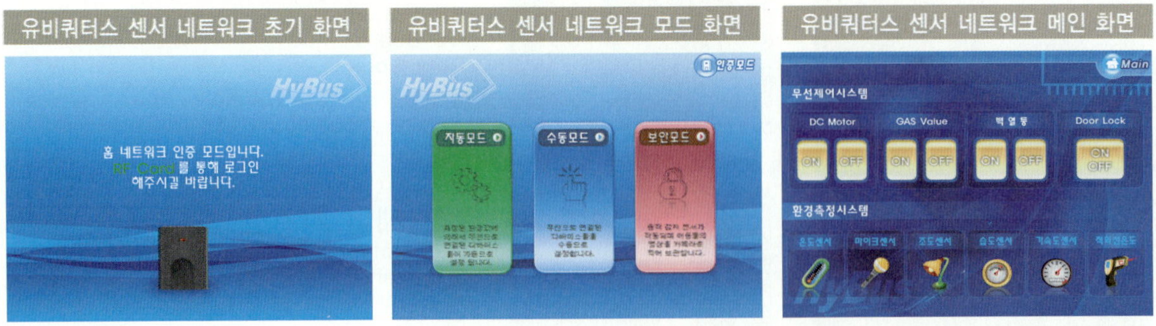

〈RFID 인증을 통해 메인 화면 로그인〉

MOTE-KIT2400

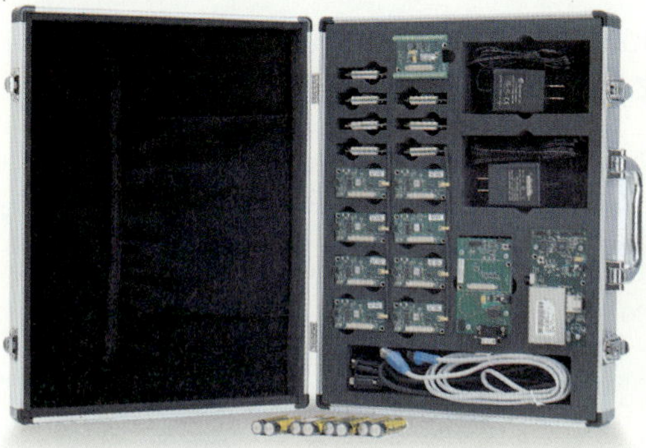

MICAz Developer's Kit (MOTE- KIT2400)

· MICAz MOTE를 위한 개발 플렛폼
· 다양한 기능의 센서보드 제공
· 외부 센서를 연결할 수 있는 인터페이스 제공
· 시리얼, 이더넷 게이트웨이 보드 제공
· 라디오 커뮤니케이션과 네트웍 테스트 어플리케이션이 포함된 소프트웨어 디버깅, 개발툴제공

응용분야

· 거주용및산업용빌딩의보안등을위한모니터링
· 자동차네트웍(텔레메틱스)
· 인공지능의전력소모모니터링
· Zigbee 호환시스템및센서장비

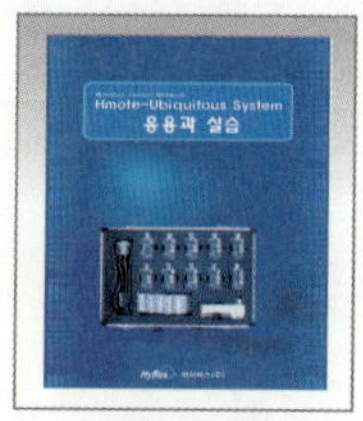

▶실습교재◀

분 류	내 용	수량
H/W	MPR2400CA (MICAz Processor/Radio Board - 2.4G	8
	MTS310 Sensor Board (Acceleration, Magnetic, Light, Temperature, Acoustic and Sounder)	4
	MTS300 Sensor Board (Light, Temperature, Acoustic and Sounder)	3
	MDA300 Data Acquisition Board (Includes Temperature and Humidity Sensor)	1
	MIB600 Ethernet Interface Board	1
	MIB510 Programming and Serial Interface Board	1
S/W & Manual	TinyOS Support Tools CDROM (Includes Hardware User's Manuals and TinyOS Getting Started Guide) - CDROM 제공	1
Accessory	Power Adapter, Serial Cable, Ethernet Cable	1
	Aluminum Hard Case	1

Crossbow TECHNOLOGY INC. TinyOS

MOTE-KIT4000

MICA2 Classroom Kit (MOTE-KIT4000) or MICAz Classroom Kit (MOTE-KIT24000)

· 학교 및 교육기관의 교육용으로 구성된 기자재용 KIT
· 10 Set의 Basic Kit(MOTE-KIT400)으로 구성되어 10~20명의 학생들이 공동으로 실습할 수 있는 환경 제공
· 저렴한 가격으로 학교에서 MOTE-KIT 실험실습 가능
· 강의 교재 제공

▶강의교재◀

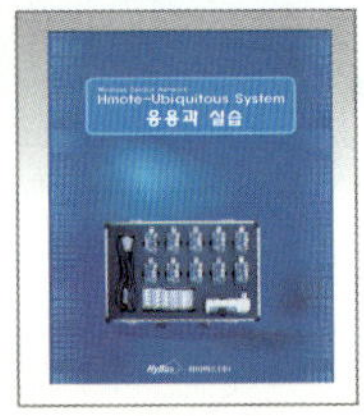

▶실습교재◀

▶MOTE-KIT4000 MOTE-KIT24000 구성내역

분 류	내 용	수량
H/W	MPR400(MOTE-KIT4000) or MPR2400(MOTE-KIT24000) MICA2(900MHz) or MICAz(2.4GHz) Processor/Radio Board)	30
	MTS300 Sensor Board (Light, Temperature, Acoustic and Sounder)	20
	MIB510 Programming and Serial Interface Board	10
S/W & Manual	TinyOS Support Tools CDROM (Includes Hardware User's Manuals and TinyOS Getting Started Guide) - CDROM 제공	10
강의교재	MOTE-KIT를 이용한 무선 센서네트워 활용교재 제공	10
Accessory	Power Adapter, Serial Cable	10

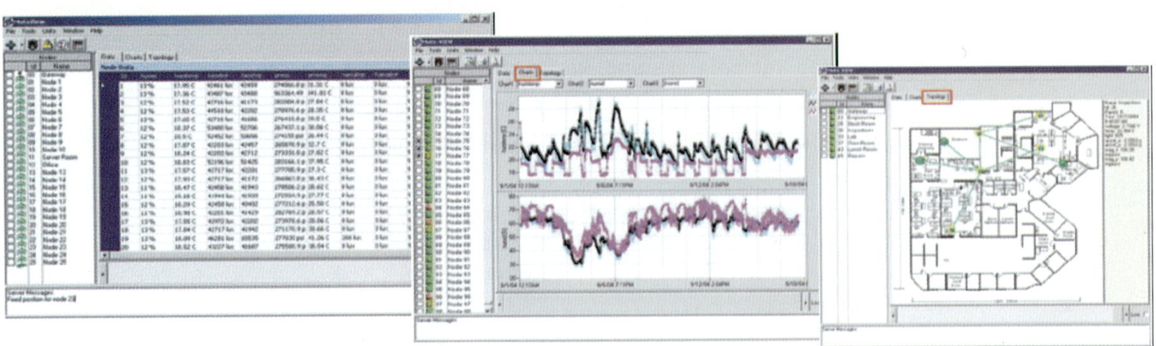